图 1-1　德国 E48 用多极永磁发电机的大型直驱式风电机组

图 1-2　海流、涌浪发电站

海流、涌浪发电是拥有海岸线国家开发的可再生无污染的清洁能源，使用的是永磁发电机。永磁发电机无转向要求，正转反转都发电。

图 1-3　作者利用自己的专利“高效永磁发电机”技术做的 GYFD220-30/7.5 样机

功率 $P_N = 7.5\text{kW}$　相数 $m = 3$　电压 $U_N = 380\text{V}$　极数 $2p = 30$　同步转速：$n_N = 200\text{r/min}$　定子内径 $D_{i1} = 230\text{mm}$　定子外径 $D_1 = 327\text{mm}$　功率因数：阻性 $\cos\varphi = 1$ 感性 $\cos\varphi = 0.87$　效率 $\eta = 96\%$　冷却方式：强迫风冷

永磁发电机机理、设计及应用

第3版

苏绍禹　高红霞　著

机 械 工 业 出 版 社

本书在理论和实践的基础上，给出了永磁体的磁极面积和两磁极面之间的距离与永磁体磁感应强度之间的数学关系，进而给出永磁发电机磁极的径向布置和切向布置时气隙磁感应强度和磁路的计算。同时也给出了定子槽数、每极每相槽数与永磁发电机起动转矩的关系及起动转矩的计算方法。本书深入浅出地讲述了永磁发电机的温升、冷却、效率的理论和实际计算方法，以及永磁发电机主要零部件材料的选择及其刚度、强度理论和计算。此外，还给出了永磁体的种类、性能及其应用，供读者参考。本书在第十章给出了永磁发电机设计程序并列举了 60 极 900kW 和 18 极 1000W 永磁发电机设计计算的全过程以飨读者。

本书可供永磁发电机制造企业，永磁发电机设计、使用、维护及风电场的工程技术人员、技师等阅读，也可作为高等院校电机设计及相关专业的教学参考书。

图书在版编目（CIP）数据

永磁发电机机理、设计及应用/苏绍禹，高红霞著. —3 版. —北京：机械工业出版社，2020.11（2024.2 重印）

ISBN 978-7-111-66688-2

Ⅰ.①永… Ⅱ.①苏…②高… Ⅲ.①永磁发电机 Ⅳ.①TM313

中国版本图书馆 CIP 数据核字（2020）第 185531 号

机械工业出版社（北京市百万庄大街 22 号　邮政编码 100037）
策划编辑：江婧婧　责任编辑：江婧婧
责任校对：陈　越　封面设计：陈　沛
责任印制：单爱军
北京虎彩文化传播有限公司印刷
2024 年 2 月第 3 版第 3 次印刷
184mm×260mm · 12.5 印张 · 2 插页 · 307 千字
标准书号：ISBN 978-7-111-66688-2
定价：69.00 元

电话服务	网络服务
客服电话：010-88361066	机　工　官　网：www.cmpbook.com
010-88379833	机　工　官　博：weibo.com/cmp1952
010-68326294	金　　书　　网：www.golden-book.com
封底无防伪标均为盗版	机工教育服务网：www.cmpedu.com

第3版前言

作者自1973年开始对永磁体、永磁发电机和永磁电动机进行探索、研究和实验，至今历经40余年，发现了永磁体形成的机理：当永磁材料被充磁时，原来绕永磁材料的分子和晶粒周围空间轨道上运动的电子改变了它们的运动轨道，变成垂直于外磁场方向绕分子和晶粒的平面轨道上沿同一方向的平面环流运动，形成电子环流。每一个分子和晶粒周围的电子绕分子和晶粒的平面沿同一方向的环流所形成的磁场方向与外充磁的磁场方向相同，并且成为永磁体的基元磁体，永磁体的磁场就是这些基元磁体的累计总和。当外充磁磁场撤去后，除极少数电子又回到分子和晶粒周围的空间轨道上运动之外，绝大多数电子仍然保持绕分子和晶粒的平面轨道上沿同一方向的平面环流运动，永磁材料成为永磁体。永磁材料被充磁变成永磁体，它的质量、强度、硬度、刚度及内部组成都没有改变，改变的只是电子绕分子和晶粒的运动轨道。

作者也发现并总结了永磁体如下的特性：①永磁体具有聚磁效应；②永磁体磁感应强度的趋肤效应；③永磁体磁通的连续性；④永磁体磁通会自动寻找磁路最短、阻力最小的路径通过；⑤永磁体的磁感应强度在一定尺寸范围内是关于永磁体矩形极面短边长度与两极面之间距离的函数，永磁体磁能不是关于永磁体体积的函数；⑥永磁体对外做功最理想的情况是它只用其自身磁能的一半且不消耗之；⑦永磁体磁路似乎与电路有对偶关系，但两者的物理本质不同，不能用电路的规律套用磁路；⑧永磁体串联和并联的磁感应强度计算的数学表达式；⑨永磁体对外做功不消耗其自身磁能；⑩永磁体的温度特性。

这些发现和研究成果也是作者亲身经历了无数次的失败，在失败之后对实验的永磁体样块和永磁电机样机进行反复地探索、研究、总结，再实验、再总结、再研究才得到的。举个例子，作者设计一台自动水表（各家各户用的自来水水表），表中的水轮在用户打开水龙头时会转动。水轮转动有两个功能：一是记载水的流量；二是拖动一台6V永磁发电机发电，经整流后给电池充电。电池为整个记载流量、数字显示，电磁阀开关、报警、充值卡数据读取的电路供电。由于作者按常规发电机理论设计了这台永磁发电机，定子槽为偶数，造成永磁发电机的起动转矩达到额定功率转矩的80%以上，无法发电。再举一例，作者的朋友做一台5kW永磁发电机，定子32槽、4极，在试验台上试验，起动转矩达到额定功率转矩的90%，无法使用。

从这些失败中，探索、研究、总结出一系列关于永磁体的特性及永磁发电机与常规发电机不同的设计理念和理论。

为了与永磁体的研究者，永磁发电机和永磁电动机的爱好者、设计及维护的工程技术人员，高校电机专业的学生，永磁电机制造企业的读者共同分享作者的研究成果，作者自2010年始至今在机械工业出版和江婧婧编辑的支持下由机械工业出版社先后出版了作者的《永磁发电机机理、设计及应用》《风力发电机组设计、制造及风电场设计、施工》《永磁电动机机理、设计及应用》《图解电、磁及永磁电机的基础知识入门》等著作，得到读者的欢迎。在《永磁发电机机理、设计及应用》一书第3版即将出版之际，作者再次向读者表示感谢！对机械工业出版社和江婧婧编辑再次表示感谢！

在《永磁发电机机理、设计及应用》等著作出版问世以来，相继有深圳、杭州、上海、北京、沈阳、延吉、大庆、宁波、加拿大多伦多等地的永磁发电机及永磁电动机的生产企业、高校老师，风力发电机的爱好者，科研单位等给作者来电话咨询、交流有关永磁体、永磁电机等诸多问题。在与读者沟通中，除在电话中答复和交流外，就一些共性问题，如深圳某企业为电动汽车研制120kW永磁电动机在试验台上测试，输出额定功率不久便发生功率下降的问题等，故在第3版中的第三章第三节永磁体的特殊性能中增加“永磁体的温度特性”。

人类对自然科学的探索、求知是无止境的，自然界还有许许多多我们人类的未知，我们后人是站在前人的肩膀上去从事探索、研究和发现的，前人的理论后人不断应用、修正、补充和创新，任何人都没有权力去扼杀新理论的诞生和新技术的发展。在科学探索、研究、发现的过程中，很多探索、研究、发现新理论和新技术的人不仅付出了辛勤的劳动，有的甚至付出生命。中国主张全民创新，没有创新就没有发展。科学在发展，技术在进步。由于作者学识有限，在作者的著作中难免有这样或那样的错误，欢迎读者批评指正及磋商、交流，作者不胜感谢。

苏绍禹于长春

2020年7月

第2版前言

《永磁发电机机理、设计及应用》一书自2012年4月由机械工业出版社出版发行之后，受到很多永磁发电机的研究者、设计者、爱好者和制造商的喜爱。很多读者来电咨询，也有很多热心读者对本书的错误提出了诚恳的批评和建议，作者对此表示衷心的感谢。

本书第1次印刷的册数已售罄，作者应机械工业出版社电工电子分社牛新国社长和江婧婧编辑之邀，对《永磁发电机机理、设计及应用》一书进行了修订。除对第1次印刷中的错误进行改正之外，又与时俱进地增加了部分内容，以飨读者。

磁性和磁体对很多人来说并不陌生，但对磁的本性及磁的实质的研究仍未完成。磁场是像电场一样的空间场，经典理论所谓的磁力线是什么？它是否是一种物质？如果是一种物质，它来自电子还是来自何方？它是如何吸引顺磁质和铁磁质的？同性磁极为何相互排斥？而异性磁极又为何互相吸引？为什么没有绝对的隔磁物质？为什么不能把磁极分开？为什么N极先于S极出现？磁，这个神秘的东西，要了解它的本质仍需时日。作者愿与永磁发电机的爱好者、设计者一起共同努力，去探讨磁的本质，去揭开磁的神秘面纱。

永磁发电机由于效率高、节能、温升低、功率因数高、重量轻、噪声低、结构简单、便于管理、维护方便等优点深受风力发电机组制造商的青睐。风力发电机组越来越多地采用永磁发电机。

对于永磁发电机的设计，作者采用从理论到实践的阐述方式，宗旨是具有可操作性。这次修订又给出了一些新思路和新方法，并经实践证明是可行的。

在永磁发电机的设计上，作者认为应该遵循创新再加创造的精神。什么是创新？创新就是抛开旧的，创造新的。什么是创造？创造就是想出新方法，建立新理论，做出新的发明成果或新的东西。

由于作者水平有限，修订后的《永磁发电机机理、设计及应用》（第2版）也在所难免会出现这样或那样的错误，敬请读者批评指正，作者不胜感谢！

作者对于机械工业出版社电工电子分社牛新国社长和江婧婧编辑给予的支持和帮助表示衷心的感谢。

苏绍禹
2014年8月

第1版前言

1973年，作者第一次接触到500W、24V微型风力发电机。这些从联邦德国进口的微型风力发电机是我国无偿为内蒙古牧民的蒙古包照明和收音机提供电力的。这些微型风力发电机用的发电机是励磁交流发电机，经过一段时间运行，由于换向器的电刷磨损及磨下来的炭粉造成换向器铜头短路而使发电机不能正常运行，要将风力发电机塔架放倒，拆下发电机进行维修，十分不便。

作者从那时起，就开始研究没有换向器，没有励磁系统的永磁发电机及永磁体。对各类及不同形状的永磁体磁面和两极面之间的距离与永磁体磁感应强度的关系及永磁体串、并联气隙磁感应强度大小进行了研究，进而给出了永磁发电机永磁体磁极径向布置和切向布置的气隙磁感应强度的计算公式。同时制造永磁发电机样机，对样品、样机进行实测及研究，归纳总结出一些规律性的数学计算方法。并对永磁发电机每极每相槽数、定子绕组形式对永磁发电机起动转矩的影响进行了研究，通过对样机的实测，以验证每极每相槽数对起动转矩影响的计算公式和对永磁发电机起动转矩规律的研究。

作者根据自己研究的理论及实践经验，先后制作了10极800W、8极11kW、30极10kW、36极80kW等样机，在台架上试验证明，永磁发电机与同容量同极数或相近容量的常规励磁发电机相比，效率高（2%～8%），温升低（2～10℃），噪声小（2～10dB），重量轻40%以上，功率因数高（0.02～0.05）。台架试验和检测结果证明这些理论、计算公式及经验数据是正确的。1998年作者的“高效永磁交流发电机”获得国家专利。

人对磁性的发现很早。早在战国末期，我国就已经有“慈石召铁”（即磁石吸铁）的说法。在西汉时期中国发明了指南针。尔后是奥斯特把磁和电联系在一起，才有了发电机和电动机。永磁发电机诞生很早，但发展很慢，这主要是永磁体的磁综合性能还不够高。

20世纪80年代之后，世界各国都在开发无污染、可再生的清洁能源——风能，利用风能发电及20世纪80年代之后磁综合性能不断提高的永磁体不断问世，才使永磁发电机得到快速发展。

由于永磁发电机没有励磁系统，其结构简单、节能、效率高、重量轻、温升低、噪声小、功率因数高，以及可以做到多极低转速，特别适合风电机组用发电机。进入21世纪，永磁发电机为风电机组所广泛采用，得到了快速发展。

现在，百千瓦级、兆瓦级永磁发电机被广泛地应用在风电机组上，永磁发电机有了展示其优异特点的市场。

现在，永磁体的磁感应强度还不够高，市场上最好的永磁体的磁感应强度也只有0.5T左右。随着永磁发电机被广泛使用，必将催生磁综合性能更好的永磁体问世。当永磁体磁极的磁感应强度达到0.7T、0.8T甚至达到1.0T之时，就是永磁发电机取代励磁发电机之日。这是科学技术发展的必然，犹如内燃机取代蒸汽机一样的必然和不可逆转。

为了给永磁发电机设计、制造、使用、维护的工程技术人员、技师及风电场使用永磁发电机的工程技术人员和高等院校电机设计及相关专业提供永磁发电机的机理、设计及运用方面的理论和实践经验，作者写了《永磁发电机机理、设计及应用》一书，并在本书第十章给出了60极900kW等设计举例。

由于作者学识有限，难免有错，敬请读者批评指正，作者不胜感谢！

苏绍禹

目　录

主 要 符 号

A——永磁发电机线负荷，单位为 A/cm

A——电流单位，安培

A_j——永磁发电机发热系数，单位为 A/cm · A/mm^2

a——绕组并联支路数

a_m——永磁体磁极短边长，单位为 mm

B_m——永磁体磁极表面的磁感应强度，单位为 T

B_δ——永磁发电机气隙磁感应强度，简称气隙磁感应强度，单位为 T

B_j——永磁发电机定子轭磁感应强度，单位为 T

B_t——永磁发电机定子齿磁感应强度，单位为 T

B_r——永磁体剩磁，单位为 T

b——永磁发电机机壳壁厚，单位为 m 或 cm 或 mm

b_0——定子槽口宽，单位为 m 或 mm

b_1——定子内径 D_{i1} 的定子槽宽，单位为 m 或 mm

b_p——极弧长度，单位为 m 或 mm

b_m——永磁体磁极长边长度，单位为 mm

c——物体比热容，单位为 J/(kg · °C)

c——空气比热容，在 1atm（101.325kPa）下，50°C 时，$c = 1.1$J/(m^3 · °C)

c——永磁发电机利用系数

D——转子轴外径，单位为 m 或 mm

D_1——定子外径，单位为 m 或 mm

D_{i1}——定子内径，单位为 m 或 mm

D_2——转子外径，单位为 m 或 mm

D_0——机壳中性层直径，单位为 m 或 mm

d——转子轴内径，单位为 m 或 mm

d——轴承滚子中心直径，单位为 m 或 mm

E——相电势，单位为 V

E——弹性模量，单位为 N/m^2

e_0——转子总成偏心距，单位为 m 或 mm

F——力，单位为 N

F——滚动轴承载荷，单位为 N

f——电流频率，单位为 Hz

F_m——永磁体磁极吸引力，单位为 N

F_T——永磁体磁极吸引力在圆周上的切向力，单位为 N

G——重量，单位为 kg

G——剪切弹性模量，单位为 N/m^2

G_{Fe}——定子铁心重量，单位为 kg

G_{Fej}——定子轭重，单位为 kg
G_{Fet}——定子齿重，单位为 kg
g_{Fe}——钢的比重，单位为 kg/cm^3 或 kg/m^3
g——重力加速度，单位为 m/s^2
H——电感单位，亨利
Hz——频率单位，赫兹
h_j——定子轭高，单位为 m 或 mm
h_1——定子槽深，单位为 m 或 mm
h_m——永磁体两极面的距离，单位为 m 或 mm
I_N——永磁发电机电流，单位为 A
J_a——电流密度，单位为 A/mm^2
J_ρ——形体的极惯性矩，单位为 m^4 或 mm^4
J_Z——截面对中性轴 Z 轴的惯性矩，单位为 m^4 或 mm^4
K——安全系数；过载能力
K——永磁发电机发热部件和空气流经冷却风道带走热量的不均匀系数
K_2——材料不均匀系数
K_1——应力集中系数
K_d——绕组分布系数
K_p——绕组短距系数
K_{dp}——绕组基波系数
K_m——永磁体端面系数
K_{Nm}——气隙磁场波形系数
K_0——流体流经发热体带走热量的效率系数
K_a——定子轭铁心铁损经验系数
K_α'——定子齿铁心铁损经验系数
L——机壳长度；转子轴安装转子铁心的长度，单位为 m 或 mm
L——螺线管自感系数
l_{ef}——铁心有效长度，铁心计算长度，单位为 m 或 mm
l——螺线管长度，单位为 m 或 mm
M_M——驱动转矩，单位为 N · m
M_T——永磁发电机起动转矩，单位为 N · m
T_M——永磁发电机的扭矩，单位为 N · m
M_W——轴的弯矩，单位为 N · m
m——永磁发电机相数
N——永磁发电机每相串联导体数
N_S——每槽导体数
n——永磁发电机的磁极完全对准定子槽的磁极数
n_N——永磁发电机的额定转速，单位为 r/min
p——质量，单位为 kg

P_N——永磁发电机的额定功率，单位为 kW
P_{Cu}——永磁发电机定子绕组铜损耗，单位为 kW
P_{Fe}——永磁发电机定子铁损耗，单位为 kW
P_{Fej}——定子轭铁损耗，单位为 kW
P_{Fet}——定子齿铁损耗，单位为 kW
p_{haj}——定子轭铁损系数，单位为 W/kg
p_{het}——定子齿铁损系数，单位为 W/kg
P_f——永磁发电机轴承机械损耗，单位为 W/kg
p——永磁发电机的极对数
ΣP——永磁发电机各种损耗之和，单位为 kW
Q——热流量；热量，单位为 W 或 J
Q——剪力，单位为 N
Q——冷却空气流量，单位为 m^3/s
q——每极每相槽数
R——电阻，单位为 Ω
R_{75}——绕组在 75°C 时电阻，单位为 Ω
R_0——永磁发电机机壳中性半径，单位为 m 或 mm
S——面积，单位为 m^2 或 mm^2
S^*——截面对中性轴的静矩，单位为 m^3 或 mm^3
S_m——永磁体磁极面积，单位为 mm^2
S_δ——气隙面积，单位为 m^2 或 mm^2
S_f——槽满率
T——温度，单位为°C 或 K
ΔT——温差，单位为°C 或 K
t——定子齿距，单位为 m 或 mm
t——机壳壁厚，单位为 m 或 mm
t_1——定子齿宽，单位为 m 或 mm
U_N——永磁发电机额定功率，单位为 kW
V——体积，单位为 m^3 或 mm^3
V——电压单位，伏特
v——速度；线速度，单位为（m/s）
W——磁能，单位为 W 或 J
W_n——抗扭截面模量，单位为 m^3 或 mm^3
W_w——抗弯截面模量，单位为 m^3 或 mm^3
y——绕组节距
Z——定子槽数
α——角度，单位为（°）
α_p'——永磁发电机极弧系数
β——角度，单位为（°）

β——绕组节距比，$\beta = y/mq$

β——转子附加磁拉力经验系数

γ——流体重度，单位为 kg/m^3

δ——永磁发电机气隙长度，单位为 m 或 mm

ε——辐射黑度

θ——扭转角，单位为（°）

$[\theta]$——许用扭转角，单位为（°）

λ——传热系数，单位为 W/(m·°C)

λ——永磁发电机尺寸比，$(\lambda = L_{ef}/\tau)$

μ——流体动黏度或称黏度系数

μ_0——真空绝对磁导率，$\mu_0 = 4\pi \times 10^{-7}$ H/m

σ——拉应力，单位为 N/mm^2

$\sigma_{0.2}$——材料线应变 $\varepsilon_s = 0.2\%$ 时的应力，单位为 N/mm^2

$[\sigma]$——材料的许用应力，单位为 N/mm^2

σ——漏磁系数

τ——剪应力，单位为 N/mm^2

τ——极距，单位为 m 或 mm

$[\tau]$——许用剪应力，单位为 N/mm^2

$[\tau_m]$——许用扭转应力，单位为 N/mm^2

τ——流力的黏滞力，单位为 N/m^3

Φ——永磁发电机每极磁通，单位为 Wb

第一章　绪　　论

第一节　磁与永磁体的发展历史

人类对于磁的发现，可追溯到公元前。我国在战国末期就有“慈石召铁”（即磁石吸铁）的说法。我国四大发明之一的指南针就是11世纪我国科学家沈括发明的。指南针的发明对航海导航、陆地辨别方向起到了极其重要的作用。沈括不仅发明了指南针，他还是世界上第一位发现并测量地球磁偏角的科学家。我国药学家李时珍在他的《本草纲目》中，把磁石作为治疗某些疾病的良药。我国是世界上最早发现和使用磁性和永磁体的国家。

在19世纪之前，磁和电是彼此完全独立发展的两门学科。直到1820年奥斯特（Oersted）首先发现电流流经导线时，导线周围存在磁场。同时也发现当有电流通过磁场内的导线时，导线受到了磁场力的作用而移动。奥斯特还发现导线通过电流时其周围的磁场改变罗盘指针的指向。奥斯特是第一位将磁和电联系起来的科学家。

电磁学这门学科经历了许多科学家一百多年的研究、发现才发展起来的。法拉第（Faraday）做出了重大贡献。法拉第是第一位发现当永磁体在线圈中移动时，线圈会产生电流，以及当永磁体在线圈中同时线圈有电流通过时永磁体会移动的科学家。后人利用这一机理发明了发电机和电动机。

有了发电机就有了电。电改变了世界，改变了世界各国人民的生产、生活方式。可以说，有了电，世界发生了革命性的变化。有了电，就发明了电灯，人们不再点蜡烛和煤油灯照明；有了电，又发明了电话、电报、无线电、雷达、电视……实现了人类梦寐以求的远距离通信、交流信息及控制；发明了电动机，人们用电通过电动机拖动机床、碾米、磨面等机械，大大地提高了劳动生产率，促进了生产力的发展和社会进步。

尔后，麦克斯韦（T. C. Maxwell）归纳总结了电磁学规律，他的重大贡献是麦克斯韦方程。麦克斯韦方程被广泛应用在电磁领域里，比如应用在大型磁器件、光电仪器、电动机、回旋加速器、电子计算机、无线电、雷达、电子显微镜、电子望远镜等领域。高性能的永磁体被广泛地应用在行波管、磁控管、钛泵、质子加速器、阴极溅射、航天航空的电机及仪表等领域中。

自1900年发现并制成了钨钢永磁体之后，随着科学的发展、技术的进步，永磁体在很多领域得到广泛的应用，其需求量不断增加。人们对永磁体的磁综合性能的要求在不断地提高，促进了高性能的永磁体不断问世。

20世纪60年代之后高剩磁铝镍钴（AlNiCo）、铁铬钴（FeCrCo）、航天航空用的铂钴（PtCo）永磁体及钡铁氧体（$Bao \cdot 6Fe_2O_3$）、锶铁氧体（$SrO \cdot 6Fe_2O_3$）等永磁体相继问世。20世纪80年代后又有磁综合性能更好的稀土钴（RCo_5）（R_2Co_{17}）永磁体问世。尔后又有磁综合性能比稀土钴更好的钕铁硼（NdFeB）永磁体投放市场。这些磁综合性能很好的永磁体被广泛地应用于汽车、拖拉机、微小型风力发电机的永磁发电机上及汽车、电力机车、航天航空仪表中。甚至，电冰箱的门上用的磁性橡胶密封、儿童玩具的直流电动机、各种拎、背包的开关等都用上了永磁体。

利用永磁体对外做功不消耗自身能量的特性，发明了磁选机，将球磨机磨成细粉的精铁粉与石粉用磁选机中的永磁体将精铁粉从中分离出来。粮食和食品加工中的去铁，化学产品生产中某些催化作用都用上了永磁体。永磁体还能阻碍某些化学反应。永磁体又可以用作磁悬浮轴承；永磁体还可以用作磁性联轴器；还可以用作永磁吊，用以吊运钢、铁等。永磁体被广泛地应用在工业、农业、医疗、航天航空、造船、汽车、发电机、电动机等各个领域。

在20世纪70年代，世界发生了石油危机，能源短缺，而煤炭、石油等化石类不可再生能源储量有限，不可能无限制地开采。于是人们开始开发无污染可再生的清洁能源——风能，利用风能发电可以替代火电，节省煤炭、石油，以减少燃烧化石类燃料对地球环境的破坏和对地球大气的污染。由于风力发电机的快速发展又促进了永磁发电机的发展。永磁发电机需求量的不断增加又进一步推动了永磁体的发展。

20世纪80年代之后，随着科学的发展和技术的进步，风力发电机技术日趋成熟，风电机组已商品化生产。同时，风电成本也不断下降，对永磁发电机的需求也进一步增加。

永磁发电机效率高、重量轻、结构简单、便于维护、温升低、噪声小，尤其是可以做到多极低转速，非常适合用作风电机组用发电机。其可以大大降低风电机组的增速比，从而大幅度降低了风电机组的制造成本，受到风电机组制造商的青睐。进入21世纪，出现了以风轮轴直接驱动多极永磁发电机（也称直驱式风电机组）的尝试。风电机组使用永磁发电机使其制造成本和用户的使用成本进一步下降，从而大大地降低风电成本。

进入21世纪，世界风电装机容量每年以30%以上的增容速度发展着，风电机组的快速发展促进了永磁发电机的发展，进而也会促进更好的磁综合性能的永磁体的研制和开发。

第二节 永磁体的磁能

对于永磁体本质的认识，笔者认为“欲知松高洁，待到雪化时”。比如现在用所谓的最大磁能积（$(BH)_{max}$（kJ/m^3）来描绘永磁体的磁能是欠妥的。这实在是因为到目前为止尚无法制造出$1m^3$体积的永磁体，但却以$1m^3$的永磁体的磁能积来衡量永磁体的磁能，只能是用小体积永磁体所具有的磁能积推出来的，这不符合永磁体的性质。

笔者对永磁体及永磁发电机进行了40余年的研究，理论和实践证明，永磁体的磁能在一定范围内是关于永磁体磁极面积及两磁极极面之间的距离的函数，不是永磁体体积的函数。当两极面之间的距离增加到一定值之后，再增加两极面之间的距离，则两极面上的磁感应强度不再增加。也就是说，永磁体的磁能不是关于体积的函数，把永磁体的磁能认为是关于永磁体体积的函数是欠妥的。

现举例来说明。

用极面积$a_m \times b_m = 30mm \times 50mm$，由20块两极面之间距离$h_m = 20mm$的N48永磁体组成的永磁吊，一次吊起距永磁体极面20mm的1000kg的钢板。每次用非磁性材料5kg·m的功卸下1000kg钢板。当永磁吊进行1500次吊运后，对永磁体表面的磁感应强度进行测量，与吊运500次之前的极面上的磁感应强度相同。

1）永磁吊吊运1500次做功为

$$W = 1500 \times (0.02 \times 1000 - 5)\text{kg} \cdot \text{m} \times 9.80065\text{J}/(\text{kg} \cdot \text{m}) = 220.515\text{kJ}$$

2）20 块极面积为 $a_m \times b_m = 30\text{mm} \times 50\text{mm}$ 且两极面之间的距离为 20mm 的 N48 永磁体的体积为

$$V = [20 \times (0.03 \times 0.05 \times 0.02)]\text{m}^3 = 6 \times 10^{-4}\text{m}^3$$

3）N48 永磁体标定的（BH）$_{max}$ = 390kJ/m^3，其 1m^3 的体积是 20 块 N48 永磁体体积的倍数为

$$K = 1\text{m}^3 \div 6 \times 10^{-4}\text{m}^3 = 1666.67 \text{倍}$$

4）N48 永磁体标定的（BH）$_{max}$ = 390kJ/m^3，而 N48 永磁体 20 块吊运 1500 次做功 220.515kJ，标定值是 20 块 N48 永磁吊吊运 1500 次做功的倍数 K_2

$$K_2 = 390\text{kJ} \div 220.515\text{kJ} = 1.769 \text{倍}$$

5）永磁吊吊运 1500 次所做功是 N48 永磁体标定的（BH）$_{max}$ = 390kJ/m^3 的倍数为 K_3

$$K_3 = 220.515 \times 1666.67 \div 390 = 942.37 \text{倍}$$

6）由 20 块 N48 永磁体组成的永磁吊尚可使用几千次，甚至几万次进行吊运钢钣做功。

这个实例的结论如下：

永磁体的磁能用（BH）$_{max}$（kJ/m^3）来标定是欠妥的。

第三节 国内外永磁发电机现状

永磁发电机就是将机械能通过永磁体的磁能转换成电能的设备。永磁体的磁能是机械能转换成电能的媒体，在能量转换过程中，永磁体自身的磁能不会减少。这就是永磁发电机的机理。

永磁发电机诞生得很早，但实际应用永磁发电机却是在 20 世纪 30 年代。永磁发电机主要用在手摇电话机中，它给电话振铃供电；军队战时野外手摇永磁发电机为收发报机供电；自行车后轮拖动的永磁发电机为自行车夜间照明供电及摩托车的永磁电机为点火线圈供电等。

20 世纪 50 年代之后，拖拉机用永磁发电机发电照明；也有汽车用永磁发电机发电为汽车蓄电池充电等。

20 世纪 70 年代，世界发生了石油危机，很多工业发达国家开始开发风能资源，利用风能发电。当时，虽然风力发电机的功率不大，但进行了无污染、可再生的清洁能源——风能转化成电能的尝试。这些风电机组绝大多数都采用永磁发电机。例如美国的 Winco 公司生产的 200W 风电机组就是采用 12V 200W 的永磁发电机；美国 Berger Wind Power 公司生产的 1.0kW 的风电机组采用的是 115V 1.0kW 的永磁发电机，该公司生产的 6.0kW 的风电机组也是永磁发电机，永磁发电机电压 115V、功率 6.0kW。

我国 20 世纪 80 年代之后生产的微、小型风力发电机也广泛地采用了永磁发电机。如 FD1.6—50 微型风力发电机采用了 12V 50W 的永磁发电机；FD5.6—1000 小型风力发电机

是采用24/48 1000W永磁发电机等。

再如法国Aerowatt的0.2kW、0.35kW、1.125kW、4.1kW微小型风力发电机也是采用永磁发电机。

这些永磁发电机的特点是功率大部分在10kW以内，电压在115V以下，电压较低，大部分为12~48V，很少有超过220V的。

笔者经40余年对永磁体和永磁发电机的研究和试验，在1997年研制成功了8极三相380V功率11kW的永磁发电机。在试验台上经过72h全负荷连续运行及对各种参数的检测，结果表明：与常规同容量的励磁发电机相比，永磁发电机效率高2%~8%；温升低2~10℃；噪声低2~10dB；重量轻40%~60%。并于1998年获国家专利（专利号为ZL98211145.2）。尔后，笔者用自己的专利技术成功地设计和制造了36极三相380V的80kW、100kW等永磁发电机。也设计了500kW、1000kW、1500kW及双层60极3000kW永磁发电机，如图1-3（见书前彩色插页）所示。

进入21世纪，很多风电机组制造商都积极采用多极低转速的永磁发电机作为风电机组用发电机，甚至采用多极永磁发电机由风轮直接驱动的直驱式风电机组。如德国的E—33型直驱式风电机组用330kW永磁发电机，E—40型直驱式风电机组用500kW永磁发电机，以及E—48型直驱式风电机组用800kW永磁发电机。荷兰的Lagerway直驱式风电机组用750kW永磁发电机。如美国的Liberty 2.5MW风电机组采用4台660kW永磁发电机并联输出2.5MW功率。

我国的大中功率的永磁发电机发展很快，进入21世纪，先后有新疆的1.2MW永磁发电机的直驱式风电机组，上海的2kW、5kW、20kW、50kW、1MW、2MW永磁发电机的风电机组，湖南的2MW永磁发电机组等问世。直驱式永磁发电机组如图1-1（见书前彩色插页）所示。

世界上许多国家都在不断地开发各种功率和不同极数的永磁发电机，以满足每年以30%以上的增容速度快速发展的风电行业对永磁发电机的需求，不仅风电机组需要永磁发电机，而且诸如海流发电、涌浪发电也都需要永磁发电机，如图1-2（见书前彩色插页）所示。

第四节 永磁发电机的未来

进入21世纪，永磁发电机又得以在各个领域持续发展。

东北师范大学的张雪明教授（博导）率领他的博士生们成功研发了为海上浮标供电的永磁海流发电机。现在正在研发用浮标随海浪上下浮动发电为海上浮标供电的永磁发电机机组，这就是国家863计划。

进入21世纪，永磁发电机之所以为风电机组制造商所重视，并被广泛地采用，就在于永磁发电机不仅具有效率高、重量轻、温升低、噪声小、节能、结构简单、维护方便的优点，更主要的是永磁发电机可以做到多极低转速，特别适合风力发电机。

大型风电机组的叶轮转速通常都在15~25r/min，而常规励磁发电机又难以做到多极低转速，因而风电机组增速器的增速比一般都在$i=1:(50\sim120)$。大增速比的增速器不仅造价高而且寿命短，维护费用高，这又使用户的使用成本高，进而导致风电机组的风电成本高。

在风电机组上使用的常规励磁发电机做不到多极低转速，而永磁发电机可以做到。永磁发电机可以做到60极、72极，甚至84极，这样，可以使风电机组的增速器的增速比大幅度降低到 $i=1:(5\sim7.5)$。增速比的大幅度降低，不仅大幅度地降低了增速器的造价，同时大大地提高了增速器的使用寿命，使增速器的寿命比常规励磁发电机的增速器的寿命提高10倍以上，达到20年以上，而且会大大降低增速器的维护费用，使用户的使用成本下降，进而使风电成本降低，这正是风电机组制造商及风电机组用户所希望的。

进入21世纪，使用永磁发电机的风电机组的风电并网是由计算机控制大功率IGBT模块来完成的。IGBT模块将变频的交流电变成直流电，并将直流电逆变成与电网频率相同且同步的交流电，并在逆变中保持并网电压不变的情况下通过变换电流来实现对并网功率的调整，从而使永磁发电机的风电机组的风电实现安全、可靠并网。

电能是人类赖以生存和生产的不可缺少的能源，然而电能并不是第一能源，它是由火电、水电、核电等构成的。火电是以煤炭、石油等化石类能源经燃烧转化的。化石类能源燃烧时放出大量的 CO_2 和 SO_2，对地球环境和大气造成危害，同时，化石类能源储量有限，不可能无限制地开采。全世界水利资源有限，再度开发水电也是有限的。而核能是以放射性核燃料为能源转化为电能的，核能是一种既不可再生又有污染，甚至会造成重大核灾难的能源。而风能和太阳能才真正是可再生无污染的清洁能源。

为了保护人类共同的家园——地球，世界正在进入节能减排、发展绿色经济的时代，很多国家都在开发利用无污染、可再生的清洁能源——风能和太阳能，利用风能和太阳能发电。风电和太阳能发电发展迅速，其中风电每年以30%以上的增容速度发展着，成为发展最快的能源。按照《风力12：关于2020年风电达到世界电力总量的12%的蓝图》及现在风电发展现状来看，风电已不再是可有可无的补充能源，风电已成为具有极大商业价值和巨大潜力的主要能源之一。

风电的快速发展使得对永磁发电机的需求与日俱增，永磁发电机的市场需求潜力巨大，笔者相信，正在运行的安装着励磁发电机的风电机组也会逐渐采用永磁发电机。

永磁发电机目前仅能做到3MW，还达不到30MW、60MW，更达不到600MW，主要原因在于永磁体磁极的磁感应强度还不够高。目前，我国最好的商用永磁体稀土钕铁硼的磁感应强度也只有0.5T左右。随着永磁发电机的大规模应用，会拉动磁综合性能更好的永磁体的研制和开发。当磁综合性能更好的永磁体的磁感应强度能达到0.7T、0.8T甚至1.0T之时，那将是永磁发电机取代励磁发电机之日。这是科学技术发展的必然，犹如内燃机取代蒸汽机一样不可逆转。到那时，永磁发电机的体积会更小，重量会更轻，会更节省材料。到那时，永磁发电机不仅可以达到3MW，还可以达到30MW、60MW、600MW，甚至更大的功率。到那时，永磁发电机不仅适用于风电机组、海流发电机组、浪涌发电机组，还会适用于水电、火电及其他发电设备用发电机。

永磁发电机的有载正常运行，不仅取决于耐热绝缘等级，更重要的是取决于运行中对永磁发电机中的永磁体的可靠、有效地冷却。永磁体的种类不同，开始失磁的温度也不同。有的永磁体在80℃就开始失磁；有的永磁体在90℃开始失磁……如果对永磁发电机中的永磁体磁极不能进行可靠、有效地冷却，一旦达到失磁温度，就会使永磁发电机的功率下降，并且随着功率下降，永磁体的温度继续升高形成恶性循环，直至永磁体失磁更多，甚至达到失磁占原来的磁感应强度的80%甚至更多。最终永磁发电机不能输出功率。

永磁发电机中对于永磁体的可靠、有效地冷却十分重要。有的人说，现在电机的耐绝缘等级比H级还高，你书中却选择A级，选择A级是考虑永磁体的可靠、有效地冷却，因为永磁发电机与常规发电机是不同的。常规励磁发电机选择H级甚至更高的耐热绝缘等级是因为只要在这个绝缘等级下绝缘不遭破坏，发电机是可以照常发电的。而永磁发电机则不同，它主要取决于永磁体的工作温度。永磁发电机的耐热取决于永磁体，绝缘取决于电压，这是与常规发电机不同的设计理念。

永磁发电机中对永磁体实施可靠、有效地冷却是永磁电机有载运行的可靠保证，也是永磁电机发展的瓶颈之一。但这些问题不是不能解决的。2019年10月中车株洲电机公司研制出几千千瓦驱动高铁时速达400km的高铁永磁同步电动机，采用全新的水冷技术，保证永磁体在电动机额定功率下长时间运行而不失磁的冷却方式。这种永磁同步电动机TQ－800达到了世界先进水平。

第二章　永磁体的应用

自从1900年人们发现钨钢被磁化后成为永磁体之后的100多年里，人们不断地研发出新的永磁体。尤其20世纪中期之后，几乎每隔3~5年就会有磁综合性能更好的、新的永磁体问世。永磁体之所以如此之快地发展，就在于永磁体具有对外做功不消耗其自身磁能、无噪声、无污染、效率高、节能、寿命长、可靠性高、使用方便、不需另行管理等优点。因此，永磁体在发电机、电动机、医疗器械、仪表、仪器、传感器、选矿、自动控制、激光、电子、家电、航空、航天、儿童玩具等诸多领域得到广泛的应用。

第一节　永磁体在发电机、电动机方面的应用

永磁体被广泛地应用在各种发电机、电动机中，因为永磁发电机、永磁电动机都具有其独特的优点：结构简单、体积小、重量轻、温升低、噪声小、效率高、节能、寿命长、运行可靠、便于管理、维护方便容易。

永磁体在发电机、电动机中使用，基本上有两种方式：一种是永磁体径向布置，称径向式，亦称面极式；另一种是永磁体切向布置，称切向式，亦称隐极式。径向式是永磁体的磁极直接面对气隙；切向式是永磁体平行于转子轴向的布置，两块永磁体的同性磁极通过磁导体组成的磁极面向气隙。永磁体的径向式布置属于永磁体串联使用，而切向式布置属于永磁体并联使用。

1. 永磁体在永磁发电机中的应用

（1）小型永磁发电机中爪极式永磁发电机

常用小型永磁发电机为爪极式永磁发电机。爪极式永磁发电机功率较小，多用在汽车、拖拉机发电经整流后给蓄电池充电供点火线圈点火或照明及汽车的自动控制用电。爪极式永磁发电机转子结构如图2-1所示，永磁体做成管状，轴向充磁，通过非磁性材料固定在转子轴上或直接固定在非磁性材料的转子轴上，永磁体磁极分别固定在磁导率很高的带有爪极的法兰盘上，爪极在转子圆周上形成N—S—N—S…相间的磁极。当转子被转动时，在定子绕组中便产生了交流电，经整流后给汽车、拖拉机的蓄电池充电。

爪极式永磁发电机的特点是只用一个管状轴向磁化的永磁体，永磁体数量少且形状简单，通过磁导率很高的带有爪极的法兰盘将磁性传导到极爪上，形成N—S—N—S…相间的转子磁极。爪极式转子的爪极数越多，即爪极的磁极累计面积越大，则爪极磁极表面的磁感应强度越小，爪极永磁发电机功率越小。最合理的爪极数是爪极的极面积之和和永磁体的环形极面积相等，这时爪极极面的磁感应强度与永磁体环形磁极极面的磁感应强度相等，爪极式永磁发电机功率较大。

在爪极式永磁发电机中，永磁体为轴向布置。

（2）中、大功率永磁发电机

由于风能是无污染可再生的清洁能源，自20世纪80年代之后，利用风能发电发展十分

迅速，风电每年以30%以上的增容速度发展。由于永磁发电机效率高、节能、重量轻、温升低、噪声小、可靠性高、结构简单、维修方便，又可做成多极低转速，非常适合于风电机组用发电机。中、大型永磁发电机多用在风电机组上。

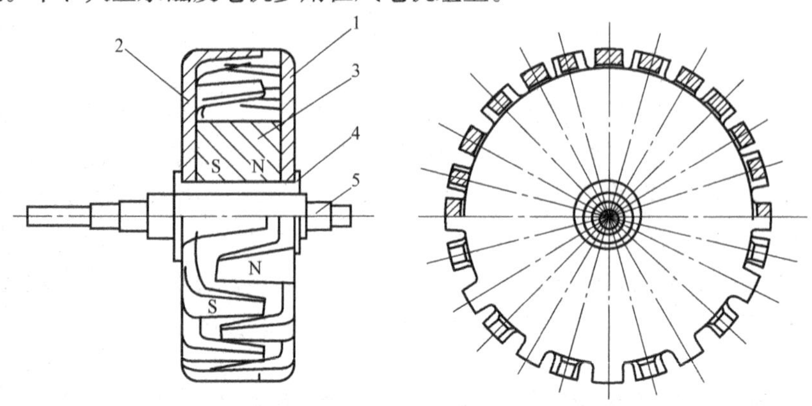

图2-1　爪极式永磁发电机转子结构

1—N极爪极法兰盘　2—S极爪极法兰盘　3—轴向磁化的永磁体　4—非磁性材料　5—转子轴

中、大型永磁发电机的永磁体磁极排列基本上有两种形式，一种是径向排列；另一种是切向排列，前者亦称面极式，后者亦称隐极式。这两种永磁体磁极一般都布置在转子上，转子又分为内转子和外转子，绕组布置在定子上。当转子转动时，由定子绕组输出交流电。只有永磁直流发电机将永磁体磁极布置在定子上。

1）图2-2a所示为永磁发电机的永磁体磁极径向排列的结构图。永磁体磁极径向排列是永磁体极面直接作为转子磁极的极面，永磁体极面直接面对气隙，漏磁小，且易于实现对永磁体冷却。永磁体磁极径向排列属于永磁体串联，在转子为磁导率很高的材料时，串联永磁体的磁极表面的磁感应强度比单个永磁体极面的磁感应强度大一些，一般情况下大5%～10%。

永磁发电机的永磁体磁极的径向排列常常用在中、大型永磁发电机上。

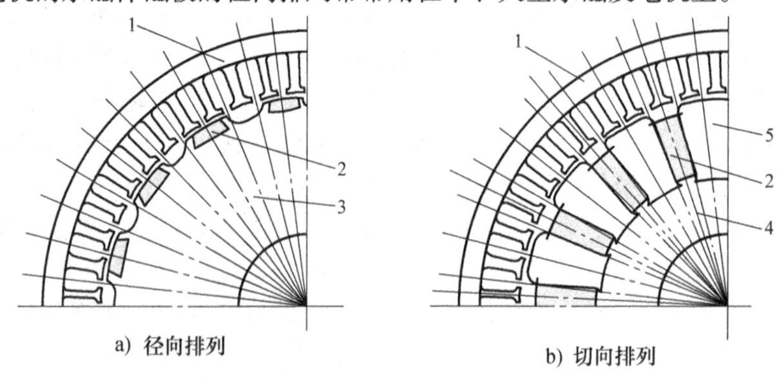

图2-2　永磁发电机的永磁体磁极径向排列与切向排列

1—定子　2—永磁体　3—转子　4—非磁性材料　5—磁极

2）图2-2b所示为永磁发电机的永磁体磁极切向排列的结构图。永磁体磁极切向排列是永磁体磁极并联，可以充分利用永磁体两个磁极的磁通。永磁体磁极切向排列是两个永磁体的相同磁极通过磁导率很高的材料组成一个共同的磁极，这个共同的磁极的极面的磁感应强度比单个永磁体磁极表面的磁感应强度大得多，但不会达到永磁体极面磁感应强度的2倍，在有很好的非磁性材料阻碍N极、S极磁通短路及两个同性磁极的极面积与它们的公共极靴极面积相等的情况下，只能比单个永磁体磁极表面的磁感应强度大20%～40%，这主要是由于漏磁太大。

永磁体磁极切向布置的永磁发电机，由于其永磁体埋在转子的铁心中，因此不易对永磁体实现有效的冷却。切向排列的永磁体安装困难，必须有专用工具。永磁体磁极的切向排列适用于中、小型永磁发电机。

永磁体磁极的切向排列的永磁发电机结构复杂，且必须有非磁性材料对永磁体的N极、S极进行有效的隔磁，因此，大型永磁发电机很少采用这种结构形式。

径向排列永磁体磁极的永磁发电机结构简单，易于实现对永磁体的有效冷却，容易实现60极、72极、84极等多极低转速，深受风电机组制造商的青睐。笔者采用自己的专利技术，用外径327mm、内径230mm的定子做成了30极3kW、5kW、7.5kW、10kW的永磁体磁极径向布置的永磁发电机；利用外径590mm、内径445mm的定子做成了36极40kW、60kW、80kW的永磁体磁极径向布置的永磁发电机及用外径1430mm、内径1250mm的定子设计成60极双层850kW和用外径1730mm、内径1590mm的定子设计成60极双层2MW的永磁体磁极径向布置的永磁发电机。

（3）永磁体磁极轴向排列的盘式永磁发电机

永磁体磁极最合理、最科学、成本最低的布置是同时利用永磁体两个极面。盘式永磁发电机就是同时利用永磁体两个极面的发电机。盘式永磁发电机的结构如图2-3所示。转子由非磁性材料制成，永磁体磁极按轴向布置镶在转子上。定子由磁导率很高的材料组成且绕组分布在定子槽内。定子和转子可以是多层结构，同时利用永磁体的两个极面，由于定子绕组多层都是相同的，绕组可以串联，也可以并联。定子可做成无铁心绕组也可以做成印制电路。盘式永磁发电机永磁体磁极两面利用，科学合理，结构简单，永磁体充分利用，整机重量轻，效率高，节能，节省材料，可以实现径向强迫风冷，永磁体能得到有效冷却，使发电机运行可靠。

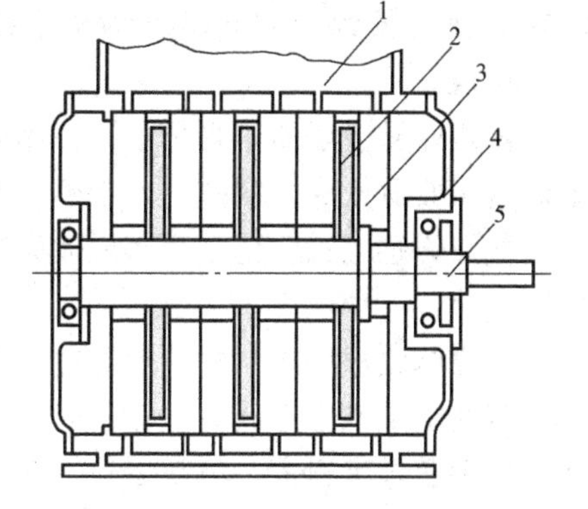

图2-3　永磁体磁极轴向排列的盘式永磁发电机结构

1—冷却风道　2—转子（镶永磁体）　3—定子及绕组　4—机壳　5—主轴

（4）永磁直流发电机

永磁直流发电机的永磁体磁极往往径向布置在定子上，而转子有绕组并设有换向铜头及电刷。当转子转动时，由换向铜头及电刷将电流都变换到同一方向——输出直流电。目前很少生产这种发电机，因为这种永磁发电机结构复杂，故障率也高，不如永磁交流发电机输出交流经整流变成直流方便、可靠。

（5）磁电机

磁电机也是一种永磁发电机，常用在摩托车中为点火线圈供电及为蓄电池充电。

（6）其他永磁发电机

比如手摇应急永磁发电机；商店门前的脚踏永磁发电机等。

2. 永磁体在永磁电动机中的应用

利用永磁体作电动机的磁极，使电动机结构简单、效率高、节能、重量轻、节省材料。永磁电动机既可以做到多极低转速大扭矩，又可以做到高速大功率。由于永磁电动机所具有的优点，使得永磁电动机被广泛地应用在航天、航空、医疗、自动控制、电力驱动、家电、计算机、儿童玩具等诸多领域。

(1) 永磁直流电动机

永磁直流电动机的永磁体磁极的布置有两种，一种是永磁体磁极的径向式布置；另一种是永磁体磁极的切向式布置。永磁直流电动机的永磁体磁极安装在定子上，转子设有绕组及换向铜头和电刷，称为有刷永磁直流电动机；永磁直流电动机的永磁体磁极安装在转子上，定子绕组电流方向的改变是由电子换向器来实现的，称为无刷永磁直流电动机。

1) 永磁直流转矩电动机。永磁直流转矩电动机的扭矩很大，可带负荷起动。永磁直流转矩电动机的永磁体磁极分为径向式和切向式布置在定子上，而转子有绕组及电流换向用的铜头和电刷，这种永磁直流转矩电动机是有刷永磁直流电动机。图2-4a所示是多极永磁电动机永磁体磁极的径向布置的结构图，图2-4b所示是极数少的永磁电动机永磁体磁极径向布置的结构图。

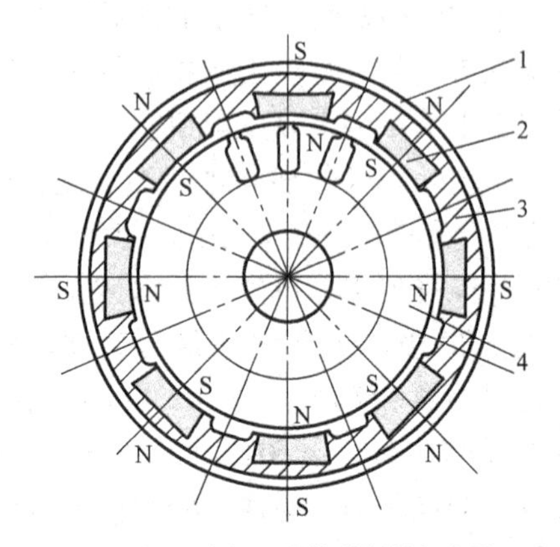

a) 多极永磁体磁极径向布置

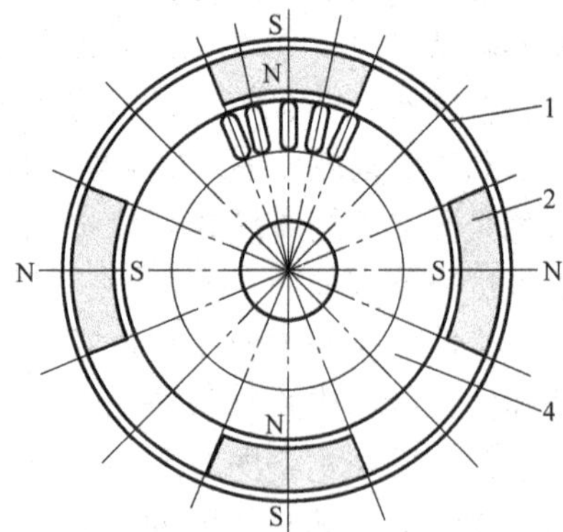

b) 极数少的永磁体磁极径向布置

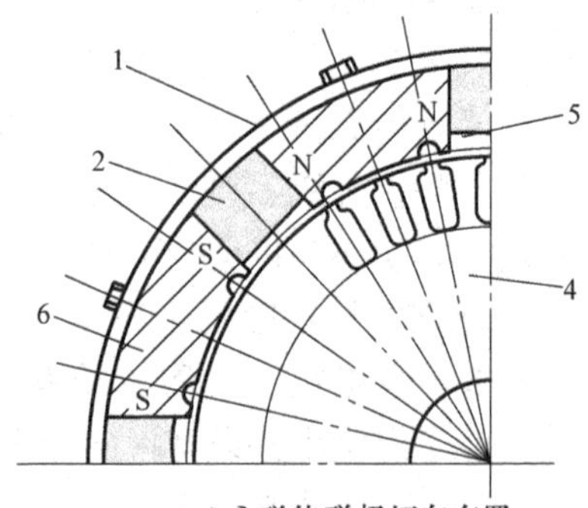

c) 永磁体磁极切向布置

图2-4　永磁电动机定子磁极径向和切向布置的结构

1—机壳　2—永磁体　3—定子
4—转子　5—挡板（非磁性材料）
6—定子磁极

永磁体磁极径向排列是永磁体串联使用，永磁体磁极直接面对气隙，漏磁小，当磁导体的磁导率很高时，气隙磁感应强度比单个永磁体磁极表面的磁感应强度高5%～10%。

永磁体磁极径向布置的永磁电动机的特点是永磁体固定在定子铁心上或固定在机壳上。要求定子铁心或机壳由磁导率很大的材料制作。转子铁心内有绕组及在铁心端部有改变电流方向的换向铜头和电刷。功率较大的永磁直流转矩电动机还应在镶永磁体两侧的铁心上设有冷却风道以对永磁体进行有效的冷却。

图2-4c所示是永磁体磁极切向布置的永磁直流电动机的结构图。永磁体磁极切向布置是永磁体磁极并联，两个永磁体的同性磁极通过磁导率很高的铁心组成一个磁极。磁极切向布置必须在异性磁极间有非磁性材料进行有效的隔磁，并且用作磁极铁心应有聚磁形状，在这种情况下，其磁极的气隙磁感应强度比单个永磁体磁极表面的磁感应强度大20%～40%，但不会达到单个永磁体磁极表面磁感应强度的2倍，

这主要是因为没有绝对的隔磁材料、漏磁太大造成的。

图 2-4c 中的永磁体同性磁极通过磁导率很高的铁心组成的磁极用螺钉固定在机壳上，机壳必须是非磁性材料（如铸黄铜、铸铝合金等），再用由非磁性材料做成的挡板来限制永磁体的位置，否则异性磁极的磁通将发生短路，达不到永磁体磁极并联的目的。

永磁体磁极切向布置的特点：①在有非磁性材料进行有效隔磁的情况下，用作铁心磁极的气隙磁感应强度将比单个永磁体磁极表面的磁感应强度大 20%～40%，提高了永磁体磁能的利用率；②利用聚磁原理将磁极铁心做成聚磁形状，还能进一步提高气隙磁感应强度；③永磁体磁极切向布置的直流电动机结构复杂且不易实现对永磁体的有效冷却；④永磁体安装困难，必须有专用工具。

永磁转矩电动机中的永磁体应采用磁综合性能很好的永磁体，设计时应将磁通尽量聚集于气隙，气隙磁感应强度越高，则电动机的时间常数越小，转速越平稳，转矩波动越小。在磁极铁心两侧开半圆形槽以利于起动和换向且有利于冷却，使电动机转矩与电流有很好的线性关系，使电动机运行平稳。当起动时，几倍的峰值电流冲击都不会使永磁体退磁，因而电动机的转矩很硬。作磁极的铁心应采用磁导率很高的材料，其磁滞小、电阻率高以减少交变磁场造成的损耗和发热，使永磁直流转矩电动机效率更高、温升更低。

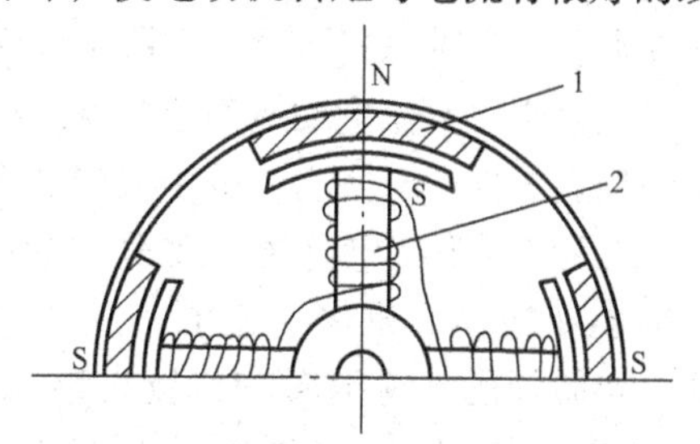

图 2-5　玩具用永磁直流电动机结构
1—永磁体　2—转子

2）永磁玩具电动机。几乎所有玩具电动机都是永磁直流电动机。永磁体磁极安装在机壳上一起构成电动机定子。转子为绕组式并装有换向铜头及电刷对直流电电流换向。安装在机壳上的永磁体属于永磁体径向布置，是永磁体磁极串联使用。玩具用永磁直流电动机结构简单，运行可靠。图 2-5 所示是玩具用永磁直流电动机结构。

玩具用永磁直流电动机的机壳由磁导率很高的低碳钢板制成，它是永磁体非气隙面磁极磁通的磁导体。

3）高速永磁直流电动机。高速永磁直流电动机常用在航天、航空器中。航天、航空器中空间有限，因此要求重量轻、体积小、功率大的电动机，而高速永磁直流电动机正好满足航天、航空器的要求。

高速永磁直流电动机的永磁体磁极也分径向和切向两种布置方式，其他结构与永磁直流电动机相同。

4）其他永磁直流电动机。其他永磁直流电动机还有永磁直流伺服电动机、永磁直流步进电动机等。

有换向器的永磁直流电动机称作有刷永磁直流电动机。有刷永磁直流电动机的

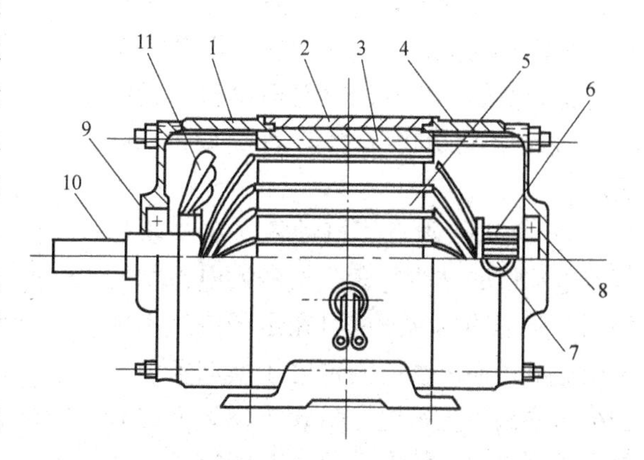

图 2-6　有刷永磁直流电动机典型结构
1—前端盖　2—机壳　3—永磁体磁极　4—后端盖
5—转子（包括绕组）　6—换向铜头　7—电刷
8—后轴承　9—前轴承　10—主轴　11—冷却风扇

典型结构如图2-6所示。其特点是永磁体磁极不论是径向布置还是切向布置都安装在定子上，而转子为绕组、转子轴及在转子端部设有换向器即换向铜头和电刷等组成。

5）无刷永磁直流电动机。无刷永磁直流电动机没有由换向铜头和电刷组成的换向器，因而没有换向火花，不产生无线电干扰，其具有噪声低，寿命长，运行可靠，维护容易、简单，转速不受换向条件限制，可高速运行，调速范围宽，调节特性和机械特性的线性度好，堵转转矩大等特点，因此被广泛地应用在航天、航空、船舶、计算机、汽车、工业、医疗设备、军事等诸多领域的自动控制中。

无刷永磁直流电动机将永磁体安装在转子上，绕组置于定子中。根据不同的转速，绕组布置成单相、两相、三相等，绕组形式与一般电动机相同。定子与转子的位置也有两种不同的形式，定子置于转子外部称作外定子结构，亦称内转子无刷永磁直流电动机；定子置于转子内部称作内定子结构，亦称作外转子无刷永磁直流电动机。不论是内转子结构还是外转子结构，永磁体磁极都置于转子之上。永磁体磁极在转子铁心上的布置有径向、切向、径向和切向混合式三种方式。图2-7所示为内转子无刷永磁直流电动机的结构。

无刷永磁直流电动机的定子绕组电流换向用电子换向器实现。电子换向器有两种，一种是有位置传感器，常采用的位置传感器有霍尔、磁电、光电等位置传感器。当转子的感应器转到位置传感器时，便改变定子绕组的电流方向实现换向。另一种电子换向器是用时间来决定绕组电流的自动换向。随着科学技术的发展，现代电子换向器采用IGBT大功率模块来实现直流电动机绕组电流自动换向。换向器供给无刷永磁直流电动机的电流有方波和正弦波两种。根据国家标准规定，供给无刷永磁直流电动机的电流为方波的称作无刷永磁直流电动机；供给无刷永磁电动机电流为正弦波的称作永磁交流电动机。无刷永磁直流电动机电子换向系统如图2-8所示。

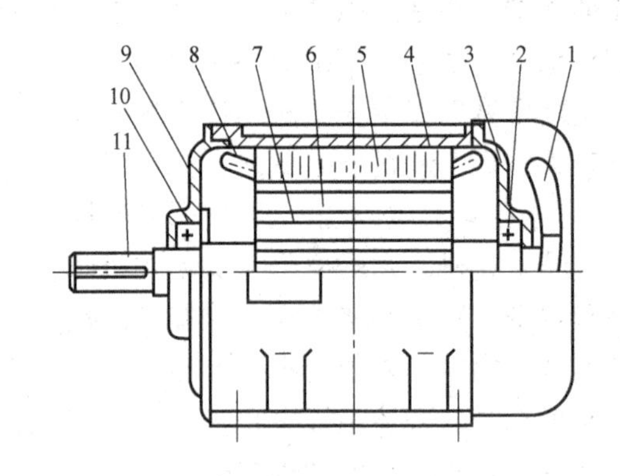

图2-7　内转子无刷永磁直流电动机的结构
1—冷却风扇　2—后轴承　3—后端盖　4—机壳　5—定子铁心　6—转子铁心　7—永磁体　8—定子绕组　9—前端盖　10—前轴承　11—主轴

6）盘式永磁直流电动机。盘式永磁直流电动机的结构与盘式永磁发电机结构相同，所不同的是发电机在定子绕组中输出交流电，而电动机则由电子换向器向定子绕组中输出直流电。盘式永磁直流电动机是无刷永磁直流电动机。它的转子为盘状，镶有永磁体磁极，定子绕组可以是绕线式也可以制成印制电路。定子绕组的电流换向用电子换向器来实现。

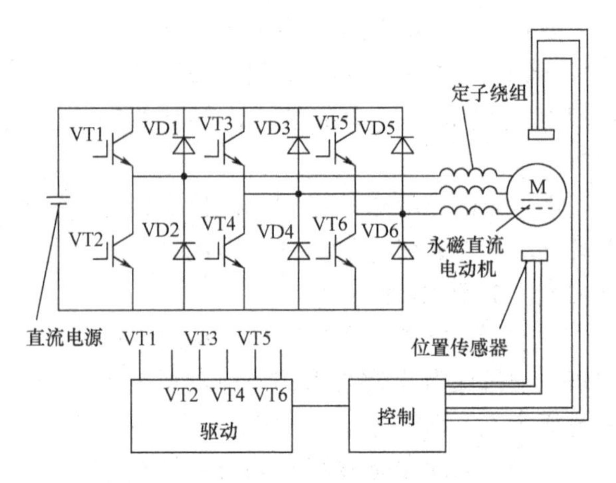

图2-8　无刷永磁直流电动机电子换向系统

盘式永磁直流电动机的特点：①体积小、重量轻；②转子无铁心，转动惯量小，电感小，时间常数小，起动、停止迅速，速度调整特性好；③转子无铁损，效率高，功率输出大；④起动转矩大；⑤噪声和振动小；⑥温升低。由于盘式永磁直流电动机的特点，它被广泛地应用在计算机，开关电源，逆变器，航天、航空，工业及化工、医疗的自动控制，机器人，自动及遥控设备中。盘式永磁直流电动机的结构如图 2-9 所示。图 2-9 所示为单层定子。为了充分利用永磁体的 N、S 两极面，可做成双层或多层定子。

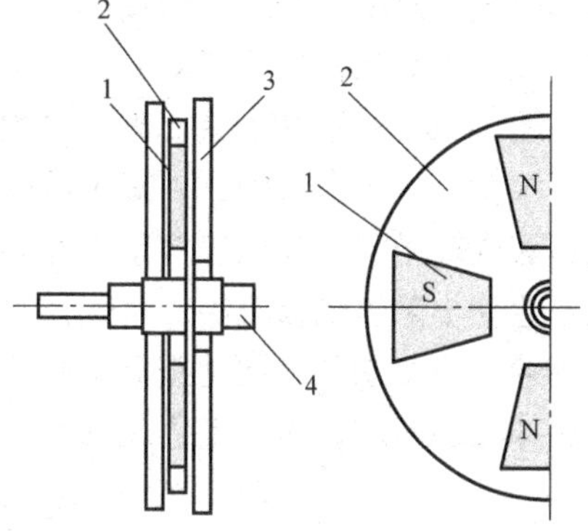

图 2-9　盘式永磁直流电动机的结构
1—永磁体　2—盘式转子　3—盘式定子（包括绕组）　4—轴

7）其他无刷永磁直流电动机。有刷永磁直流电动机都可以去掉机械换向器，即去掉换向铜头和电刷，而后在转子上安装永磁体，定子绕组通过电子换向器来改变电流方向使其变成无刷永磁直流电动机。未来无刷永磁电动机必将取代有刷直流电动机。

（2）永磁交流电动机

永磁体作电动机的磁极可以节能、提高电动机效率、节省材料、降低温升、使电动机结构简单，特别是高剩磁、高矫顽力的永磁体的不断问世，为永磁体作交流电动机磁极提供了可能。

在 20 世纪 80 年代之后，用磁综合性能很好的永磁体作转子磁极的交流电动机取得了很大进展。

永磁交流电动机的定子铁心及绕组与常规交流电动机的定子铁心及绕组相同。转子磁极采用永磁体且为切向布置，这种永磁交流电动机不能自行起动及换向。于是，在永磁交流电动机的转子轴一端又布置了一个功率较小的交流电动机，起动及永磁交流电动机换向由这个小功率交流电动机来完成。起动后，永磁交流电动机工作，小功率交流电动机自动切出。这种永磁交流电动机经油田抽油机上使用测定，节电 10% 左右。但这种永磁交流电动机制造成本较高，而且在运行中如果冷却不好，当温升达到 85℃以上时，定子绕组交流电阻增大，铜损和铁损增加，使永磁交流电动机温升进一步提高。同时，由于永磁交流电动机温升提高，使永磁体失磁永磁体磁综合性能下降，永磁交流电动机功率下降，形成恶性循环，导致永磁交流电动机烧毁，永磁体完全退磁。

这种永磁交流电动机虽然存在一些待解决的问题，但这一大胆尝试，无疑是一种别开生面的创新。

为了使永磁交流电动机能自动起动及可更换转向，世界上很多国家都进行着卓有成效的研究，得到了多种行之有效的方案。图 2-10 所示是目前永磁交流电动机自行起动并决定转向的最佳方案之一。

永磁交流电动机的转子应采用磁导率很高的硅钢片，永磁体磁极可采用径向布置、切向布置及径向加切向混合布置三种方式。为了永磁交流电动机能自行起动及更换转向，在转子中除镶嵌永磁体外，在转子硅钢片的外圆上冲有导条孔或槽，这些孔或槽的轴线应和转子的轴线成一定角度，像常规交流电动机的转子一样铸入或嵌入导条且端部短路。这种永磁交流电动机就能自行起动和更换电动机旋转方向及运转。转子磁场是永磁体磁场和转子导条的交变磁场叠加的合成磁场，使永磁交流电动机正常运转，并且节电。

图2-10a所示是永磁交流电动机的转子永磁体磁极的径向布置。永磁体的径向布置是永磁体磁极的串联布置，其漏磁小，结构简单，容易安装，转子的机械强度和刚度易于保证，使永磁交流电动机运行可靠。

图2-10b所示是永磁交流电动机的转子永磁体磁极的切向布置。轮毂为非磁性材料制造，如黄铜、铝合金等，以减少漏磁。转子铁心为极靴，应为磁导率很高的材料制成并以燕尾槽镶入转子毂上或以螺钉紧固在转子毂上，永磁体挡板为非磁性材料制成，其挡住永磁体且不会使永磁体磁极短路。永磁体磁极切向布置是永磁体磁极并联，充分利用永磁体两极面的磁通，两个永磁体同性磁极贡献给一个极靴，使气隙磁感应强度增加很多，但漏磁大，且永磁体安装困难，需要专用工具。

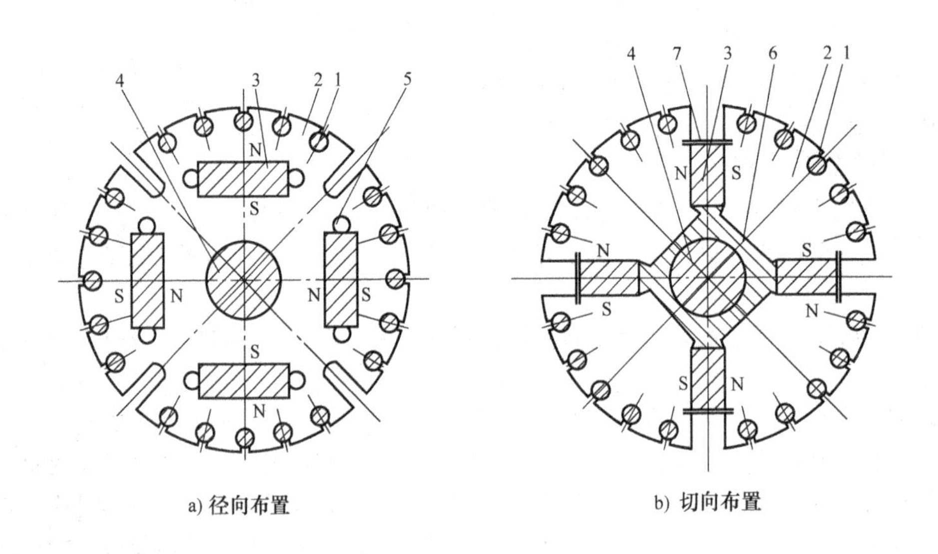

a) 径向布置　　b) 切向布置

图2-10　永磁交流电动机转子磁极的永磁体布置和转子结构

1—转子导条　2—转子铁心　3—永磁体　4—转子轴　5—冷却风道

6—转子毂（非磁性材料）　7—挡板（非磁性材料）

这种永磁交流电动机实际上是常规异步电动机与永磁同步电动机的组合。起动时主要是按异步电动机运转，运转时是异步与永磁同步叠加变成同步电动机运转。

永磁交流电动机的转子导条应经计算决定导条的数量、导条的直径。转子导条的布置只是为了永磁交流电动机的起动及更换电动机转向，只要能满足起动即可，而正常运转时还是以永磁体磁极为主。

永磁交流电动机的另一种结构是永磁体径向布置在转子上，并与转子轴向成一定角度，永磁体磁极直接面对气隙，同时在转子硅钢片的外圆上冲有与转子轴向成一定角度的孔或槽，其角度与径向布置的永磁体与转子轴向所成的角度相同。转子外径冲的孔和槽内像常规交流电动机一样铸入或嵌入金属导条。这些铸入或嵌入转子外径的导条起到帮助永磁电动机起动和换向的作用。在永磁交流电动机正常运转时，导条形成的交变磁通与永磁体的固定磁通形成交变磁通使永磁电动机正常运行。

这种径向布置永磁体的永磁交流电动机的优点包括：

1）永磁体磁极直接面对气隙，漏磁少；

2）易于实现对永磁体的有效冷却；

3）永磁体径向布置，且与转子轴向成一定角度，有利于永磁交流电动机的起动和换向。如果角度设计得准确，甚至无导条，永磁电动机也会起动和换向。

缺点是径向布置且与转子轴向成一定角度，永磁体为空间螺旋形，增加了永磁体制造和镶嵌的难度。

永磁体径向布置的永磁交流电动机如图 2-11 所示。

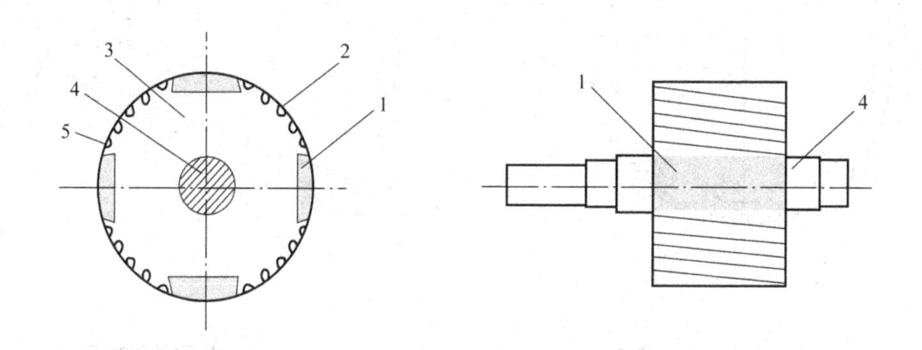

图 2-11　永磁体径向布置的永磁交流电动机

1—永磁体　2—导条　3—转子硅钢片　4—转子轴　5—冷却风道

永磁交流电动机转速稳定、扭矩硬、效率高（比常规异步电动机高 2% ~8%）、功率因数高、运行可靠，是一种很好的节能电动机。但是，永磁交流电动机应有很好的冷却措施，特别是要对永磁体实施有效的冷却才能保证永磁交流电动机安全运行。

永磁交流电动机具有美好的发展前景。

第二节　永磁体在磁力方面的应用

永磁体在选矿、除铁、磁悬浮等诸多领域得到广泛的应用。

1. 磁力选矿机

利用永磁体对顺磁质的吸引力，人们发明了磁力选矿机，简称磁选机。铁矿石经粗破、细破再经球磨机细碎成为粉状并与水混在一起，应将铁粉与无用的石头粉浆分离，人们发明了铁矿粉磁选机。

图 2-12 所示是磁选机原理图。在一个圆筒内壁镶嵌永磁体，圆筒转动时，矿浆从圆筒上方流下经过转动的圆筒外圆时，铁矿粉被永磁体吸住，粘在圆筒的外圆上，其余无用的不含铁粉的矿浆（称作尾矿浆）流走。粘有铁粉的圆筒转到另一侧时由刮铲将铁粉铲下，收集起来，这样由铁矿浆被磁选机选出来的铁粉称作精矿粉，达到对铁矿的选矿的目的。磁选机结构简单、节能，广泛应用于铁矿的选矿中。

2. 永磁除铁机

玉米淀粉及粮食加工的第一道工序就是除铁，除铁机就应用了永磁体。图 2-13 所示为永磁除铁机原理图。除铁机是在振动筛底安装了永磁体的装置。当玉米从振动筛上部流入到振动筛里，铁块或铁钢的合金物被吸在振动筛上，玉米在振动筛里被振动地流下去，小于玉米粒的杂质从振动筛孔落下，实现玉米与铁及杂质的分离。

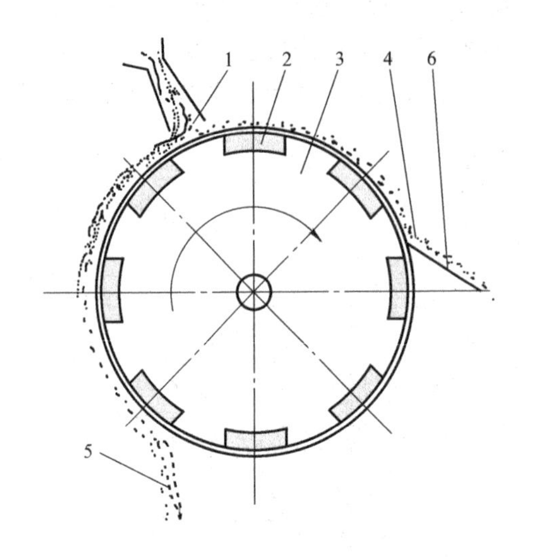

图2-12 磁选机原理图
1—铁矿浆 2—永磁体 3—圆筒
4—铁粉 5—尾矿浆 6—刮铲

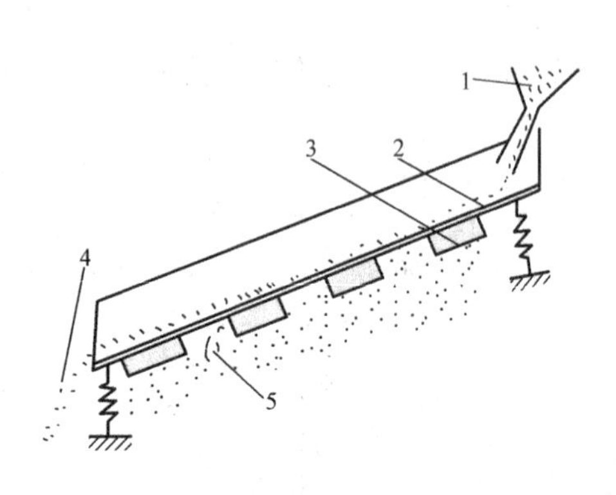

图2-13 永磁除铁机原理图
1—未除铁的玉米 2—振动筛 3—永磁体
4—除铁去杂质的玉米 5—杂质

粮食加工的第一道工序往往采取这种方式除铁，也有采用传送带方式除铁的。

还有如铸铁、铸钢用过的型砂要回收再利用，这些型砂混有很多的铁珠、浇口残渣等，影响型砂的再利用。用除铁机的振动筛将这些铁珠等由永磁体吸住，达到型砂与铁的分离。

3. 铁精矿粉捡拾机

在铁矿选矿厂最后经磁选机选出的铁精矿粉用汽车送到冶炼厂去炼铁。在铁精矿粉的运输中，有很多铁精矿粉落到地上。人们发明一种用永磁体做的铁精矿粉捡拾机，用以回收落在地上的铁精矿粉。

铁精矿粉捡拾机是两个轮支撑一个镶有永磁体的滚轮，滚轮具有磁性且距地面5~8mm，滚轮所经之处，铁精矿粉尽收其上。当滚轮吸满铁精矿粉后停车将铁精矿粉回收装袋。一台小型拖拉机可拖动数个滚轮，日回收量很大。铁精矿粉捡拾机利用永磁体吸引力回收铁精矿粉，既节能又环保。

4. 磁力联轴器

利用永磁体异性相吸的性质做成的联轴器称作磁力联轴器。磁力联轴器无噪声，当扭矩超过设计的额定扭矩时，由于超出了永磁体的吸引力而主动轴端半联轴器会发生空转，起到安全保护的作用。

磁力联轴器如图2-14所示，有两种结构形式。

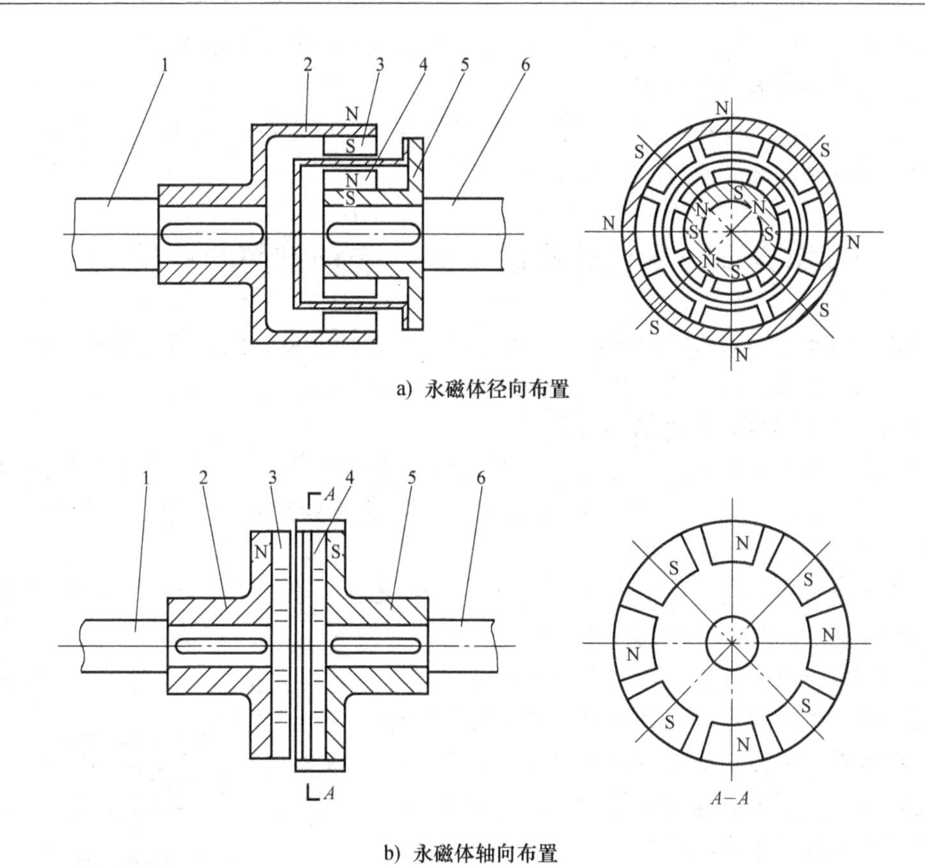

a) 永磁体径向布置

b) 永磁体轴向布置

图 2-14 磁力联轴器

1—主动轴 2—主动轴半联轴器 3—主动轴永磁体 4—被动轴永磁体 5—被动轴半联轴器 6—被动轴

图 2-14a 所示为永磁体径向布置的磁力联轴器，主动轴半联轴器为圆筒形的内壁与被动轴半联轴器的外径分别固定 N 极与 S 极相对应的永磁体，通过气隙相互吸引，使主动轴与被动轴相连接。这种结构的磁力联轴器主、被动半联轴器没有零件接触且磁能的利用率高，应用较广。

图 2-14b 所示为永磁体轴向布置的磁力联轴器，它是盘状结构，在主动轴半联轴器的圆盘上及被动轴半联轴器的圆盘上分置固定 N 极和 S 极及 S 极和 N 极相对应的永磁体，通过气隙将主动轴半联轴器与被动轴半联轴器连接起来。它的缺点是主动轴和被动轴受轴向力的作用。

图 2-14a 和图 2-14b 为永磁体串联。在图 a 中也可以将永磁体做成环形进行径向磁化，但很难做成直径大的永磁体；在图 b 中的永磁体也可以做成环形，轴向充磁，但也很难做成大直径的永磁体。

5. 永磁体吸力的其他方向的应用

永磁体吸力得到广泛的应用。比如电冰箱门的永磁体橡胶密封，它是利用永磁材料粉掺入橡胶后充磁得到的永磁胶板，虽然磁引力不太大，但作为电冰箱门的密封是足够了。再比如文具盒的自动关闭、挎包盖的永磁扣、工业及流通领域用的永磁吊等。

6. 永磁体同极排斥力的应用

利用永磁体同性磁极相斥的性质做磁悬浮的各种装置或设备。例如悬浮式轴承以及笔者为轧钢机万向联轴器设计的悬浮式托瓦等。

第三节 永磁体在磁感应、磁场方面的应用

永磁体在磁感应、磁场方面得到广泛的应用。各种扬声器、受话器，各种电磁式仪器、仪表等都是利用永磁体的磁场或磁感应的性质。

1. 永磁体在扬声器、受话器中的应用

在当今世界的扬声器中，如电视机中的扬声器，各种放像器中的扬声器，各种收音机中的扬声器，手提式扬声器，各种耳机、电话的送话器和受话器等无一不是用永磁体的。

扬声器分内磁式和外磁式两种。

图2-15a所示是外磁式扬声器结构。永磁体径向磁化，永磁体呈筒状，内置一个磁导率很高的圆柱体，永磁体内圆与圆柱体外径之间有一定间隙，扬声器的音圈就置于这个圆环的间隙中。当音圈的线圈有音频电流通过时，音频电流产生的磁场与永磁体的磁场叠加后使音圈按着音频电流的波动而振动，而音圈与扬声器的纸盆是一体的，因此纸盆也按着音频电流的交变频率振动而发声。

图2-15b所示是内磁式扬声器结构。其发声机理与外磁式扬声器相同，所不同的是永磁体做成圆柱形，置于音圈之内。内磁式扬声器由于永磁体置于音圈之内，外部磁场很弱，对周围元器件影响较小，而外磁式扬声器永磁体在外部，磁场较强，对周围元器件影响较大。

图2-15c所示是耳机的典型结构。这种耳机受话器可以做得很小，发声机理与内磁式扬声器相同，所不同的是音圈不连接纸盆，而是一个很薄的圆钢片被音频电流磁场和永磁体磁场叠加后的磁场以音频的频率吸引，在空气中以音频的频率振动发声。

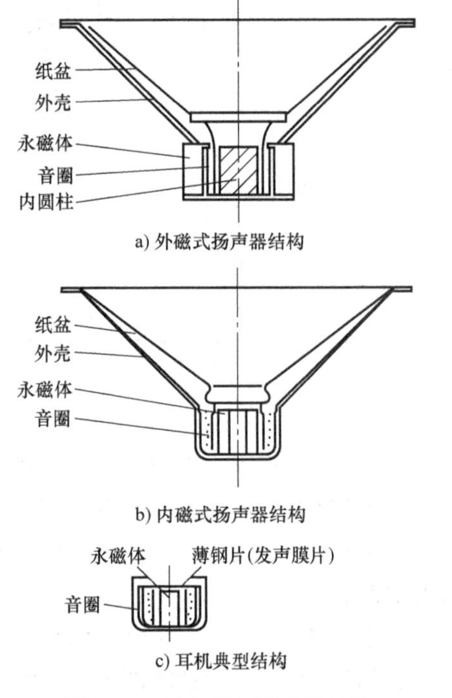

图2-15 扬声器和耳机的结构

送话器的机理正好和扬声器相反。送话器亦称话筒，结构与耳机结构相同。当对着送话器说话时，送话器中的极薄的钢片振动，钢片带动音圈以与说话相同的频率和波长振动。当音圈在永磁体磁场中振动时，在音圈的线圈中会产生与说话相同频率和波长的音频电流。这个与人说话相同的音频电流经放大或处理，完成送话过程。

2. 永磁体在磁电系仪表中的应用

永磁体在磁电系仪表中的应用十分广泛。它的机理是通电导体在磁场中运动或磁场变化使线圈中产生电流的机理。磁电系仪表有万用表、电压表、电流表、磁电式传感器等，还有

如磁疗设备、磁化水等。

图 2-16 所示是电流表结构。在圆形的永磁体磁场中的可沿永磁体圆形气隙转动的矩形线圈 1，当有电流通过线圈时，线圈会在磁场中转动。线圈中心有指针 2 及卷弹簧 4，线圈转动带动指针转动及卷弹簧。电流在磁场中的磁力矩和卷弹簧的力矩相平衡，不同的电流在磁场中形成不同的磁力矩与其相对应的卷弹簧相平衡，指针会停在不同位置，从而可指示出电流的大小。

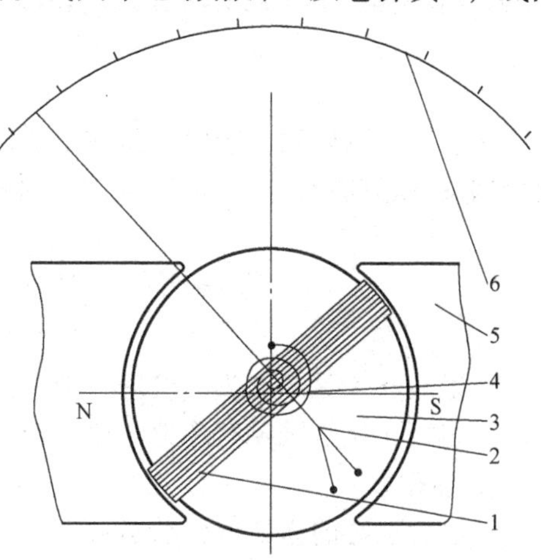

图 2-16　电流表结构
1—线圈　2—指针　3—内支座
4—卷弹簧　5—永磁体　6—刻度

令弹簧的转矩与通电线圈的磁力矩相平衡，则

$$T = NIAB\sin\theta = K\varphi \tag{2-1}$$

式中　N——线圈匝数，单位为匝；
I——流经线圈的电流，单位为 A；
A——线圈高，单位为 m；
B——线圈宽，单位为 m；
φ——线圈通电后的角偏转，单位为（°）；
θ——指针转角，单位为（°）。

式（2-1）是确定电流表的刻度、电流及弹簧的计算公式。

3. 永磁体磁场在控制带电粒子运动方面的应用

用永磁体磁场控制带电粒子运动在显像管、粒子加速器、磁控溅射、微波管、电视行输出变压器、开关电源变压器等诸多方面得到广泛的应用。图 2-17 所示是电子在永磁体磁场中运动路线发生弯曲。在经典理论中，磁场使电子运动路线发生弯曲的力称作洛仑兹力。

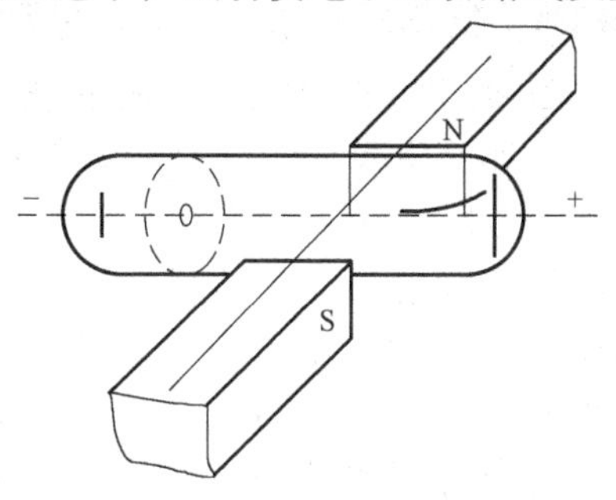

图 2-17　电子在永磁体磁场中运动路线发生弯曲（图中虚线为电子未在永磁体磁场中运动，其路线为直线）

第三章　永磁体形成的机理、特性及其种类和性能

在应用永磁体时，应对永磁体形成的机理、特性及其种类和性能有较为深入的了解，才能恰如其分地选择合适的永磁体，达到我们的设计要求。

第一节　关于磁与磁性能的几个概念

在未涉及永磁体形成的机理、特性及其种类和性能之前，应先明确磁与磁性能的几个概念。这些概念还是以经典理论给出的概念为主。

1. 顺磁质

导磁性很好的物质称作顺磁质。这类物质相对磁导率 $\mu_r>1$，也就是磁通通过这类物质时阻力很小。这类物质有锰（Mn）、铬（Cr）、铂（Pt）、空气等。

顺磁质也包括软铁材料，如工业纯铁、低碳钢、硅钢片等。

顺磁质在磁场中是磁的良导体，当撤出磁场后，它们本身往往没有剩磁。

2. 抗磁质

导磁性很差的物质称作抗磁质，磁通通过这种物质时阻力很大。这类物质相对磁导率 $\mu_r<1$，抗磁质虽然导磁很差，但不能隔磁，即不能中断磁通。这类物质有金、银、铜、铝、铅、锌、硫等。

3. 铁磁质

导磁性非常好，相对磁导率很大的物质称作铁磁质。这类物质 $\mu_r>1$，不仅导磁性非常好，而且自身容易被磁化而具有磁性，铁磁质所表现出来的这种磁性称作铁磁性。这类物质有铁（Fe）、镍（Ni）、钴（Co）、钆（Gd）及这些金属的合金等。

4. 永磁体

铁磁质在均匀的、很强的外磁场作用下（或被充磁）被磁化成磁体，当撤去外磁场后（或停止充磁），仍然保留很强的磁性，这种物质称作永磁体。永磁体是固相的。永磁体有钡铁氧体（$BaO\cdot 6Fe_2O_3$）、锶铁氧体（$SrO\cdot 6Fe_2O_3$）、铁铬钴（FeCrCo）、铂钴（PtCo）、铝镍钴（AlNiCo）、稀土钴（RCo_5）（R_2CO_{17}）、钕铁硼（NdFeB）、稀土钕铁硼（RNdFeB）等。

5. 剩磁

铁磁质在均匀的很强的外磁场作用下被磁化，当撤去外磁场后，铁磁质中的磁感应强度就会降到某一个数值，它叫作剩余磁感应强度，通常称作剩磁。永磁体的剩磁用符号 B_r 表示，单位为 T 或 Gs，$1T=10^4Gs$，或 Wb/m^2，$1T=1Wb/m^2$。

6. 永磁体的矫顽力

永磁体抵抗外磁场对它的去磁能力称作永磁体的矫顽力。或者认为永磁体被完全去磁，即永磁体内的剩余磁感应强度 B_r 减少到零所需反向磁场强度 H_{CB} 就称作永磁体的矫顽力。矫顽力用符号 H_{CB}表示，单位为 kA/m 或 kOe[⊖]。

⊖ $1Oe=79.5775A/m$。

7. 永磁体的内禀矫顽力

永磁体抵抗外部交变磁场的去磁能力称作永磁体的内禀矫顽力。它用符号 H_{CJ}表示，单位为 kA/m 或 kOe。

8. 永磁体的磁场强度与磁感应强度

在永磁体磁场中，与磁通相垂直的单位面积内所通过磁通的数量称作永磁体的磁场强度。而磁感应强度是在永磁体的磁场中的任何磁介质垂直于磁通方向的单位面积内所通过的磁通数量。永磁体的磁场强度用符号 H 表示，单位为 T 或 Gs[⊖] 或 Wb/m^2；永磁体的磁感应强度用符号 B 表示，单位为 T 或 Gs 或 Wb/m^2。

永磁体的磁场强度 H 与磁感应强度 B 的关系为

$$B = \mu H \tag{3-1}$$

式中　μ——磁介质的磁导率。

真空磁导率 $\mu_0 = 4\pi \times 10^{-7} H/m$。

磁介质的磁导率 μ 与真空磁导率 μ_0 的比值称作相对磁导率 μ_r。

$$\mu_r = \mu/\mu_0 \tag{3-2}$$

相对磁导率是一个无量纲的数。

9. 永磁体磁场中磁介质的磁通量

在永磁体磁场中的任何磁介质垂直于磁通的单位面积所通过的磁通数量与所通过磁介质的面积的乘积称作永磁体的磁通量。永磁体磁通量用符号 ϕ 来表示，单位为 Wb。

$$\phi = \int_S B dS \tag{3-3}$$

式中　B——永磁体的磁感应强度，单位为 T 或 Gs。

10. 永磁体磁场中磁介质的磁感应强度

在永磁体磁场中通过磁介质单位面积的磁通量称作永磁体磁场中磁介质的磁感应强度。它用符号 B_δ 来表示，单位为 T 或 G 或 Wb/m^2。

11. 永磁体的磁能积及磁能

由经典理论给出的永磁体磁能为：永磁体单位体积能在永磁体外空间存储的能量 W（J/m^3）是

$$W = \frac{BH}{2} \tag{3-4}$$

式中　B——永磁体的磁感应强度，单位为 T 或 Gs；

　　H——永磁体的磁场强度，单位为 A/m。

BH 的乘积通常被称作永磁体的磁能积，即永磁体的磁能积为

$$W = BH \tag{3-5}$$

永磁体的磁能积最大，其存储的能量也最大。永磁体的最大磁能积用符号 $(BH)_{max}$表示，单位为 kJ/m^3。

永磁体的磁能是永磁体所具有的磁能量，它与经典理论给出的永磁体的磁能积是永磁体磁能的两种不同方式的表述。永磁体磁能的计算来源于经典理论的理想螺线管的自感能量计算。

经典理论假定理想螺线管无限长，管内磁介质的磁导率为 μ，螺线管单位长度的匝数为

⊖ $1Gs = 10^{-4}T$，后同。

N，通过螺线管的电流为 I，则螺线管的自感能量即为磁能，由下式表示：

$$W = \frac{1}{2}LI^2 \tag{3-6}$$

式中 W——螺线管的自感能量即磁能；

L——螺线管的自感系数，公式为

$$L = \mu \frac{N^2 S}{l} \tag{3-7}$$

式中 N——螺线管单位长度的线圈匝数；

S——螺线管内的截面积；

l——螺线管的长度。

当螺线管通以电流 I 时，其磁感应强度 B 为

$$B = \mu \frac{NI}{l} \tag{3-8}$$

将式（3-7）及式（3-8）代入式（3-6），得

$$W = \frac{1}{2}\frac{B^2}{\mu}(Sl) \tag{3-9}$$

式（3-9）中的 Sl 正是螺线管内的磁介质的体积，即 $V = Sl$。如果螺线管内的磁介质是铁磁质，则铁磁质在通电螺线管内被磁化成永磁体，其磁能量为

$$W = \frac{1}{2}\frac{B^2}{\mu}V \tag{3-10}$$

永磁体的磁能密度为

$$w = W/V = \frac{B^2 V}{2\mu}/V = \frac{1}{2}\frac{B^2}{\mu} \tag{3-11}$$

式（3-1）中 $B = \mu H$，代入式（3-11）得

$$w = \frac{BH}{2}$$

所以永磁体的磁能积和永磁体的磁能只是永磁体磁能量的两种表述。

对于螺线管自感能量，用 $W = \frac{1}{2}\frac{B^2}{\mu}V$ 来表达，无可争议。但对于永磁体的磁能，用 $W = \frac{1}{2}\frac{B^2}{\mu}V$ 来表达是不确切的，笔者不敢苟同。笔者经40余年对永磁体的研究、实验证明，永磁体的磁能并不完全是体积能，也就是说永磁体的磁能不是关于永磁体体积的一次线性函数。笔者经过对各种形状不同、材质不同的永磁体研究证明，永磁体的磁能与两极面积 S 和两极面之间的距离 h_m 有关。当永磁体两极面积 S 确定后，增加两极面之间的距离达到一定数值后，永磁体极面上的磁感应强度不再增加。

目前，描述永磁体磁能的参数是磁能积，用 $(BH)_m$（kJ/m^3）来表示也欠妥，其一是到目前为止尚做不出来 $1m^3$ 体积的永磁体，这个参数是由小块永磁体测定后扩展到 $1m^3$ 的结果，这不符合永磁体的性质；其二是永磁体的磁能不是关于其体积的一次线性函数，永磁体的磁能在一定尺寸范围内是关于其矩形极面短边长 a_m 与两极面之间的距离 h_m 的比 K_m 的函数。实际测定，永磁体随着体积变化，其磁能的变化并不遵循 $W = \frac{1}{2}\frac{B^2}{\mu}V$ 这一数学模型。

由于永磁体磁能在一定尺寸范围内是关于两极面之间距离 h_m 与矩形极面短边 a_m 之比 K_m 的函数，所以永磁体的相似形原理只能在某一定范围内适用，并不像泵类只要比转速相同就可以将各部件放大尺寸提高流量的相似形原理那样令人满意。

关于永磁体磁能不遵循 $W=\frac{1}{2}\frac{B^2}{\mu}V$ 或 $W=\frac{BH}{2}V$ 这一数学模型的实验数据证明在本章第三节“永磁体的特殊性能”中给出。

12. 永磁体的居里点

永磁体被加热到一定温度会完全失去磁性，永磁体失去磁性的温度称作永磁体的居里点。不同材质的永磁体有不同的居里点。

13. 永磁体的温度系数

永磁体的剩磁、矫顽力、内禀矫顽力、磁能积都会随着永磁体的温度升高而降低。永磁体在常温以上温度每升高1℃，上述磁性能参数下降的百分比称作永磁体的温度系数。

永磁体的温度系数对于永磁体的应用十分重要，在不同温度环境中应用的永磁体应选用不同温度系数的永磁体以保证永磁体发挥最大的作用，不致失磁太多，确保永磁体安全可靠的运行。

第二节　永磁体形成的机理和永磁发电机机理

1. 永磁体形成的机理

1819 年，奥斯特发现放在载流导体旁边的磁针会受到力的作用而偏转。1820 年，安培又发现磁场内的载流导体会受到力的作用而移动。之后，法拉第发现永磁体在线圈中移动时，线圈会产生电流，当线圈通以电流时，线圈中的永磁体会移动，从而发明了发电机和电动机。磁生电、电生磁、电和磁被联系到了一起。那么电流与磁场是什么关系？磁形成的机理是什么？

1822 年，安培提出了有关物质磁性的假说，他认为一切磁现象的根源是电流。在磁性物质的分子中存在着回路电流，称作分子电流。分子电流相当于基元磁体，物质中的磁性取决于物质分子中分子电流对外界磁效应的总和。

安培关于物质磁性本质的假说与现代对物质磁性的理解是一致的。

作者自 1973 年至今，经过 40 余年对永磁体、永磁发电机及永磁电动机的研究认为，当永磁材料未被充磁前，它的分子或晶粒周围的电子在它们各自的绕着分子或晶粒的空间轨道上运动，如图 3-1a 所示。当永磁材料被充磁时，这些绕着永磁材料分子或晶粒在空间轨道上运动的电子立即改变原来的空间轨道运动，变成绕分子和晶粒的平面环流运动，如图 3-1b所示。这些电子平面环流运动的方向与充磁电流的方向一致。这些在永磁体中绕分子和晶粒做平面环流运动的电子所形成的磁极与充磁电流所形成的磁极相同。当充磁结束后，有极少数电子又回到原来绕分子和晶粒的空间轨道上运动，而绝大多数电子依然保持绕分子和晶粒做平面环流运动，从而使永磁材料变成了永磁体，这也是永磁体的磁场强度比充磁后的磁场强度小一些的原因。永磁体中电子绕分子和晶粒做平面环流运动所形成的磁极如图 3-1c 所示。电流方向和永磁体磁极方向的右手定则如图 3-1d 所示。

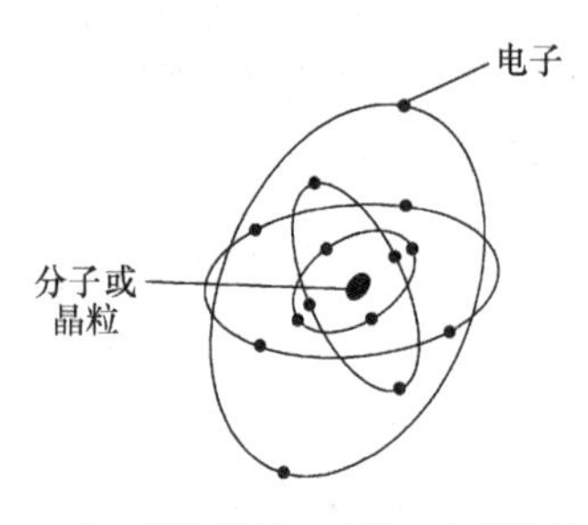

a）永磁材料未被充磁前，电子绕着分子或晶粒在空间轨道上运动

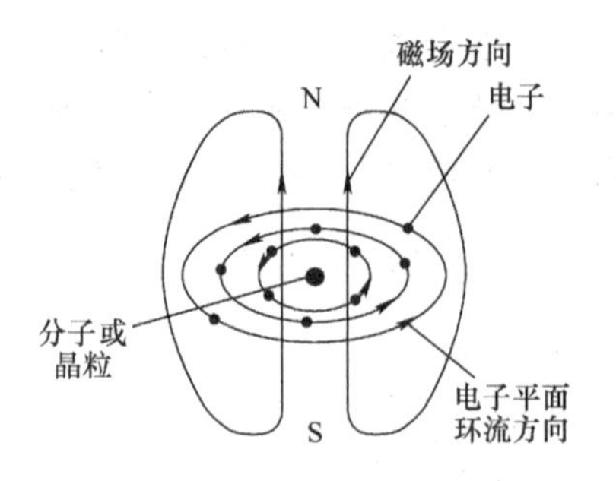

b）永磁材料被充磁后成为永磁体，在永磁体内电子绕着分子或晶粒做平面环流运动

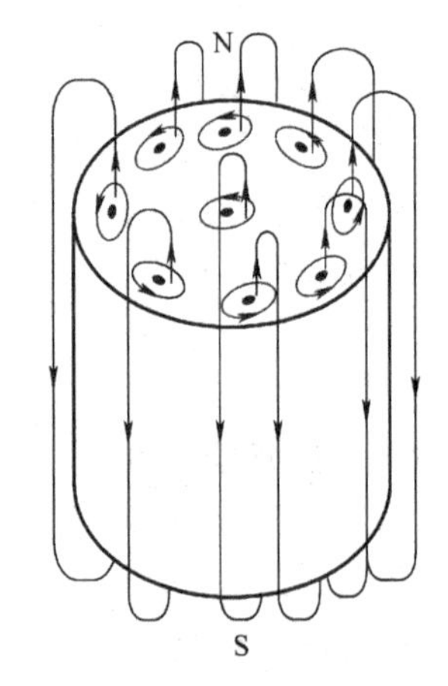

c）永磁体内的电子绕分子或晶粒的平面环流运动使永磁体具有N极和S极

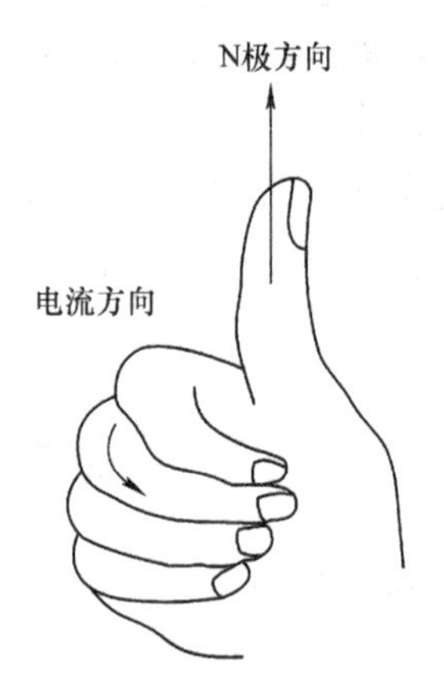

d）右手定则

图3-1　永磁材料未被充磁前、被充磁后，永磁体内的电子绕分子或晶粒的平面环流运动，以及右手定则示意图

永磁体被充磁后剩余的磁通称作剩磁，单位为T或Gs（$1\text{Gs}=10^{-4}\text{T}$）。

将永磁体垂直于N－S方向一分为二，则两块永磁体依然具有N极和S极。将其中的一块依然按垂直于N－S方向再一分为二，每块仍然具有N极和S极。这样分下去，直到永磁体的分子和晶粒都会有N极和S极。这充分说明了永磁体内部的电子回路是垂直于永磁体磁通的，并且必须是绕分子和晶粒的电子环流。在永磁体内部如果没有电子绕分子和晶粒的平面同方向环流，就没有永磁体磁极。

关于永磁体内有电子环流也有如下证明：某市纳米研究所所长给作者来电话询问："当某种金属被切割到接近纳米尺寸时，为什么突然出现磁性?"作者为他解释："金属晶粒周围的电子绕着晶粒在它们各自的空间轨道上运动，当你将金属切割到接近纳米尺寸，也就是切割到金属晶粒时，这些电子失去了空间轨道，这些电子只能绕晶粒做同方向的平面环流运动，这些做平面环流运动的电子的宏观表现就是磁性。这就是你切割某金属到接近纳米尺寸时突然出现磁性的原因。"

永磁材料一旦被充磁获得磁能变成永磁体，是不会自动去磁的，除非将其加热到它的居里温度，或不断地高频振动、打击或反向充磁。永磁材料被充磁变成永磁体只是其内部的电子运动轨道发生了改变，而其他性质，如密度、强度、硬度及内部组成的成分都没有变化。

电流是磁场的充要条件，没有电流就没有磁场，这个结论毋庸置疑。电子在永磁体内绕着分子或晶粒的平面同向的环流是形成永磁体的充要条件，永磁体若没有电子绕分子或晶粒的平面同向的环流，那它只是永磁材料，而不是永磁体。

2. 地球的磁极也是由电流形成的

地球有南北磁极。地球的地理南极和北极与地球的南磁极和北磁极是不同的，它们之间有一定的偏角。地球的南磁极用 S 表示，北磁极用 N 表示。地球的南北磁极是怎样形成的？

作者曾于 1980 ~ 1990 年间多次多地对大地表面（在地表深度 100 ~ 300mm 之间，两表笔相距 800 ~ 1200mm 之间）的电流进行测量，验证了地球的南北磁极是由西向东的电流形成的这一结论。选择 1980 年在四个地点测量大地表面的电流数据见表 3-1。

表 3-1　1980 年在四个地点测量的大地表面的电流

实测大地电流时间	实测大地电流地点	实测大地东西方向的电流	实测大地南北方向的电流
1980 年 6 月 25 日	内蒙古巴林左旗兴隆地大队兴隆地小队	6 ~ 8μA	1 ~ 3μA
1980 年 6 月 29 日	内蒙古林东镇八一大队古城小队	5 ~ 8μA	1 ~ 2μA
1980 年 7 月 20 日	北京市永定门外	8 ~ 10μA	1 ~ 3μA
1980 年 9 月 18 日	吉林省公主岭市大榆树大队第 10 小队	6 ~ 8μA	1 ~ 3μA

实测大地电流东西方向电流是南北方向电流的 3 ~ 6 倍，证明了地球东西方向的电流形成了地球的磁极。实测表明大地电流自西向东，形成了地球的北磁极和南磁极，如图 3-2 所示。

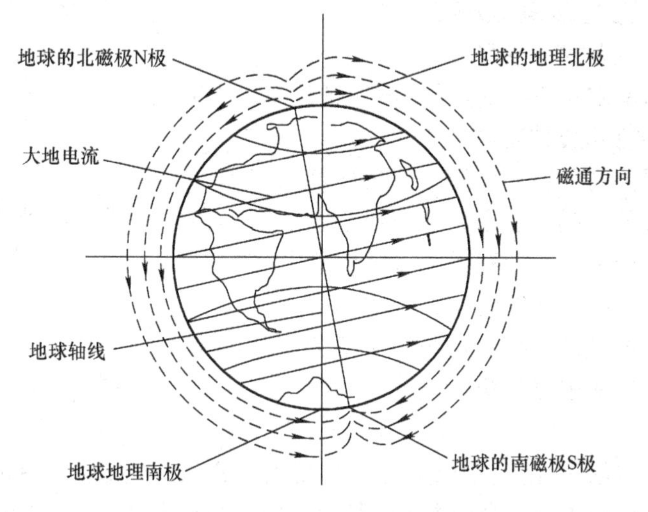

图 3-2　地球的北磁极 N 极和南磁极 S 极是由自西向东的大地电流形成的

3. 永磁发电机机理

磁场在线圈中移动，磁场的磁通切割线圈，当线圈有负载时，线圈就会有电流输出，这就是发电机原理。发电机是将机械能转换成电能的装置。

常规励磁发电机的转子磁极是由直流电通入转子励磁绕组或感应电流流入转子导条而形成的，转子励磁要消耗励磁功率。当转子磁极被外转矩转动时，转子励磁磁极的磁通切割定子绕组线圈，绕组线圈就输出电力，这就是常规励磁发电机发电的机理。

永磁发电机的转子磁极是永磁体磁极，它取代了常规电励磁发电机中作为转子的电励磁磁极，当外转矩转动转子永磁体磁极时，定子绕组就输出电力，这就是永磁发电机机理。永磁发电机是将机械能转换成电能的装置。只要永磁发电机的转子永磁体磁极得到可靠有效的冷却，工作在其不失磁的温度下，永磁发电机会一直输出电力。

在永磁发电机中永磁体磁极取代了电励磁发电机的电励磁磁极，节省了电励磁功率，使永磁发电机效率高、温升低、噪声小、功率因数高、体积小、重量轻、节能。

第三节　永磁体的特殊性能

永磁体除具有同性磁极相排斥、异性磁极相吸引，以及磁极吸引铁和铁的合金等广为人知的性能之外，尚有许多特殊的性能。

1. 永磁体的聚磁效应

当一块永磁体的两个极面不等时，其两个极面上的磁感应强度也不相等。极面小的磁感应强度大于极面大的磁感应强度。永磁体的这种现象称作永磁体的聚磁效应。如图 3-3 所示，根据永磁体磁通连续性规律，$\phi_1 = \phi_2$，则 $S_1B_1 = S_2B_2$。由于 $S_1 < S_2$，所以 $B_1 > B_2$。

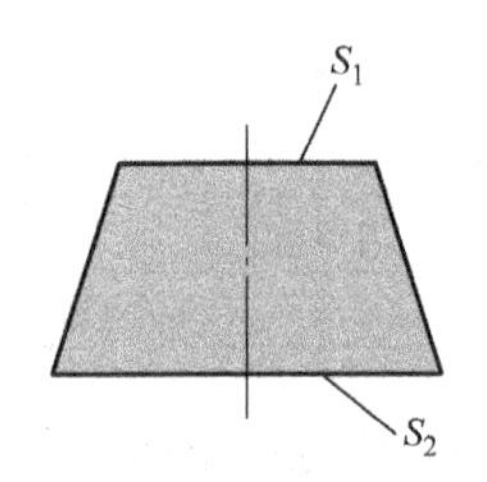

图 3-3　永磁体两个极面不等，其两个极面上的磁感应强度也不等

式中　ϕ_1——流经 S_1 面的磁通；

ϕ_2——流经 S_2 面的磁通；

B_1——S_1 面上的磁感应强度；

B_2——S_2 面上的磁感应强度。

利用永磁体的聚磁效应可以提高永磁体的磁感应强度。

2. 永磁体磁感应强度的趋肤效应

在永磁体极面上的磁感应强度并不是处处相等的，极面周边的磁感应强度大于极面中心的磁感应强度，极面积越大，则磁感应强度的差别越大。永磁体磁感应强度的这种现象称作永磁体磁感应强度的趋肤效应。图 3-4 所示为永磁体极面上的磁感应强度与极面位置之间的关系曲线。

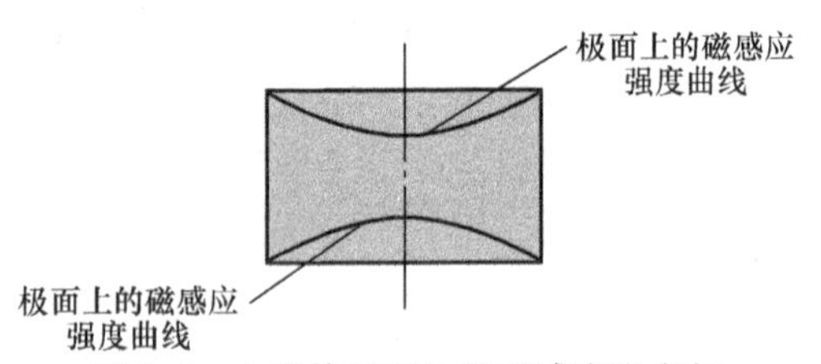

图 3-4　永磁体极面上的磁感应强度与极面位置之间的关系曲线

由于永磁体具有趋肤效应，因此永磁发电机的永磁体磁极不宜做得很大，也就是径向极弧太长的永磁体磁极应进行永磁体磁极的径向拼接以提高永磁体磁极的磁感应强度。径向拼接时，永磁体不能彼此接触，否则起不到用拼接提高磁感应强度的目的。

3. 永磁体磁通的连续性规律

永磁体的磁通从 N 极出来，不论其通过何种物质，都会最终回到 S 极，构成完整的永磁体磁路，永磁体的磁通是连续的，是不可中断的，到目前为止，还没有发现可以中断永磁体磁通的物质，也没有任何一种物质能将永磁体的 N 极或 S 极独立分开。这就是永磁体磁通连续性规律。在永磁体的磁路中任何一个截面上的磁通量都是相等的。

4. 永磁体磁通会自动寻找阻力最小、磁路最短的路径通过

在永磁体的磁场中，如果有两种以上的磁导率不同的磁介质，且永磁体没有被约束，那么永磁体磁通会自动寻找阻力最小、磁路最短的磁介质通过。

磁屏蔽就是永磁体磁极自动寻找磁阻力最小、磁路最短通过其磁通的例子。

为了防止某些电子仪器、仪表、计算机、手机等不受磁场的干扰，可以采用磁屏蔽来减少或避免磁场的干扰。用磁导率很高的顺磁质（如低碳钢）做成方形容器，将防止磁场干扰的仪器、仪表、电子器件等置于其内，可以达到磁屏蔽的作用，如图3-5所示。如计算机的主机箱、手机的机壳都是采用低碳钢板做成的，就是为了防止内部的电子器件受到外磁场的作用，即防止外磁场的干扰。由于低碳钢的磁导率比空气的磁导率大几千倍，因此外部磁场的磁通会主动地寻找阻力最小的低碳钢制成的箱或壳体通过而不会干扰箱内或壳内的电子元器件。

永磁体磁通会自动寻找阻力最小、磁路最短的路径通过，这一特性对永磁发电机和永磁电动机的起动来说十分重要。

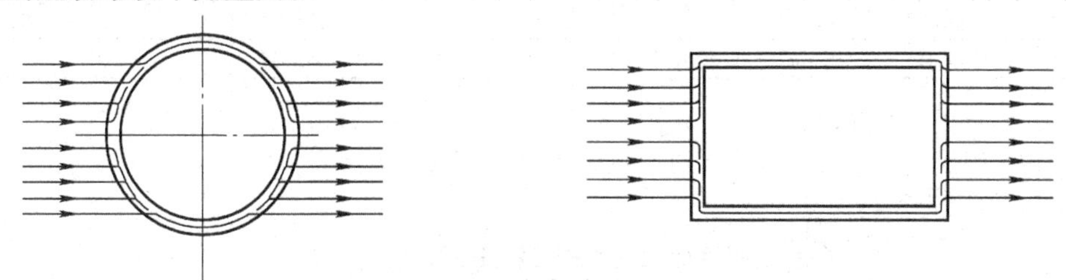

图3-5　磁屏蔽

5. 永磁体的磁感应强度在一定尺寸范围内是关于永磁体极面的短边长度和两极面之间距离的函数

永磁体的剩磁、矫顽力、磁极的磁感应强度除了与永磁体的材料、制造工艺、充磁电流等有关外，还与永磁体的几何形状及几何尺寸有关。永磁体的磁感应强度在一定尺寸范围内是关于永磁体极面的短边长度和两极面之间距离的函数。

作者对同一材料、同一工艺制作的不同形状的矩形永磁体样块的极面短边尺寸、两极面之间的距离及极面上的磁感应强度进行多次实测，并对不同材料、不同工艺制作的同一形状的永磁体的短边长度、两极面之间的距离及极面上的磁感应强度进行多次实测，以寻求矩形永磁体的矩形极面的短边长度 a_m 和两极面之间的距离 h_m 与极面上的磁感应强度的数学关系。得到两极面之间的距离 h_m 与矩形极面短边长 a_m 之比所对应的矩形永磁体的端面系数 K_m，见表3-2。

表3-2　极面为 $a_m \times b_m$（$a_m < b_m$）的两极面之间的距离为 h_m 的矩形永磁体的端面系数

h_m/a_m	0.1~0.2	0.2~0.4	0.4~0.6	0.6~0.8	0.8~0.9	1.0	1.1~1.2	1.2~1.4
K_m	0.5~0.6	0.6~0.7	0.7~0.8	0.8~0.9	0.9~0.95	1.0	1.0~1.06	1.06~1.02

下面是作者所做的实验之一：用钕铁硼N45及相同工艺制造的直径为16mm，两极面相等且两极面之间的距离分别为5mm、10mm、15mm、20mm、25mm、30mm、35mm、40mm、45mm、50mm、55mm、60mm共12块永磁体，对它们的磁感应强度进行实测，结果见表3-3。它们的磁感应强度与两极面之间的距离 h_m 的变化曲线见图3-6。

表 3-3　直径 $d=15$mm 的 N45 永磁体两极面距离与其磁感应强度的实测数据

序号	两极面之间的距离 h_m/mm	一个极面上的磁感应强度 B_{m1}/T	另一个极面上的磁感应强度 B_{m2}/T	两极面的平均磁感应强度 B/T	与 $h_m=15$ 相比磁感应强度增量 ΔB/T	与 $h_m=15$ 相比 B 值增加的百分比（%）	与 $h_m=15$ 相比体积增加的百分比（%）	与 $h_m=5$ 相比磁感应强度增量 ΔB/T	与 $h_m=5$ 相比磁感应强度增加的百分比（%）
1	5	0.273	0.267	0.27					
2	10	0.392	0.394	0.393				0.123	45.56
3	15	0.439	0.453	0.446				0.176	65.185
4	20	0.475	0.467	0.471	0.025	5.6	33.33		
5	25	0.485	0.483	0.484	0.038	8.52	66.67		
6	30	0.488	0.490	0.489	0.043	9.64	100.00		
7	35	0.492	0.496	0.494	0.048	10.76	133.33		
8	40	0.485	0.490	0.4875	0.0415	9.3	166.67		
9	45	0.483	0.484	0.4835	0.0375	8.4	200.00		
10	50	0.484	0.476	0.480	0.034	7.6	233.33		
11	55	0.475	0.473	0.474	0.028	6.28	266.67		
12	60	0.475	0.467	0.471	0.025	5.6	300.00		

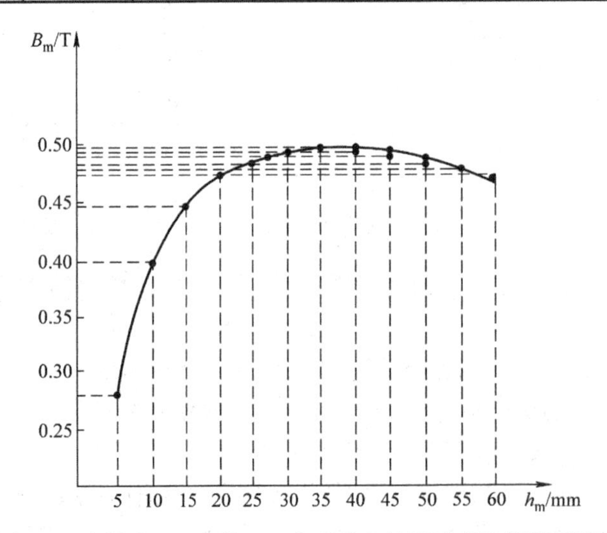

图 3-6　直径为 16mm 的 N45 永磁体在极面不变的情况下随着永磁体两极面距离的增大磁感应强度的变化曲线

从实验结果可以看到，两极面之间的距离为 10mm 时的磁感应强度比两极面之间的距离为 5mm 的永磁体磁感应强度增大了 0.123T，增大了 45.56%；两极面距离为 15mm 的永磁体比两极面之间距离为 5mm 的永磁体的磁感应强度增大了 0.176T，增大了 65.185%，达到了 0.446T，接近了 N45 永磁体的磁感应强度。

而后，随着永磁体两极面之间的距离的增大，永磁体的磁感应强度增大得越来越少，当两极面之间的距离增大到 60mm 时，永磁体的磁感应强度差不多又回到两极面之间的距离为 15mm 时的磁感应强度。

实验证明了：

1）永磁体的磁能不是关于永磁体体积的函数，从表 3-3 及图 3-6 可以看到，永磁体体积增大了 4 倍而磁感应强度只增大了 5.6%。所以用 kJ/m^3 表示永磁体的磁能积是欠妥的。

2）永磁体的磁感应强度在一定尺寸范围内是关于永磁体两极面之间的距离 h_m 与其短边 a_m 之比 K_m 的函数。

3）当永磁体两极面之间的距离 h_m 接近矩形极面短边长 a_m 时，永磁体极面上的磁感应强度达到最大值，即使达到最大值，其最大值也只有永磁体标定剩磁的 32% ~38%，最好的情况能达到 40%。

6. 关于磁路中的欧姆定律

应该指出，磁路与电路似乎有对偶关系，但绝不意味着两者的物理本质相同。

在电路中，如果开路，在电路两端虽然有电动势，但在电路里没有电流；而在永磁体的磁路中，不论磁导体是什么，磁路中都会有磁通通过，在永磁体的磁路中不存在开路问题，磁路是闭合的。

在电路中，电流通过电阻时要消耗电能做功，在电阻两端会产生电压降；而在永磁体的磁路中，不论磁导体是什么物质，磁通通过磁导体时都不会消耗永磁体的磁能，同时在磁导体两端也不会产生所谓的磁压降。磁通从永磁体的 N 极出来一点也不会少地进入 S 极。

在电路中，可能出现电阻非常大以致电路中没有电流通过的情况；而在永磁体的磁路中，即使有非磁性物质阻碍磁通通过，永磁体的磁通会自动寻找阻力最小、磁路最短的路径通过，永磁体的磁通是连续的，不会中断的。

将电路中的欧姆定律套用在永磁体的磁路中是不正确的。

7. 永磁体磁极的串联

作者用 4 块 $a_m \times b_m \times h_m = 14\text{mm} \times 50\text{mm} \times 14\text{mm}$ 的矩形 N39H 永磁体做如下实验：这 4 块永磁体材料相同、制造工艺相同，每一块永磁体极面上的平均磁感应强度 $B_m = 0.3917\text{T}$。先将两块永磁体直接串联，测得极面上的磁感应强度为 0.492T，比单个永磁体极面上的磁感应强度提高了 0.101T，增大了 25.83%；将 3 块永磁体直接串联，测得极面上的磁感应强度为 0.534T，比单个永磁体增大了 0.143T，增大了 36.57%；将 4 块永磁体直接串联，测得极面上的磁感应强度为 0.55T，比单个永磁体增大了 0.159T，增大了 40.66%。

作者用截面积为 $a_m \times b_m = 14\text{mm} \times 50\text{mm}$ 的 Q195 低碳钢磁导体与两块 N39H 永磁体直接串联组成完整的磁路（见图 4－18），并在永磁体磁极之间形成 1.0 ~1.2mm 的气隙，实测气隙的磁感应强度 $B_\delta = 0.47\text{T}$，比单个永磁体增大了 0.079T，增大了 20.2%。

经典理论认为永磁体磁极串联磁感应强度增大而磁通不变，这正像电池串联电压增大而电流不变一样。作者对永磁体串联进行了多次实验，通过实测及研究，认为经典理论对永磁体串联给定的磁感应强度增大而磁通不变的结论是有待商榷的。作者不仅用实验证明这个结论是有待商榷的，从理论上也证明了这个结论也是有待商榷的。证明如下，根据磁通连续性规律及下式：

$$\phi = \int_S B_m \mathrm{d}S$$

当极面 S 一定时，则

$$\phi = B_m S \tag{3-12}$$

从式（3-12）可以看到，当 S 一定，磁感应强度 B_m 增大时，磁通 Φ 必然增大。当永磁体磁极串联时，磁感应强度比单个永磁体的磁感应强度增大了，因此串联时永磁体的磁通必然增大。

永磁体磁极的串联是提高磁感应强度的措施之一。

8. 永磁体磁极的并联

永磁体磁极并联就是强迫永磁体的同性磁极通过磁导体连在一起形成一个公共磁极的连接方式。由于永磁体的同性磁极相斥，因此连接同性磁极十分困难，需要专用工具。因为并联永磁体的漏磁大，所以并联永磁体不会使它们的同性磁极所形成的公共磁极的磁感应强度达到单个永磁体磁感应强度之和。永磁体磁极并联绝不像两个电压相等的电池并联时，电压不变而电流等于两个电池电流之和那样简单。有人在理论上推导过，在永磁发电机中，永磁体磁极并联即永磁体磁极的切向布置时，在漏磁系数 $\sigma=1.25$ 的情况下，并联永磁体公共磁极的气隙磁感应强度是串联永磁体即永磁体径向布置的气隙磁感应强度的1.6倍。作者经多次实验证明这是不可能达到的。

作者用 $a_m \times b_m \times h_m = 14mm \times 50mm \times 14mm$ 的N39H永磁体及Q195低碳钢做成并联永磁体磁极回路，在同性磁极的一个极面积与公共磁极极面积相等的情况下，气隙0.8～1.2mm的隔磁材料为非磁性材料的黄铜，实测气隙磁感应强度为0.547T，比单个永磁体N39H的磁感应强度0.391T大0.156T、大39.89%，漏磁系数 $\sigma=1.42$。在没有非磁性材料隔磁时，测得气隙磁感应强度为0.381T，是单个N39H永磁体磁感应强度的97.44%，漏磁系数 $\sigma=2.0525$。

实验证明：永磁体磁极并联即永磁体磁极切向布置时，在有非磁性材料有效隔磁并且两个永磁体磁极面积与公共磁极的磁极面积相等时，其气隙磁感应强度比单个永磁体气隙磁感应强度大40%左右；在没有非磁性材料隔磁时，其气隙磁感应强度与单个永磁体的气隙磁感应强度几乎是相等的。

经典理论认为永磁体磁极并联磁感应强度不变，磁通是两个同性磁极磁通之和，这是理想理论，在实践中是达不到的。

9. 永磁体对外做功不消耗其自身磁能

永磁体对外做功不消耗其自身磁能可以用下面两个例证来证明。

例证1：

某轿车自扇风冷并励爪式三相交流发电机，在转速3000r/min时经三相桥式整流输出DC 14V，电流86A，转子励磁DC 14V，电流5A。作者将其改装成永磁发电机，在转速3000r/min时经三相桥式整流输出DC 14V，电流86A，实验负荷为电阻，经72h连续运行，发出的电能为

$$W = 14V \times 86A \times 72h = 86.689kWh$$

运行72h后，拆开发电机测量永磁体磁极的磁感应强度，发现其与发电前的磁感应强度相同，永磁体的磁感应强度并未因对外做功而减少。

永磁发电机的转子永磁体磁极取代电励磁的转子磁极，其取代电励磁的功率为

$$P_1 = I_1 U_1 = 5A \times 14V = 70W$$

永磁发电机经72h带负荷运转，节电 $70W \times 72h = 5.04kWh$。

永磁发电机比电励磁发电机节能6.17%，永磁发电机节能那部分功就是永磁体磁能对外做功的那部分功。永磁发电机的永磁体磁极的磁感应强度并未因对外做功而减少，证明永

磁体磁极对外做功不消耗其自身磁能。

例证2：

用20块极面积 $a_m \times b_m = (30 \times 50)\ mm^2$、两极面之间的距离 $h_m = 20mm$ 的N48钕铁硼（NdFeB）永磁体做的永磁吊，一次吊起距永磁体极面23mm的1000kg钢板，每次用非磁性材料5kgm的功卸下。当永磁吊进行1500次吊运后，对永磁体极面上的磁感应强度进行测量，测量值与吊运前测量值相同，并未因永磁体对外做功而减少。

永磁吊吊运1500次永磁体做功为

$$W = 1500 \times (0.02m \times 1000kg - 5kgm) \times 9.8J/kgm = 220.5kJ$$

我们知道，现在表示磁能用磁能积（HB），单位为 kJ/m^3，它是磁场强度 H 和磁感应强度 B 的乘积。上述两个例证充分证明，永磁体对外做功之后，永磁体磁极的磁感应强度 B 没有改变，也说明磁场强度 H 没有改变，即（HB）没有改变。因而得出结论：永磁体对外做功不消耗其自身磁能，在某种意义上说，永磁体磁能不遵守能量守恒。

永磁体在不失磁的温度下对外做功，不仅不消耗其自身磁能，而且其密度、体积、内部组成、强度、刚度、硬度、颜色等都没有改变，这与其他能源做功之后的状态不同，这也说明了永磁体是一种特殊的物质。

10. 永磁体的温度特性

永磁体的剩磁、矫顽力等参数的数值随着永磁体温度的升高而降低，它们随永磁体温度升高而降低的变化不是线性关系。不同的永磁体的剩磁、矫顽力随永磁体温度升高而降低的曲线也各不相同，但曲线的趋势是相同的。图3-7是某永磁体磁极的磁感应强度随其温度升高而降低的变化曲线。

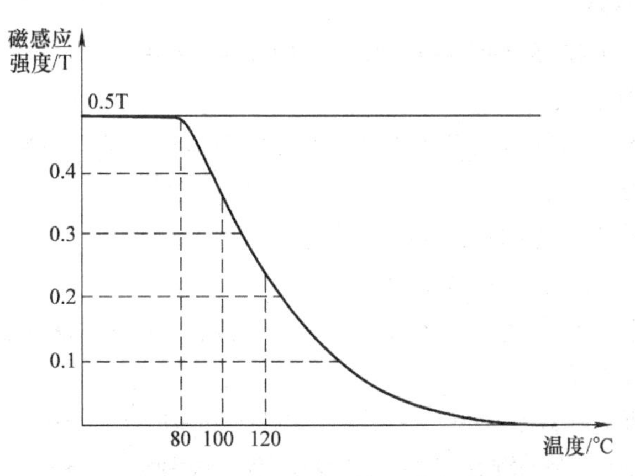

图3-7　某永磁体磁极的磁感应强度与其工作温度的关系曲线

大部分永磁体在80～100℃就开始失磁，有的失磁甚至达到剩磁的10%～30%，如果温度达到120℃，有的永磁体失磁甚至超过其剩磁的50%。如果永磁发电机中的永磁体磁极得不到有效的、可靠的冷却，不能保证永磁体磁极工作在不失磁的温度下，那么永磁发电机就不能输出额定功率，随着温度的升高，功率下降。

实践证明，不能用常规励磁发电机和常规电动机的理念来设计永磁电机，更不能用常规电机的“绝缘耐热等级”来作为永磁电机的绝缘和耐热标准。有人向笔者提出：现在“绝缘耐热等级”已经超过H级180℃了，永磁电机的绝缘耐热等级怎么建议选择A级？笔者的回答是：永磁体磁极在A级105℃时就已经开始失磁了，让永磁电机中的永磁体磁极工作在105℃之内才不至于失磁太多以保证永磁电机的额定功率。在永磁电机的设计中，绝缘取决于电压，耐热取决于永磁体磁极。

在永磁电机中，永磁体磁极必须得到可靠、有效的冷却，保证其工作在不失磁的温度下，才能保证永磁电机在额定功率下正常运行。

第四节　永磁体的种类及其主要磁性能

1. 永磁体的种类

自1900年发现钨钢可以被磁化成永磁体之后，人们不断地研发出新的永磁体以满足社会生产的需要。经过百余年的研究、发展使永磁材料不断创新，永磁体的磁综合性能不断提高。

永磁体发展到现在，基本上可以分为6类。

（1）铝镍钴、铁铬钴类永磁体

这类永磁体有铝镍钴（AlNiCo）、铁铬钴（FeCrCo）、铝镍铁（AlNiFe）、铁铝碳（Fe-AlC）、锰铝碳（MnAlC）等。

（2）铁氧体类永磁体

铁氧体类永磁体有钡铁氧体（$BaO \cdot 6Fe_2O_3$）、锶铁氧体（$SrO \cdot 6Fe_2O_3$）等。

（3）铂钴类永磁体

铂钴类永磁体有铂钴永磁体（PtCo）等。

（4）稀土钴类永磁体

这类永磁体有钴5永磁体（RCo_5）、钴17永磁体（R_2Co_{17}）等。

（5）稀土钕铁硼类永磁体

这类永磁体有钕铁硼永磁体（NdFeB）、稀土钕铁硼永磁体（RNdFeB）等。

（6）超强磁类永磁体

英国目前已研制成功一种超强磁类永磁体。直径50mm、厚10mm的一块超强磁类永磁体可以拉动10t的汽车。目前尚未达到商品化生产，一旦这种超强磁类永磁体达到商品化生产，必将使发电机、电动机等诸多领域发生历史性变化，必将对现代工业产生巨大影响。

2. 永磁体的主要磁性能

（1）铝镍钴（AlNiCo）、铁铬钴（FeCrCo）类永磁体的主要磁性能

1）铝镍铁（AlNiFe）类永磁体发明于1931年。这种永磁体材料可以铸造成形，铸态就具有良好的磁性。后来又加入钴等元素，使其永磁体材料的磁性能又有提高，发展成铝镍钴类永磁体。铝镍钴类永磁体在20世纪60年代之前得到广泛的应用。但在发明铝镍钴类永磁体之后也发明了铁氧体类永磁体，由于铁氧体类永磁体的磁综合性能优于铝镍钴类永磁体，且材料易取、工艺简单、价格便宜，在20世纪60年代之后铁氧体类永磁体逐渐得到广泛的应用，而铝镍钴类永磁体则逐渐淡出市场。

2）铁铬钴（FeCrCo）类永磁体是日本金子秀夫、本间基文等人在1971年发明的。其永磁体磁性能与铝镍钴相当，但铁铬钴具有良好的韧性，因而可以热加工、冷加工、轧制成带、拉伸成丝、铸造成型，还可以以粉末状态挤压成型再行烧结定形。这些独特的特点，使

铁铬钴类永磁体得到广泛的应用。

我国于20世纪80年代也研制了铁铬钴类永磁体，其磁性能与日本的铁铬钴类永磁体相当，与其相近的还有铁钴钼（FeCoMo）、铁钴钒（FeCoV）等。在当时的永磁体中，铁铬钴类永磁体第一次将永磁体的剩磁提高到1.4T（14kGs），矫顽力H_{CB}达到800kGs/m，磁能积$(BH)_m$突破58kJ/m^3，大大扩展了永磁体的应用范围。表3-4所示是我国制造的铁铬钴类永磁体的磁综合性能。铁铬钴类永磁体的居里点为671℃。

表3-4　我国制造的铁铬钴（FeCrCo）类永磁体磁综合性能

磁性参数 \ 项目 / 牌号	剩磁 B_r		矫顽力 H_{CB}		磁能积 $(BH)_m$	
	T	kGs	kA/m	kOe	kJ/m^3	MGsOe
$FeCr_3Co_{15}$	1.08	10.8	600	4.8	28.6	3.6
$FeCr_{28}Co_{15}$	1.30	13.0	600	4.8	31.8	4.0
$FeCr_{23}Co_{15}$	1.45	14.5	610	4.9	52.5	6.6
$FeCr_{23}Co_{13}$	1.40	14.0	650	5.2	58.6	7.3
$FeCr_{23}Co_{15}Si$	1.0~1.1	10~11	500~700	4.5~5.6	28~36	3.5~4.5
$FeCr_{23}Co_{13}V_3Ti_2$	1.0~1.1	10~11	500~700	4.5~5.6	28~36	3.5~4.5
$FeCr_{24}Co_{15}Mo_3$	1.4	14.0	800	6.37	48~62	6~7.8
$FeCr_{21}Co_{13}V_3Ti$	1.3	13.0	500	4.0	40.0	5.0
$FeCr_{24}Co_{15}Mo_2Ti$	1.48	14.8	600	5.4	59.0	7.4
$FeCr_{27}Co_{20}Si$	0.8~0.95	8~9.5	600~730	4.0~5.2	28~36	3.5~4.5

锰铝碳（MnAlC）、铁铝碳（FeAlC）类永磁体跟铁铬钴（FeCrCo）类永磁体一样，具有很好的韧性和延展性，可以轧制成板、带，可以拉伸成丝，可以冷加工。它们的磁性能与铁氧体类永磁体相当，用途也很广。

（2）铁氧体类永磁体的主要磁性能

铁氧体类永磁体主要有钡铁氧体永磁体（$BaO \cdot 6Fe_2O_3$）和锶铁氧体永磁体（$SrO \cdot 6Fe_2O_3$）。

铁氧体类永磁体诞生于20世纪30年代，其材料易取，制造容易，价格便宜，经不断的研究和发展，这类永磁体的磁综合性能适中，使用成本较低，因而被广泛采用。

铁氧体类永磁体的原料为粉末状态，加压成型再经烧结，故为脆性材料，易碎、不能弯曲及受到冲击。

铁氧体类永磁体的居里点约为450℃，其比重为4.5~5.2，可逆磁导率$\mu=1.0\sim1.3$，线膨胀系数约为9×10^{-6}/℃，电阻率为$10^{-4}\sim10^{-8}\Omega\cdot cm$。

铁氧体粉末可以掺在塑料中制成磁性塑料，掺在橡胶中可以做成磁性橡胶。对于永磁体磁性能要求不高的场合，铁氧体类永磁体得到了广泛的应用，如各种扬声器、传声器、电流表、电压表、万用表、磁性围棋、儿童文具和提包盖自动关闭、电冰箱门关闭和密封等。

我国铁氧体类永磁体主要磁性能见表3-5。

表 3-5 我国铁氧体类永磁体主要磁性能

牌号	剩磁 B_r		矫顽力 H_{CB}		磁能积 $(BH)_m$	
	T	kGs	kA/m	kOe	kJ/m³	MGsOe
Y10	≥0.2	≥2.0	128~160	1.6~2.0	6.4~9.6	0.8~1.2
Y15	0.28~0.36	2.8~3.6	128~192	1.6~2.4	14.3~17.5	1.8~2.2
Y20	0.32~0.38	3.2~3.8	128~192	1.6~2.4	18.3~21.5	2.3~2.7
Y25	0.35~0.39	3.5~3.9	152~208	1.9~2.6	22.3~25.5	2.8~3.2
Y30	0.38~0.42	3.8~4.2	160~216	2.0~2.7	26.3~29.5	3.3~3.7
Y35	0.4~0.44	4.0~4.4	167~224	2.2~2.8	30.3~33.4	3.8~4.2
Y15H	≥0.31	≥3.1	232~248	2.9~3.1	≥17.5	≥2.2
Y20H	≥0.34	≥3.4	248~264	3.1~3.3	≥21.5	≥2.7
Y25H	0.36~0.39	3.6~3.6	176~216	2.2~2.7	23.9~27.1	3.0~3.4
Y30H	0.38~0.4	3.8~4.0	224~240	2.8~3.0	27.1~30.3	3.4~3.8

(3) 铂钴（PtCo）类永磁体的主要磁性能

铂钴类永磁体磁性能优良，且具有良好的韧性和延展性，可以轧制棒材、钣材，可以冷拔成丝，可以任意冷加工而磁性能不变，且抗腐蚀，耐一般火热，不怕振动，具有良好的磁综合性能。其价格昂贵，但又是有重要用途的不可缺少的永磁体。它主要用在航天、航空的电机、“黑匣子”及医疗等设备上。

铂钴类永磁体还有铁铂（FePt）类永磁体、银锰铝（AgMnAl）类永磁体等，但在磁综合性能及韧性、延展性等方面略逊于铂钴类永磁体，因此没有商品化生产。

(4) 稀土钴类永磁体的主要磁性能

稀土钴类永磁体主要有钴5（RCo_5）、钴17（R_2Co_{17}）类永磁体等。

1967年美国研发出第一代钐钴（S_mC_o）永磁体，也称第一代稀土钴永磁体，用R表示稀土元素，第一代稀土元素为RCo_5。1983年美国通用汽车公司和日本住友特殊金属公司各自独立研制成功第二代稀土钴（R_2Co_{17}）永磁体。稀土钴类永磁体的磁综合性能很优异。其剩磁是铁氧体类永磁体的2倍以上，与铁铬钴类永磁体相当；其矫顽力是铁氧体类永磁体的2倍以上，与铁铬钴类永磁体相近；其磁能积是铁氧体类永磁体的8倍以上，是铁铬钴类永磁体的5倍以上。

稀土钴类永磁体的磁综合性能比铁氧体类永磁体和铁铬钴类永磁体好，但价格较贵，且由于稀土钴类永磁体是粉末原料压制成型再经烧结而成，属脆性材料，易碎，没有韧性和延展性，不能拉伸和轧制，只能冷加工或线切割加工后再充磁。

我国稀土钴类永磁体系列品种很多，主要是加入铜（Cu）、铬（Cr）、锰（Mn）等不同元素以满足不同条件下的需求。但总的来说分两类，其一是钴5（RCo_5）类永磁体，亦称1∶5钴；另一类为钴17（R_2Co_{17}）类永磁体，亦称2∶17钴。

稀土钴具有优良的永磁特性，它的剩磁、矫顽力、磁能积都比较高，因而可以把稀土钴类永磁体做得较薄，降低用户的使用成本。稀土钴类永磁体矫顽力高意味着其在交变磁场的动态下依然表现出优良的磁性能，不易退磁，因此被广泛地应用在发电机、电动机、选矿设备、医疗器械等广阔领域中。表3-6所示是我国稀土钴类永磁体的磁综合性能。

稀土钴类永磁体的物理特性也很好，在正常环境下能可靠地、稳定地工作。表3-7所示是我国稀土钴类永磁体的物理性能。

表 3-6 我国稀土钴类永磁体的磁综合性能

项目 / 磁性能参数 / 牌号	剩磁 B_r		矫顽力 H_{CB}		内禀矫顽力 H_{CJ}		磁能积 $(BH)_m$	
	T	kGs	kA/m	kOe	kA/m	kOe	kJ/m³	MGs · Oe
XG80/36	0.6	6.0	310	4.0	360	4.5	64 ~ 88	8 ~ 11.0
XG96/40	0.7	7.0	350	4.5	400	5.0	88 ~ 104	11 ~ 13.0
XG112/96	0.73	7.3	520	6.5	960	12.0	104 ~ 120	13 ~ 15.0
XG128/120	0.78	7.8	560	7.0	1200	15.0	120 ~ 140	15 ~ 17.0
XG144/120	0.84	8.4	600	7.5	1200	15.0	140 ~ 150	17 ~ 19.0
XG144/56	0.84	8.4	520	6.5	560	7.0	140 ~ 150	17 ~ 19.0
XG160/160	0.88	8.8	640	8.0	1200	15.0	150 ~ 184	19 ~ 23.0
XG192/96	0.96	9.6	690	8.7	960	12.0	184 ~ 200	23 ~ 25.0
XG192/42	0.96	9.6	400	5.0	420	5.2	184 ~ 200	23 ~ 25.0
XG208/44	1.0	10	420	5.2	440	5.5	200 ~ 220	25 ~ 28.0
XG240/46	1.06	10.6	440	5.5	460	5.7	220 ~ 250	28 ~ 31.0

表 3-7 我国稀土钴类永磁体的物理性能

项目 / 磁性能参数 / 牌号	平均温度系数 $\Delta B\delta/B\delta/\Delta T$	居里点 T_C	密度 D	相对回复磁导率 μ	韦氏硬度	电阻率 ρ	热膨胀系数 α
	%/℃	℃	g/cm³	μ_r	HV	Ω · cm	10^{-6}/℃
XG80/36	-0.09	450 ~ 500	7.8 ~ 8.0	1.10	450 ~ 500	5×10^{-4}	10
XG96/40	-0.09	450 ~ 500	7.8 ~ 8.0	1.10	450 ~ 500	5×10^{-4}	10
XG112/96	-0.05	700 ~ 750	8.0 ~ 8.3	1.05 ~ 1.10	450 ~ 500	5×10^{-4}	10
XG128/120	-0.05	700 ~ 750	8.0 ~ 8.3	1.05 ~ 1.10	450 ~ 500	5×10^{-4}	10
XG144/120	-0.05	700 ~ 750	8.0 ~ 8.3	1.05 ~ 1.10	450 ~ 500	5×10^{-4}	10
XG144/56	-0.03	800 ~ 850	8.0 ~ 8.1	1.0 ~ 1.05	500 ~ 600	9×10^{-6}	10
XG160/120	-0.05	700 ~ 750	8.0 ~ 8.3	1.05 ~ 1.10	450 ~ 500	5×10^{-4}	10
XG192/96	-0.05	700 ~ 750	8.1 ~ 8.3	1.05 ~ 1.10	450 ~ 500	5×10^{-4}	10
XG192/42	-0.03	800 ~ 850	8.3 ~ 8.5	1.0 ~ 1.05	500 ~ 600	9×10^{-6}	10
XG208/44	-0.03	800 ~ 850	8.3 ~ 8.5	1.0 ~ 1.05	500 ~ 600	9×10^{-6}	10
XG240/46	-0.03	800 ~ 850	8.3 ~ 8.5	1.0 ~ 1.05	500 ~ 600	9×10^{-6}	10

在 20 世纪 60 年代之后，世界工业发达国家也研发了稀土钴类永磁体，其磁性能与我国的稀土钴类永磁体的磁性能相当，见表 3-8。

表 3-8 部分国外产稀土钴类永磁体磁性能

国家名及公司	型号	分子式	剩磁 B_r		矫顽力 H_{CB}		内禀矫顽力 H_{CJ}		磁能积 $(BH)_m$		相对磁导率
			T	kGs	kA/m	kOe	kA/m	kOe	kJ/m³	MGs · Oe	μ_r
德国 GERMAN KRUPP	KOERMAX130	$SmCo_5$	0.75 ~ 0.84	7.5 ~ 8.4	520 ~ 620	6.5 ~ 7.5	>1000	>12.6	110 ~ 140	14 ~ 17.5	≤1.10
	KOERMAX160	$SmCo_5$	0.84 ~ 0.95	8.4 ~ 9.5	580 ~ 730	7.3 ~ 9.2	>1200	>15.0	140 ~ 180	17.5 ~ 22.6	≤1.10

（续）

国家名及公司	型号	分子式	剩磁 B_r		矫顽力 H_{CB}		内禀矫顽力 H_{CJ}		磁能积 $(BH)_m$		相对磁导率
			T	kGs	kA/m	kOe	kA/m	kOe	kJ/m³	MGs · Oe	μ_r
T瑞士 SWIZERLAND BBC	RECOMA10	$SmCo_5$	0.64	6.4	480	6.0	1500	18.5	80	10	1.05
	RECOMA20	$SmCo_5$	0.90	9.0	675	8.5	1200	15.0	150	20	1.05
日本 JAPAN TDK	REC-12	$MMCo_5$	0.67 ~ 0.72	6.7 ~ 7.2	483 ~ 520	5.5 ~ 6.5	480 ~ 590	6 ~ 7.5	87.5 ~ 130.5	11 ~ 13	1.05 ~ 1.10
	REC-14	$SmCo_5$	0.73 ~ 0.78	7.3 ~ 7.8	520 ~ 570	6.5 ~ 7.2	595 ~ 955	7.5 ~ 9.5	103.4 ~ 119	13 ~ 15	1.05 ~ 1.10
	REC-16	$SmCo_5$	0.78 ~ 0.84	7.8 ~ 8.4	595 ~ 635	7.5 ~ 8.5	1100 ~ 1270	14 ~ 16	119 ~ 135	15 ~ 17	1.05 ~ 1.10
	REC-18	$SmCo_5$	0.83 ~ 0.87	8.3 ~ 8.7	595 ~ 675	7.5 ~ 8.5	955 ~ 1270	12 ~ 16	135 ~ 151	17 ~ 19	1.05 ~ 1.10
	REC-20	$SmCo_5$	0.88 ~ 0.92	8.8 ~ 9.2	675 ~ 715	8.5 ~ 9.0	955 ~ 1270	12 ~ 16	151 ~ 167	19 ~ 21	1.05 ~ 1.10
	REC-24B	Sm(CoFeCuZr)	0.98 ~ 1.02	9.8 ~ 10.2	480 ~ 540	6.0 ~ 6.8	490 ~ 560	6.2 ~ 7.0	175 ~ 191	22 ~ 24	1.05 ~ 1.10
	REC-30	Sm（CoFeZr）	1.08 ~ 1.12	10.8 ~ 11.2	480 ~ 540	6.0 ~ 6.8	490 ~ 560	6.2 ~ 7.0	231 ~ 247	29 ~ 31	1.00 ~ 1.05
美国 USA HITACHT	HICOREX90A	$SmCo_5$	0.82	8.2	600	7.5	2400	30	128	16	1.05

（5）钕铁硼（NdFeB）永磁体及稀土钕铁硼（RNdFeB）永磁体

钕铁硼中加入稀土，使其磁性能更优良，故称作稀土钕铁硼永磁体，通常都称作钕铁硼永磁体，它是20世纪70年代发展起来的比稀土钴磁性能更好的永磁体，也是稀土钴的第三代产品。它具有很高的剩磁、矫顽力和磁能积。钕铁硼永磁体的剩磁是稀土钴永磁体的1.5倍，是铁氧体永磁体的3.5倍以上；其矫顽力是稀土钴永磁体的1.4倍，是铁氧体永磁体的5倍以上；其磁能积是稀土钴永磁体的1.6倍，是铁氧体永磁体的12倍。钕铁硼永磁体也具有良好的温度系数等物理特性。

钕铁硼永磁体是粉末经加压成型再经烧结而成，性脆易碎，没有韧性和延展性，需经冷加工或线切割或加压成型后再充磁。钕铁硼永磁体的磁综合性能很好，因此永磁体可以做得很薄，使用户的使用成本降低，因为钕铁硼永磁体价格较高。

钕铁硼永磁体由于磁综合性能很好，它的用途广阔，被广泛地应用在永磁电机、电子、医疗、油田、家电等诸多领域。

表3-9所示为我国20世纪80年代钕铁硼永磁体的磁性能及温度系数。表3-10及表3-11是我国1990年制定的烧结钕铁硼永磁体的磁综合性能和物理性能。

表 3-9　20 世纪 80 年代钕铁硼永磁体的磁性能及温度系数

项目 磁性能参数 / 牌号	最小剩磁 B_r		最小矫顽力 H_{CB}		最小内禀矫顽力 H_{CJ}		最大磁能积 $(BH)_m$		B_r 温度系数 (20～140℃)	H_{CB} 温度系数 (20～140℃)
	T	kGs	kA/m	KOe	kA/m	kOe	kJ/m³	MGsOe	%/℃	%/℃
NTP32	1.08	10.8	796	10.0	955	12.0	223～255	28～32	-0.11	-0.60
NTP35	1.17	11.7	876	11.0	955	12.0	263～295	33～37	-0.11	-0.60
NTP27H	1.02	10.2	764	9.6	1353	17.0	199～231	25～29	-0.12	-0.58
NTP32	1.08	10.8	812	10.2	1353	17.0	223～255	28～32	-0.11	-0.58
NTP33	1.13	11.3	844	12.6	1194	15.0	265～279	31～35	-0.12	-0.60
NTP37	1.20	12.0	899	11.3	1194	15.0	279～310	35～39	-0.12	-0.60

表 3-10　烧结钕铁硼永磁体磁性能（ZBH 58003—1990）

项目 磁性能参数 / 牌号	剩磁 B_r /T	矫顽力 H_{CB} /(kA/m)	内禀矫顽力 H_{CJ} /(kA/m)	最大磁能积 $(BH)_m$ /(kJ/m³)	回复磁导率 μ_{rec}	说明
NTP210Z	≥1.03	≥760	≥1330	200～215	1.05	D、Z、G、C 分别表示低、中、高、超高矫顽力 型号说明 N T P 250 G N—钕；T—铁；P—硼；250—最大磁能积；G—高矫顽力
NTP210G	≥1.03	≥800	≥1350	200～215	1.05	
NTP210C	≥1.03	≥800	≥1600	200～215	1.05	
NTP220D	≥1.05	≥640	≥720	215～230	1.05	
NTP220Z	≥1.05	≥720	≥1120	215～230	1.05	
NTP220G	≥1.05	≥800	≥1350	215～230	1.05	
NTP250D	≥1.10	≥640	≥720	230～260	1.05	
NTP250Z	≥1.10	≥800	≥1120	230～265	1.05	
NTP250G	≥1.10	≥840	≥1350	230～265	1.05	
NTP280D	≥1.17	≥840	≥720	265～295	1.05	
NTP280Z	≥1.17	≥840	≥1120	265～295	1.05	

表 3-11　烧结钕铁硼永磁体物理性能（ZBH 58003—1990）

项目名称	性能参数	项目名称	性能参数
剩磁温度系数 α_{Br}(1/℃)	(25～140℃)≤0.13	电阻率/(μΩ·cm)	140～160
内禀矫顽力温度系数 α_{HCJ}(1/℃)	(25～140℃)≤0.6	抗压强度/MPa	740～810
居里温度 T_C/℃	≥310	膨胀系数(垂直于取向方向)/(10^{-6}/K)	-4.8
密度/(g/cm³)	7.3～7.5	膨胀系数(平行于取向方向)/(10^{-6}/K)	-3.4
硬度/HV	500～600		

进入 21 世纪的前十几年中，由于钕铁硼永磁体的广泛应用，特别是风电机组用永磁发电机的快速发展，使钕铁硼永磁体的磁性能又有了很大的提高，这也是兆瓦级风电机组用兆

瓦级永磁发电机的需求。

现阶段磁性能优良的钕铁硼永磁体更广泛地应用在永磁电机、电源、家电、医疗、电子、油田、自动控制、传感器等诸多领域。钕铁硼永磁体磁性能的提高也促进了相关行业的发展。

进入21世纪的前十几年里我国钕铁硼永磁体磁性能见表3-12。

表3-12　21世纪的前十几年我国钕铁硼永磁体磁性能

性能＼项目 牌号	剩磁 B_r				矫顽力 H_{CB}		内禀矫顽力 H_{CJ}		磁能积（BH）			
	kGs (max)	kGs (min)	T (max)	T (min)	kOe	kA/m	kOe	kA/m	MGsOe (max)	MGsOe (min)	kJ/m³ (max)	kJ/m³ (min)
N35	12.5	11.8	1.25	1.18	≥10.8	≥859	≥12.0	≥955	37	33	295	263
N38	13.0	12.3	1.30	1.23	≥10.8	≥859	≥12.0	≥955	40	36	310	287
N40	13.2	12.6	1.32	1.26	≥10.5	≥836	≥12.0	≥955	42	38	334	289
N42	13.5	13.0	1.35	1.30	≥10.5	≥836	≥12.0	≥955	44	40	350	318
N45	13.8	12.2	1.38	1.32	≥10.5	≥836	≥11.0	≥875	46	42	366	334
N48	14.3	13.7	1.43	1.37	≥10.5	≥836	≥11.0	≥875	49	45	390	358
N50	14.6	14.0	1.46	1.40	≥10.5	≥836	≥11.0	≥875	51	47	406	374
N33M	12.2	11.4	1.22	1.14	≥10.7	≥852	≥14.0	≥1114	35	31	279	247
N35M	12.5	11.8	1.25	1.18	≥11.0	≥876	≥14.0	≥1114	37	33	295	263
N38M	13.0	12.3	1.30	1.23	≥11.5	≥915	≥14.0	≥1114	40	36	318	287
N40M	13.2	12.6	1.32	1.26	≥11.8	≥935	≥14.0	≥1114	42	38	334	289
N42M	13.5	13.0	1.35	1.30	≥12.0	≥955	≥14.0	≥1114	44	40	350	318
N45M	13.5	13.2	1.35	1.32	≥12.2	≥971	≥14.0	≥1114	46	42	366	334
N48M	14.5	13.7	1.45	1.37	≥12.5	≥994	≥14.0	≥1114	49	45	390	358
N30H	11.7	10.9	1.17	1.09	≥10.2	≥812	≥17.0	≥1353	32	28	255	223
N33H	12.2	11.4	1.22	1.14	≥10.7	≥851	≥117.0	≥1353	35	31	279	247
N35H	12.5	11.8	1.25	1.18	≥11.0	≥875	≥17.0	≥1353	37	33	295	263
N38H	13.0	12.3	1.30	1.23	≥11.5	≥915	≥17.0	≥1353	40	36	318	287
N41H	13.2	12.6	1.32	1.26	≥11.8	≥939	≥16.0	≥1273	42	38	334	302
N44H	13.7	13.0	1.37	1.30	≥12.1	≥963	≥16.0	≥1273	45	41	358	326
N46H	14.0	13.3	1.40	1.33	≥12.5	≥994	≥16.0	≥1273	47	43	374	342
N48H	14.3	13.7	1.43	1.37	≥18.8	≥1018	≥16.0	≥1273	49	45	390	358
N30SH	11.7	10.1	1.17	1.01	≥10.2	≥612	≥20.0	≥1592	32	28	255	223
N33SH	12.2	11.4	1.22	1.14	≥10.7	≥851	≥20.0	≥1592	35	31	278	247
N35SH	12.5	11.8	1.25	1.18	≥11.0	≥876	≥20	≥1592	37	33	295	263
N39SH	13.0	12.3	1.30	1.23	≥11.6	≥923	≥20	≥1592	37	33	295	263
N42SH	13.5	12.8	1.35	1.28	≥12.0	≥955	≥19	≥1512	43	39	342	310
N28UH	11.3	10.5	1.13	1.05	≥9.8	≥780	≥25	≥1989	30	26	239	207
N30UH	11.7	10.9	1.17	1.09	≥10.2	≥812	≥25	≥1989	32	28	255	223
N33UH	12.2	11.4	1.22	1.14	≥10.7	≥851	≥25	≥1989	35	31	279	247
N35UH	12.5	11.8	1.25	1.18	≥11.0	≥875	≥25	≥1989	37	33	295	263

（续）

项目 性能 牌号	剩磁 B_r				矫顽力 H_{CB}		内禀矫顽力 H_{CJ}		磁能积（BH）			
	kGs (max)	kGs (min)	T (max)	T (min)	kOe	kA/m	kOe	kA/m	MGsOe (max)	MGsOe (min)	kJ/m^3 (max)	kJ/m^3 (min)
N38UH	13.0	12.3	1.30	1.23	≥11.5	≥923	≥25	≥1989	40	36	318	287
N28EH	11.3	10.5	1.13	1.05	≥9.8	≥780	≥30	≥2387	30	26	239	207
N30EH	11.7	10.9	1.17	1.09	≥10.2	≥812	≥30	≥2387	32	28	255	223
N33EH	12.2	11.4	1.22	1.14	≥10.7	≥851	≥30	≥2387	35	31	279	247
N35EH	12.5	11.8	1.25	1.18	≥11.0	≥875	≥30	≥2387	37	33	295	263
N38EH	13.0	12.3	1.30	1.23	≥11.5	≥923	≥30	≥2387	40	36	318	287

（6）超强磁类永磁体

目前，英国已研制出一种超强磁类永磁体，其直径50mm、厚10mm，其磁拉力能拉动10t的汽车。目前，这种超强磁类永磁体尚未商品化生产，一旦商品化生产，必然对永磁电机、航空、航天、电子、医疗、选矿、自动控制、传感器等诸多领域的发展起到巨大的推动作用。

第四章　永磁体的磁路及永磁发电机的磁路计算

永磁体即使是同一材质、同一工艺，由于其几何形状、尺寸、两极面之间的距离（h_m）的不同，永磁体的磁感应强度也会千差万别。即使永磁体是同一材质、同一工艺，几何形状、尺寸、两极面之间的距离相同，在永磁体串联使用中，由于磁导体的形状、导磁截面、长短等不同，其磁感应强度也有很大的差别。即使几何形状、尺寸、两极面之间的距离完全相同的永磁体，在并联使用中，由于磁导体的长短、导磁面的大小、非磁性材料隔磁效果的不同，其磁感应强度也不同。由于永磁体在充磁时，其脉冲直流电流相当大，欲使其达到很好的磁性能，永磁体的体积不可能大，但在设计中往往需要体积很大的永磁体，不得不把若干块永磁体进行拼接，拼接后的永磁体与单个永磁体的磁感应强度还有差别。即使永磁体是同一材质、同一工艺制成而且几何形状、尺寸、两极面之间的距离完全相同，在充磁后磁感应强度也有差别。基于以上原因，要想对永磁体磁路进行准确的计算是十分困难的。即使用计算机对给定的磁场回路进行模拟计算，所得到的被认为是准确的计算结果，往往这个结果与实际还是有很大的差别。

永磁体的磁路就是永磁体通过磁导体构成磁通的回路。要想较准确地对永磁体的磁路进行计算，首先在设计时要给定永磁体的几何形状、尺寸、两极面之间的距离、磁导体、气隙的大小、气隙面积、气隙磁感应强度的大小等，进而对永磁体的剩磁、矫顽力、磁能积提出要求，从理论上进行理想状态的计算。根据计算结果及永磁体运行工况等条件再决定永磁体的种类及牌号。

在理论的理想状态下计算得到结果并根据该结果选择永磁体之后，必须做几块按设计要求选择材质、工艺、磁性能的永磁体，进行其磁感应强度的实际测量。如果需要几块永磁体拼接成长永磁体，还应对拼接后的长永磁体的磁感应强度进行测量。实测结果与理论计算结果相比较，如果相差较大，应对永磁体或磁导体进行调整再进行计算，或以实测数据为依据重新计算。

第一节　永磁体及磁导体的选择

在设计中要根据永磁体的综合性能及永磁体的工作环境，永磁体的价格、可靠性、寿命等，科学、合理地选择永磁体。同时亦应选择磁导率高、电阻率高的磁导体以减少功率损耗。

1. 永磁体的选择

（1）设计要求的是利用永磁体的磁场

如果设计永磁发电机、永磁电动机、交流永磁电动机、永磁步进电机、永磁高速电动机等，由于永磁体的恒定磁场工作在很强的交变磁场中，所以应选择剩磁、矫顽力、内禀矫顽力、磁能积高的永磁体，特别是要选择内禀矫顽力高及温度系数低的永磁体。

如果设计的是玩具电机类，可以选择磁综合性能不太高且永磁体价格便宜的，如铁氧体类永磁体。

如果设计的是电声，电器，自动化仪表，微型电机，油田井下勘测仪器，航天、航空仪表，汽车仪表，生物医学及其他军事仪表仪器等，可选择磁综合性能适中并具有韧性和延展性的永磁体，如铁铬钴永磁体，它具有良好的韧性和延展性，可以锻造，可以轧制成板或棒材，它的组织结构稳定，剩磁较大，磁的温度系数小，居里点较高，矫顽力和磁能积适中。

如果设计的是普通的扬声器、磁电系仪表，工作温度不高、对矫顽力要求不高，可以选择铁氧体类永磁体。铁氧体类永磁体虽然性硬易碎，但价格便宜，且其磁性能可以满足普通扬声器及磁电系仪表的要求。

如果设计的是航天、航空用的永磁电机，这类永磁发电机或永磁电动机要求转速高、功率大、运行可靠、必须安全，应选择磁综合性能高的永磁体。如铂钴永磁体，其剩磁、矫顽力、磁能积都很高，其温度系数也小，且具有良好的韧性和延展性，虽然价格昂贵，但能保证航天、航空用永磁发电机和永磁电动机的设计要求。

（2）设计要求的是永磁体的磁力

如果设计的是磁选机、除铁机、精铁粉捡拾机、永磁吊等，这类设备主要是利用永磁体的磁吸引力，永磁体是在没有交变磁场、工作温度不高的工况下工作，应选择剩磁高的永磁体，如剩磁较高且具有良好的韧性和延展性的铁铬钴永磁体或钕铁硼永磁体。

如果是文具盒、提包、电冰箱等的开关用永磁体，可以用铁氧体或稀土钴或钕铁硼类永磁体。

2. 磁导体的选择

磁导体是传导永磁体磁通的材料。在永磁发电机、永磁电动机中使用的永磁体是永磁体恒定的磁场在交变的磁场中工作，并且工作温度较高，因此，要求磁导体应有较高的磁导率和电阻率。还要有较小的磁滞，以尽量减少涡流损耗和磁滞损耗，同时还要尽量改善磁场与电流的线性关系。还要求磁导体能在较低的外磁场作用下尽可能地产生较高的磁感应强度，并在外磁场强度增大的情况下，磁通不易饱和，也要求磁导体在外磁场撤去后，磁导体的磁性消失。

磁导体的功能是有效地传递磁能或信息。

磁导体主要有低碳钢、纯铁、热轧硅钢片、冷轧硅钢片、铁镍合金（坡莫合金）、铁钴合金、软磁铁氧体等。

（1）低碳钢

低碳钢适用作磁导体的最好为含碳量小于0.1%的低碳钢。低碳钢具有良好的韧性和延展性，价格比纯铁便宜得多，硬度比硅铁低。其饱和磁感应强度 $B_s=2.14\mathrm{T}$，矫顽力低，$H_{CB}\leqslant72\mathrm{A/m}$，电阻率 $\rho=0.125\mu\Omega\cdot\mathrm{m}$，但磁导率较高。低碳钢可作直流电机的磁轭和高速转子，永磁发电机的转子、小功率变压器的铁心，也适用于直流或工频的磁导体。

（2）纯铁

纯铁的主要特点是磁饱和强度 B_s 高，其具有高磁导率和低矫顽力，缺点是电阻率低，$\rho=0.1\mu\Omega\cdot\mathrm{m}$，涡流损耗大，不适用于交流，主要应在直流或低频交流下工作。纯铁可作继电器铁心，直流电机导磁材料，如极靴等，可做磁屏蔽材料等。纯铁价格较贵，现在使用的不多，多种情况下被低碳钢取代。纯铁薄板电磁性能见附录B的表B-3。

（3）硅钢片

硅钢片适合 25 ~ 100Hz 交流变化磁场的磁导体。其主要特点是磁导率较高、电阻率较高、矫顽力较低，涡流损失小，磁滞损失小，是发电机、电动机的定子和转子的良好材料。

硅钢片分高硅、低硅、热轧和冷轧硅钢片。冷轧硅钢片又分取向和无取向冷轧硅钢片。

热轧硅钢片性能见表4-1；取向冷轧硅钢片性能见附录B的表B-4和表B-5；无取向冷轧硅钢片性能见附录B的表B-6和表B-7。

表4-1 电工热轧硅钢片的厚度和性能

牌 号	厚度/mm	磁感应强度/T ≥			铁损/（W/kg） ≤		说 明
		B_{25}	B_{50}	B_{100}	$P_{10/50}$	$P_{15/50}$	
DR530-50	0.50	1.51	1.61	1.74	2.20	5.30	B_5、B_{10}、B_{25}、B_{50}、B_{100}分别表示磁场强度为5A/cm、10A/cm、25A/cm、50A/cm、100A/cm时的磁感应强度 $P_{10/50}$、$P_{15/50}$、$P_{7.5/400}$、$P_{10/400}$分别表示频率在50Hz、400Hz时磁感应强度为1.0T、1.5T及0.75T和1.0T时每千克材料的功率损耗（W/kg）
DR510-50	0.50	1.54	1.64	1.76	2.10	5.10	
DR490-50	0.50	1.56	1.66	1.77	2.00	4.90	
DR450-50	0.50	1.54	1.64	1.76	1.85	4.50	
DR420-50	0.50	1.54	1.64	1.76	1.80	4.20	
DR400-50	0.50	1.54	1.64	1.76	1.65	4.00	
DR440-50	0.50	1.46	1.57	1.71	2.00	4.40	
DR405-50	0.50	1.50	1.61	1.74	1.80	4.05	
DR360-50	0.50	1.45	1.56	1.68	1.60	3.60	
DR315-50	0.50	1.45	1.56	1.68	1.35	3.15	
DR305-50	0.50	1.44	1.55	1.67	1.20	2.90	
DR265-50	0.50	1.44	1.55	1.67	1.10	2.65	
DR360-35	0.35	1.46	1.57	1.71	1.60	3.60	
DR325-35	0.35	1.50	1.61	1.74	1.40	3.25	
DR320-35	0.35	1.45	1.56	1.68	1.35	3.20	
DR280-35	0.35	1.45	1.56	1.68	1.15	2.80	
DR255-35	0.35	1.44	1.54	1.66	1.05	2.55	
DR225-35	0.35	1.44	1.54	1.66	0.99	2.25	
牌 号	厚度/mm	B_5	B_{10}	B_{25}	$P_{7.5/400}$	$P_{10/400}$	
DR1750G-35	0.35	1.23	1.32	1.44	10.00	17.50	
DR1250G-20	0.20	1.21	1.30	1.42	7.20	12.50	
DR1100G-10	0.10	1.20	1.29	1.40	6.30	11.00	

（4）铁镍合金（坡莫合金）

铁镍合金的特点是起始磁导率和最大磁导率都非常高，低磁场状态下磁滞损耗相当低，电阻率比硅钢片高，是良好的导磁材料。但铁镍合金价格较贵，因此，常用于频率较高的场合，如电源、电信、高频变压器等。

（5）软磁铁氧体

软磁铁氧体磁导率高，磁滞损耗小，磁饱和感应强度高。软磁铁氧体的电阻率高，涡流损耗小，其矫顽力低，化学成分稳定，适用频率宽。软磁铁氧体在无线电、微波、脉冲技术中被广泛地用来制作电感、变压器的铁心等。不同材质的软磁铁氧体的响应频率从800Hz直到数千赫兹，用途十分广泛。

第二节 永磁体的磁路

永磁体的磁路就是永磁体通过磁导体构成磁通的回路。

磁路计算就是计算出沿磁导体的回路中的主磁通量 Φ 及磁感应强度 B。

永磁体的磁路在实际应用中可分为，①永磁体串联磁路；②永磁体并联磁路；③永磁体串联、并联的混合磁路；④永磁体的拼接。

永磁体的磁感应强度与永磁体的极面积 S_m 及两极面之间的距离 h_m 有关，在永磁体的磁路中，磁感应强度又与磁导体的磁导率、电阻率的大小，磁导体的导磁面积，磁路的长短，气隙的长短，以及永磁体的串联、并联等诸多因素有关，所以磁路的设计十分重要。

1. 永磁体磁极串联磁路

永磁体磁极在串联使用中，如果两块永磁体形状相同、剩磁相同，当它们直接串联时，串联后的永磁体的磁感应强度比单独一块永磁体的磁感应强度高 12% ~30%。永磁体的两极面的距离 h_m 越小，极面积越小，直接串联后其磁感应强度增加得越小，反之则越大。

永磁体磁极在串联使用中，如果永磁体的形状及磁综合性能相同，磁路中的磁导体的磁导率很高、电阻率也很高，磁路不长并且磁导体有足够的导磁面而不会使磁感应强度达到饱和，那么，在磁路中的磁感应强度比单个永磁体的磁感应强度大 5% ~10%。

图 4-1 所示为永磁发电机的永磁体磁极的径向布置，亦称面极式，是永磁体串联使用的一种典型的结构形式。

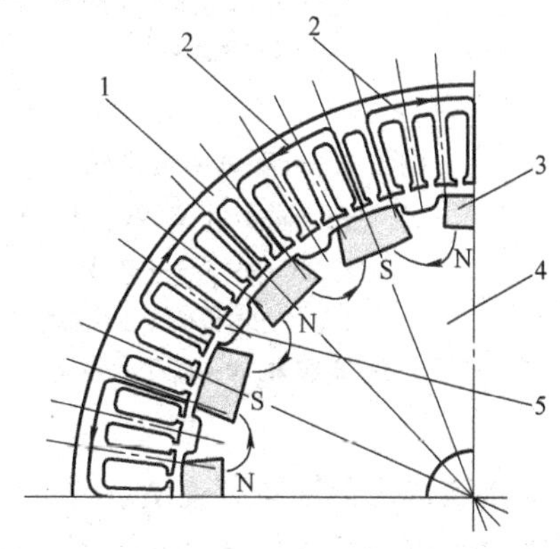

图 4-1　永磁体径向布置
（即永磁体串联磁路）
1—定子硅钢片及绕组　2—磁路
3—永磁体　4—转子硅钢片
5—隔磁冷却槽

永磁体磁极径向布置，永磁体磁极直接面对气隙。它的磁路为：永磁体磁极—气隙—硅钢片定子齿—硅钢片定子轭—硅钢片定子齿—气隙—另一永磁体的异性磁极—硅钢片转子轭—开始的永磁体。永磁发电机永磁体在转子上径向布置，永磁体磁极直接面对气隙并做成聚磁形状，使永磁体通过面向气隙的磁通集中通过气隙，漏磁小。尤其在永磁体两侧加工成槽既能隔磁防止异性磁极短路，又是冷却风道，能对永磁体进行有效的冷却。

图 4-1 所示为笔者设计的 30 极、42 极、60 极、72 极高效永磁发电机的典型转子结构。

无刷永磁电动机的结构与图 4-1 相近，其转子镶有永磁体，定子有绕组。定子绕组电流换向由电子换向器来完成。它的磁路与永磁发电机转子永磁体磁极径向布置的磁路相同。

图 4-2 所示为有刷永磁直流发电机或有刷永磁直流电动机的结构，永磁体镶在定子上，转子有绕组，通过换向器变换转子绕组电流方向。永磁体磁极直接面对气隙，永磁体磁极易于实现聚磁形状，磁通集中且均匀，使磁极漏磁小，不论是发电机还是电动机，它们的外特性好。它的磁路是：永磁体磁极—气隙—硅钢片转子齿—硅钢片转子轭—硅钢片转子齿—气隙—另一永磁体的异性磁极—永磁体磁极—机壳磁导体—第一个永磁体的异性磁极。图 4-2 也是永磁体磁极的串联使用，完全具有永磁体串联的性质。

图 4-3 所示为永磁体轴向布置的永磁体两个极面同时利用的永磁体磁极串联的典型结构，这种永磁体磁极利用最好的磁极串联磁路在盘式永磁发电机和盘式永磁电动机中得到很好的利用。

这种永磁体轴向布置的永磁体磁极串联的磁路：永磁体的一个磁极—气隙—定子及绕组

—气隙—永磁体的另一个磁极—气隙—定子绕组及定子—气隙—永磁体的一个磁极…—机壳磁导体—第一个永磁体的另一个磁极。其磁路还有一部分是：永磁体的一个极—气隙—定子及绕组—气隙—永磁体的另一个磁极—机壳磁导体—第一个永磁体的另一个磁极。不论是哪种磁路，都是永磁体两个磁极同时利用，都是一个永磁体的某一磁极到另一个永磁体的异性磁极。

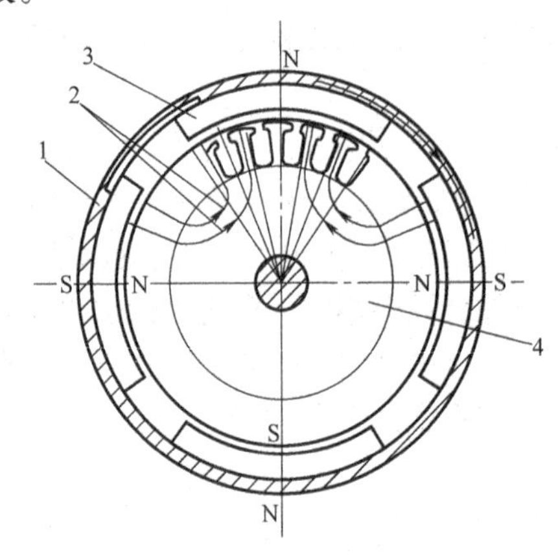

图4-2　永磁体磁极径向布置（即永磁体磁极的串联磁路，永磁体镶嵌在定子上）

1—机壳（磁导体）　2—磁路

3—永磁体　4—转子硅钢片

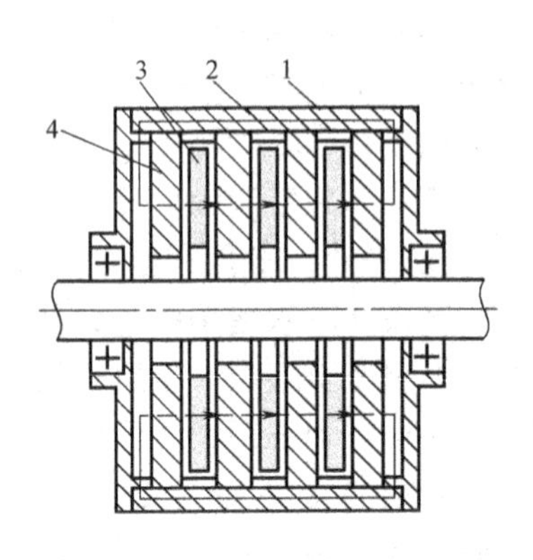

图4-3　盘式永磁发电机的永磁体磁极的轴向布置（即永磁体磁极的串联使用）

1—机壳（磁导体）　2—磁路

3—永磁体　4—定子及绕组

永磁体磁极轴向布置使永磁体的两个磁极同时得到利用，其特点是永磁体的两个磁极得到充分利用并且永磁体的两个磁极都直接面对气隙，磁的阻力小、磁路短、漏磁小、磁通大、效率高。

在永磁体磁极串联的磁路中，如果两个永磁体的材质、工艺、几何形状完全相同，但它们的磁感应强度不同，把它们串联起来，如果磁路很短且磁导体的磁导率很高，那么磁路中的磁感应强度比其中磁感应强度最高的那块永磁体还要高。这与两节型号相同电压不同的电池串联有着根本不同。这两节电池串联后的电流大小不是取决于高电压的电池，而是取决于电压低的那节电池。

2. 永磁体磁极的并联磁路

永磁体磁极并联就是将永磁体同性磁极通过磁导率很高的磁导体连在一起共同组成一个磁极的连接方式。永磁体镶嵌在转子上称永磁体磁极切向布置，亦称隐极式；永磁体镶嵌在定子上，亦称外磁式。前者用在永磁交流发电机和无刷永磁直流电动机上；后者用在有刷永磁直流发电机和有刷永磁直流电动机上。

永磁体磁极并联磁路在有非磁性材料进行有效隔磁并把作为公共磁极的磁导率很高的磁导体做成聚磁形状，这时磁极的磁感应强度比单个永磁体磁感应强度大20%～40%。

图4-4所示是永磁体镶嵌在转子上的永磁体磁极切向布置的永磁体磁极并联磁路。它的磁路是：两个同性磁极—磁导率很高的磁导体磁极—气隙—定子齿—定子轭—定子齿—气隙—磁导率很高的磁导体的异性磁极—两个异性磁极，构成完整的磁回路。

图4-5所示为永磁体作定子磁极——外磁式永磁体磁极并联磁路。它的特点是并联的永磁体固定在机壳上，机壳必须是非磁性材料，能有效隔磁，虽然漏磁很大，但不会使永磁体两极直接短路。如果固定永磁体的机壳不是非磁性材料而是导磁材料，那么会使永磁体磁极短路，造成即使是磁导率很高的磁导体磁极的磁感应强度也不如单个永磁体的磁感应强度大。

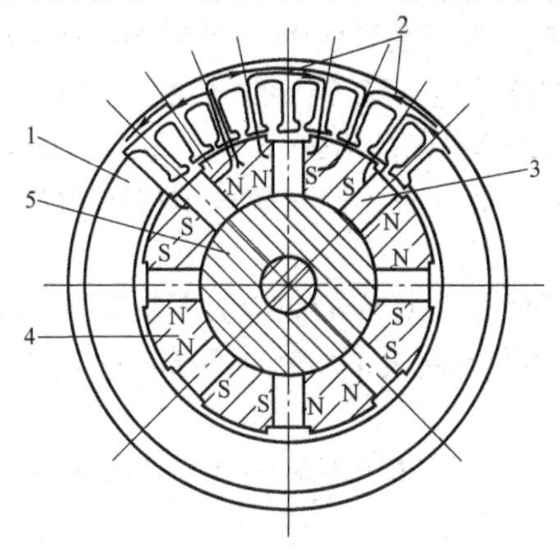

图4-4　永磁体镶嵌在转子上的永磁体磁极切向布置
（即永磁体磁极并联磁路）
1—定子及绕组　2—磁路　3—永磁体
4—磁极　5—非磁性材料轮毂

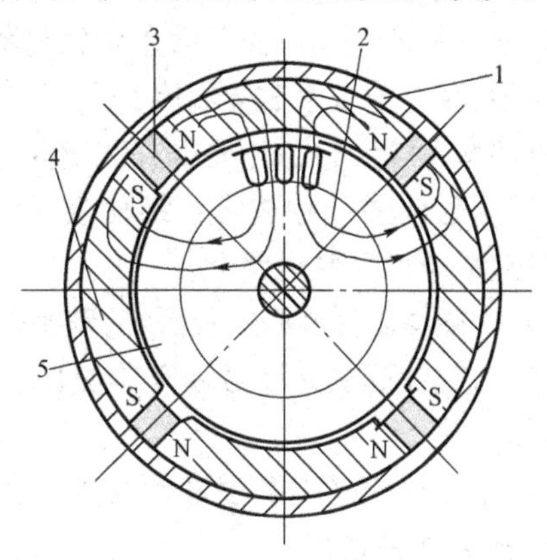

图4-5　永磁体作定子磁极——外磁式永磁体磁极并联磁路
1—非磁性材料机壳　2—磁路
3—永磁体　4—磁极　5—转子

图4-5所示的磁路：两个同性磁极—磁导率很高的磁导体磁靴—气隙—转子齿—转子轭—转子齿—气隙—磁导率很高的磁导体磁极—两个相同的异性磁极。

永磁体磁极并联，永磁体磁极不直接面向气隙，而是永磁体同性磁极共同贡献给磁导率很高的磁导体作为磁极面对气隙，在有非磁性材料有效隔磁的情况下，并且作为公共磁极的磁导体的极面积小于两个永磁体同极面积时，磁极的磁感应强度比单个永磁体的磁感应强度大20%～40%。

永磁体磁极的切向布置，即隐极式的磁路的缺点是：

1）永磁体置于磁导体内，受交变磁场及涡流的作用大。

2）不易实现对永磁体的冷却，致使永磁体散热不良，容易导致永磁体温度升高，磁综合性能下降，致使永磁发电机或永磁电动机功率下降。

3）永磁体磁极并联磁路结构复杂，制造成本高。

4）永磁体磁极并联磁路的永磁体安装困难，需专用工具。

3. 永磁体串联磁路与并联磁路的比较

永磁体磁极的磁路不论永磁体磁极如何布置，都可以归纳为串联磁路和并联磁路两种。这两种磁路各有优缺点，比较如下：

1）永磁体磁极的串联即径向布置，亦称面极式的永磁体磁极串联磁路，它的优点是：永磁体的磁极直接面对气隙，漏磁小，磁通集中于气隙，磁极采取聚磁形状，磁感应强度比单个永磁体磁感应强度大5%～10%。

2）永磁体磁极并联布置，即永磁体磁极切向布置或称隐极式所构成的磁路，永磁体磁极不直接面对气隙而是通过磁导体构成的磁极面对气隙。当两个同性磁极面积等于或大于磁导体构成的磁极面积，且有非磁性材料隔磁时，磁导体磁极的磁感应强度比单个永磁体的磁感应强度大20% ~40%。

3）永磁体磁极串联磁路易于实现对永磁体实施有效的冷却，保证永磁发电机或永磁电动机安全可靠地工作。而并联永磁体磁极的磁路，永磁体置于磁导体中，不易对永磁体实施有效的冷却，往往导致永磁体温度升高，致使永磁体磁综合性能下降，又导致永磁发电机或永磁电动机功率下降。永磁体磁极并联磁路应注意解决永磁体冷却的问题，否则达不到预期效果。

4）永磁体磁极并联磁路结构复杂，制造成本高。而永磁体磁极串联磁路结构较为简单，制造成本比并联磁路低。

5）永磁体磁极并联安装困难，需要有专用工具。而串联磁路则安装容易，不用专用工具。

6）永磁体磁极并联必须有非磁性材料隔磁，而串联磁路则不用磁导率很低的非磁性材料隔磁。

7）永磁体磁极串联磁路可以实现多极低转速、大功率，而并联磁路则很难做到。

4. 永磁体的拼接

由于对永磁体充磁的电流太大，所以永磁体的体积不会很大。但在实际应用中，往往需要很长的永磁体，或者需要很宽的永磁体，这时，可以采取对永磁体拼接的办法来实现。

我们知道，永磁体的磁场是空间的。当永磁体拼接成长永磁体时，它们拼接后又形成新的空间磁场。拼接加长的永磁体的磁感应强度比单个永磁体的磁感应强度大一些，视情况不同，一般能大1% ~5%。

图4-6所示是永磁体的拼接，拼接后成为一个新的长的永磁体，这在永磁发电机和永磁电动机设计中很重要。

5. 永磁体磁极的混合布置

在永磁体磁路设计过程中，有时会遇到气隙磁感应强度小于设计要求的情况，或者为了更好地利用磁性能不高的永磁体去获得较高的气隙磁感应强度，可以采用永磁体串联和并联的混合布置。图4-7所示是永磁体磁极并联和串联的混合布置。它的优点是集中了切向布置及径向布置的优点，将它们的优点组合在一起，达到提高气隙磁感应强度的目的。但永磁体磁极的混合布置结构复杂，制造困难，制造成本高，对永磁体冷却也困难，一般不多采用。

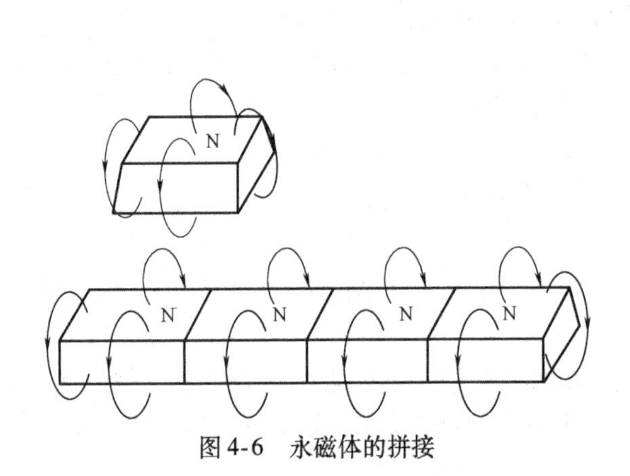

图4-6　永磁体的拼接

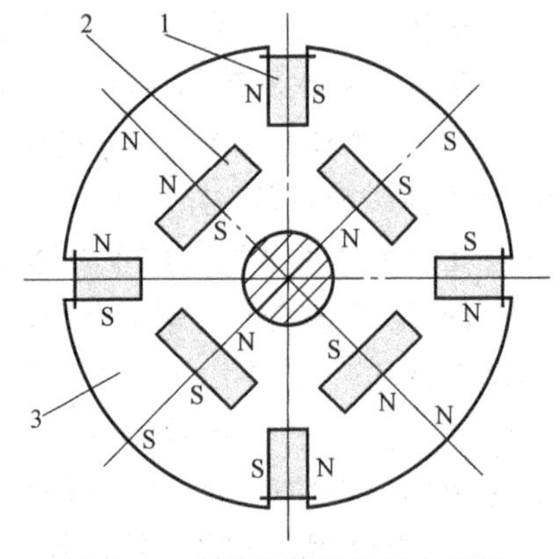

图4-7　永磁体磁极的混合布置

1—切向布置的永磁体　2—径向布置的永磁体　3—转子及磁极

第三节　永磁体的特性曲线及工作点

1. 永磁体的特性曲线

永磁体作为永磁发电机的磁极，当发电机运行有负载时，由于绕组有电流，这个交变电流所形成的交变磁场使永磁体处于充磁、退磁的交变过程中。永磁体抵抗这种交变磁场的能力称作永磁体的内禀矫顽力。图4-8a所示的第二象限内的磁滞回线部分叫作永磁体的“退磁曲线”。在退磁曲线上，B_r 点为永磁体剩余磁感应强度，称作永磁体的剩磁。当退磁场撤去后，永磁体的磁化状态的磁感应强度不再是 B_r，而是在退磁曲线上的某一点 A 处，此时 $H<0$，$B_m<B_r$。

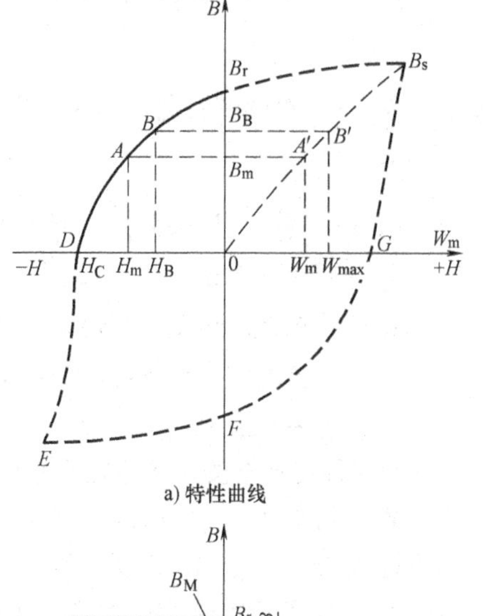

a) 特性曲线

某点 A 在第一象限对应的 A' 点 B_m 和 H_m 所对应的磁能积为 W_m。用 B_mH_m 表示永磁体剩磁为 B_m 时的磁能积。在退磁曲线上某一点 B 所对应的 B_B 和 H_B 在第一象限可能是对应永磁体的最大磁能积 W_{max}，希望永磁体工作在最大磁能积这个点上。永磁体工作在其最大磁能积附近，永磁体才得到最科学合理及最经济的利用。

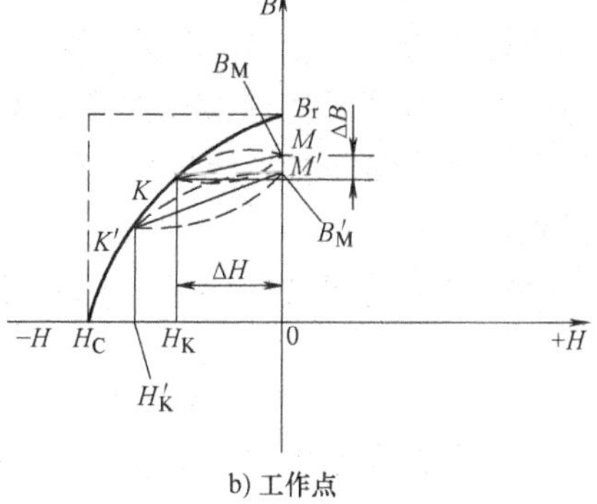

b) 工作点

图4-8　永磁体的特性曲线和工作点

如果永磁体第一次在退磁场作用下，沿着退磁曲线到 K 点，当退磁场撤去后，则永磁体的磁感应强度会沿着曲线回复到 M 点，那么直线 KM 就是永磁体磁感应强度的回复线。如果下一次退磁场强度大于第一次退磁场强度 H_K，达到 H_K'，那么退磁场强度会沿着退磁曲线达到 K'点。当退磁场撤去后，永磁体的磁感应强度会沿着曲线回复到 M'点。$K'M'$为第二次回复线。回复线表明了永磁体磁场强度 H 与其磁感应强度 B 的关系。与 M 和 M'点相对应的是永磁体回复后的磁感应强度 B_M 和 B_M'。如果下次退磁场强度大于 H_M'，那么退磁点还会沿着退磁曲线再往下移，如图4-8b所示。

从永磁体退磁曲线上的退磁点的变化可以看到，退磁场的大小对永磁体的磁能积的大小变化影响很大。但以上分析没有考虑永磁体在交变的磁场中的充磁，而只是考虑退磁作用，这在永磁体实际工况下是不完善的。

很多资料认为，永磁发电机磁路设计的重点之一是合理选择永磁体的工作点，但选择永磁体的工作点是十分困难的。

2. 永磁体的工作点

永磁发电机设计的重点之一是决定永磁体的工作点，也就是要决定永磁体工作时的磁感应强度 B_m，或者说，要决定永磁体形成的气隙磁感应强度 B_δ。由于永磁发电机在运行时绕组中有电流，这个交变电流所形成的交变磁场对永磁体有充、退磁作用，尤其重要的是永磁体磁极的工作温度对永磁体磁极去磁的作用，还有铁心中的磁滞、涡流等对永磁体磁极的去磁影响，所以永磁体的工作点绝不是在 B_r 点上，而是在退磁曲线的某一点上。

根据磁通连续性原理（磁场的高斯定理），外磁路的总磁通，包括主磁通 Φ 和漏磁通 Φ_δ 之和应与永磁体的磁通 Φ_m 相等。即

$$\Phi_m = \Phi + \Phi_\delta = \sigma\Phi \tag{4-1}$$

式中 Φ——气隙主磁通，单位为 Wb。

$$\Phi = B_\delta S_\delta \tag{4-2}$$

式中 Φ_m——永磁体磁通，单位为 Wb。

$$\Phi_m = B_m S_m \tag{4-3}$$

式中 B_δ——气隙磁感应强度，单位为 T；

S_δ——气隙面积，单位为 m^2；

B_m——永磁体磁感应强度，单位为 T；

S_m——永磁体工作气隙的磁极表面积，单位为 m^2；

σ——漏磁系数。

永磁体径向布置的永磁体磁极串联磁路，永磁体磁极表面直接面对气隙，B_m 增加 5% ~ 10%，故 σ 可取 1.0 ~ 1.10；对于切向布置的永磁体并联磁路，由于磁极是由磁导率很高的磁导体构成的，永磁体极面不直接面对气隙，在有非磁性材料有效隔磁的情况下，漏磁系数 σ 可取 1.4 ~ 1.6，如果没有非磁性材料进行有效的隔磁，漏磁系数 σ 应取 1.8 ~ 2.2。在切向布置的永磁体并联的磁路中，B_m 应乘以 2，因为两个同性磁极的 B_m 贡献给一个磁导体做的磁极。

将式（4-2）和式（4-3）代入式（4-1），得

$$B_m S_m = \sigma B_\delta S_\delta \tag{4-4}$$

所谓决定永磁体的工作点，就是确定 B_m 值。从图 4-8 中可以看到，在第二象限上的退磁曲线上任一点都可能是永磁体的工作点。虽然我们可以从理论上的最理想状态计算出外磁路的总磁通，从而计算出永磁体磁极面上的磁通，但要确定永磁体的工作点却是十分困难的。

永磁体工作点的确定之所以十分困难，这主要是因为永磁体工作点是由永磁发电机的电流、交流电的频率、永磁体的工作温度、定子铁心的磁导率、永磁体的综合磁性能决定的，如永磁体的剩磁、矫顽力、磁能积、温度系数，以及永磁体的形状、几何尺寸等诸多因素有关。这些因素，尽管可以根据外磁路负载工作线、永磁体退磁曲线、永磁体回复线的交点来确定永磁体的工作点，甚至将这些参数的关系归纳出数学模型在计算机上进行计算，得出的结果与实际也很难一致。要经过样机多次反复对比重新计算才能得到满意的结果。

在图 4-8 中，如果 A 点为永磁体的工作点，从理论上认为 $B_A = H_A$，$B_r = H_c$ 时，则可以得到

$$\gamma = \frac{B_A H_A}{B_r H_c} \tag{4-5}$$

当永磁体单位体积能在体外空间存储的能量 W'（J/m^3）为

$$W' = \frac{B_r H_c}{2} \tag{4-6}$$

而永磁体的磁能积 W（J/m^3）为

$$W = B_r H_c \tag{4-7}$$

将式（4-6）及式（4-7）代入式（4-5）中，得

$$\gamma = \frac{B_A H_A}{B_r H_c} = \frac{\frac{B_r H_c}{2}}{B_r H_c} = \frac{1}{2} \tag{4-8}$$

由此可得 $B_A = \gamma B_r$，$B_A = \frac{1}{2} B_r$。

B_A 即为永磁体工作点的永磁体的磁感应强度。这是从理论上最理想的期望值，它说明了永磁体的工作点的磁感应强度最大值是永磁体剩磁的50%。笔者经30余年对永磁体的研究及对永磁发电机的制造实践总结，发现永磁体工作点的磁感应强度 B_m 在不同的永磁体回路中，它的值只有永磁体剩磁的32%～38%，最高达45%，笔者称 γ 为永磁体工作点系数。

笔者经多次实验总结认为，在设计永磁发电机时，按永磁发电机中各种参数，先选择永磁体的工作点的磁感应强度进行理论上的理想计算。尔后再做几块选择参数的永磁体样块，直接测量永磁体的磁感应强度 B_m，用直接测量的永磁体磁感应强度 B_m 作为本永磁体工作点的磁感应强度进行设计，其结果与实际十分相近。当理论上的计算结果与实测永磁体的磁感应强度相异时应进行理论计算时的某些参数的修正。

永磁体工作点系数要根据磁路的不同进行选择，对于永磁发电机、永磁电动机用永磁体的矫顽力大和磁能积高及温度系数低的，γ 值选大一些，反之 γ 值选低一点；对于磁选机、磁力吊应选择 γ 值高一些。

第四节　永磁体在永磁发电机中的布置

永磁发电机用途广泛，尤其是风力发电机的快速发展，又促进了永磁发电机的发展，特别促进了多极低转速大功率永磁发电机的发展。

永磁发电机按电流可分为永磁交流发电机和永磁直流发电机两种。按永磁体安装在转子上或定子上，永磁发电机又分为内磁式和外磁式两种。内磁式为永磁同步交流发电机，外磁式为永磁有刷直流发电机和外转子永磁同步发电机。按永磁体磁极的布置，又可分为永磁体磁极径向布置即永磁体磁极串联磁路，和永磁体磁极切向布置即永磁体磁极并联磁路两种。

永磁直流发电机必须有换向器，电流换向时产生的火花会对自动控制系统产生干扰，现在很少使用，因为需要直流时不如将永磁交流发电机的交流经整流获得直流更为方便。

永磁同步交流发电机由于节能、高效、温升低、噪声小、重量轻等特点，得到快速发展和广泛应用。

永磁同步交流发电机是将永磁体镶嵌在转子上，永磁体磁极的镶嵌分径向布置和切向布置。定子铁心与常规励磁发电机相同，冲有定子槽，槽内根据不同的极数嵌入绕组，交流电由定子绕组输出。

1. 永磁同步交流发电机中永磁体磁极的径向布置

永磁同步发电机中永磁体磁极的径向布置，是永磁体磁极的串联磁路，它的特点是：永磁体磁极直接面对气隙，磁极易于做成聚磁形状，磁通损失小，气隙磁通集中且分布均匀。具有聚磁形状的磁极串联后的磁感应强度比单个永磁体的磁感应强度大5%～10%。永磁体磁极面积越大，磁导体的磁导率越高、磁路越短，则永磁体磁极串联后的磁感应强度比单个永磁体的磁感应强度大得越多，反之则越少。永磁体两侧可设冷却风道，不仅可对永磁体实施有效的冷却，还有隔磁功能，防止磁极短路，永磁发电机中的永磁体径向布置如图4-9所示。

永磁发电机中永磁体磁极的径向布置，制造工艺简单，成本较低，且能做到多极的大、中功率。

2. 永磁发电机中的永磁体磁极的切向布置

永磁体切向布置是永磁体磁极的并联磁路。永磁体磁极不直接面对气隙，而是永磁体两个同性磁极贡献给一个磁导率很高的磁导体——磁靴，成为一个磁极面对气隙。它的特点是当有非磁性材料进行有效隔磁不使同一个永磁体的两个极短路，并且磁靴的磁极面积小于或等于两个永磁体的磁面积的前提下，极靴的磁感应强度比单个永磁体的磁感应强度大20%～40%。永磁体磁极面积越大、极靴的磁导率越高、电阻率越高则磁靴的磁感应强度比单个永磁体的磁感应强度大得越多，反之则越少。

但永磁体置于极靴之间，冷却不良，易于使永磁体温度升高，磁综合性能下降，使永磁发电机外特性变差。

永磁发电机中的永磁体切向布置，漏磁大，在有非磁性材料隔磁的情况下，漏磁系数达到1.4～1.6；如果没有隔磁，漏磁系数将达到1.8～2.2。

永磁发电机中的永磁体切向布置适于小型永磁发电机，如图4-10所示。其结构复杂，制造成本较高，还需有专用安装永磁体的工具。

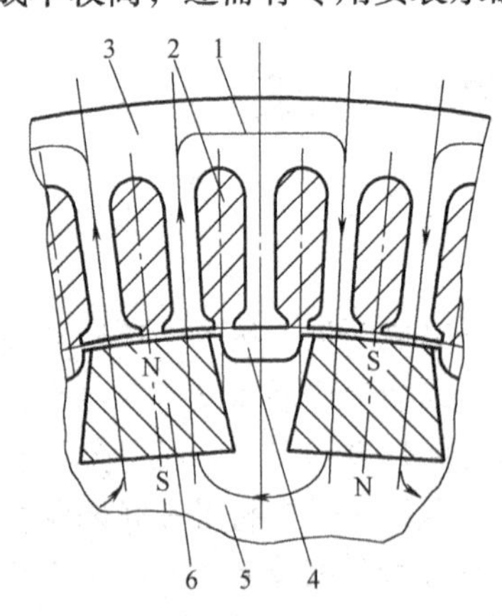

图4-9 永磁发电机的永磁体磁极的径向布置（永磁体磁极的串联）

1—磁路 2—定子绕组 3—定子铁心 4—永磁体冷却风道 5—转子铁心 6—永磁体

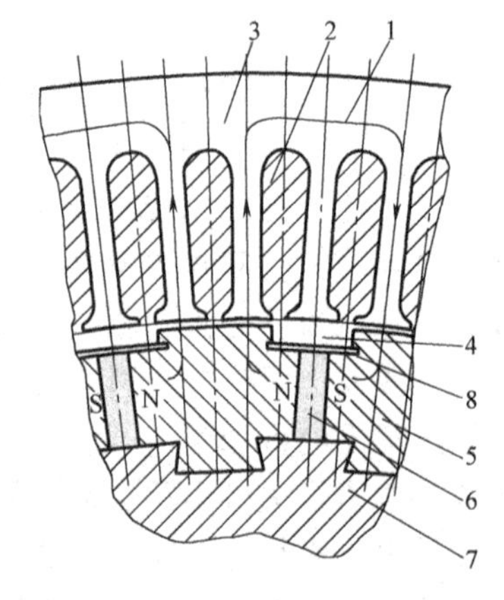

图4-10 永磁发电机的永磁体磁极的切向布置（永磁体磁极的并联）

1—磁路 2—定子绕组 3—定子铁心 4—冷却风道 5—极靴 6—永磁体 7—非磁性材料轮毂 8—非磁性材料隔板

永磁发电机切向布置的极靴也可用螺钉紧固在非磁性材料的轮毂上。也有用非磁性材料的不锈钢圈紧固永磁体的。非磁性材料可以是黄铜、铝合金等。

第五节　永磁发电机极弧系数、气隙系数及气隙轴向长度的计算

1. 永磁发电机磁极的极弧长度和极弧系数

在永磁发电机设计中，要确定永磁体磁极或极靴的极弧长度。所谓极弧长度就是磁极的圆弧长度，它决定着永磁发电机交流电流的曲线波形，决定着气隙磁感应强度分布曲线 $B(x)$ 及气隙的均匀程度和磁路的饱和程度。

图 4-11 所示是实测的永磁发电机磁极气隙磁感应强度分布曲线，它接近正弦曲线。因此，认为每极气隙磁通都集中在永磁发电机的计算极弧长度 b_P' 内，并且气隙磁感应强度均匀分布在这个范围内，其气隙最大磁感应强度为 B_δ。此时，计算极弧长度 b_P' 与极距 τ 之比称作极弧系数。极弧系数 a_P' 为

$$a_P' = \frac{b_P'}{\tau} \tag{4-9}$$

式中　b_P'——计算极弧长度，单位为 m；

τ——永磁发电机极距，单位为 m。

因此计算极弧长度为

$$b_P' = a_P'\tau \tag{4-10}$$

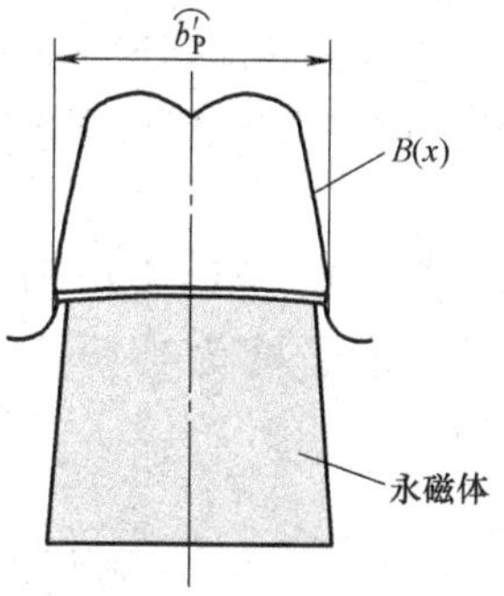

在计算中，由于计算极弧长度 b_P' 与实际极弧长度 $\widehat{b_P'}$ 相差很小，故可以认为

$$b_P' = \widehat{b_P'} \tag{4-11}$$

$\widehat{b_P'}$

B(x)

永磁体

图 4-11　永磁体磁极气隙磁感应强度分布曲线 $B(x)$ 及极弧长度 $\widehat{b_P'}$

当气隙磁感应强度分布曲线 $B(x)$ 为正弦分布时，$b_P' = \dfrac{2}{\pi} = 0.637$。一般情况，极弧长度 b_P' 可取 $(0.55 \sim 0.75)\ \tau$。

计算极弧长度也是气隙磁感应强度的平均值 $B_{\delta av}$ 与气隙磁感应强度的最大值 B_δ 之比。

$$a_P' = \frac{B_{\delta av}}{B_\delta}$$

气隙磁感应强度的最大值 B_δ（T）可由下式（4-12）求得，或实际测量得到

$$B_\delta = \frac{\Phi}{a_P'\tau L_{ef}} \tag{4-12}$$

式中　Φ——每极磁通，单位为 Wb；

L_{ef}——定子有效长度，单位为 m。

永磁交流同步发电机输出的交流电流波形用示波仪测得为标准的正弦波，从而也说明了永磁体磁极气隙磁感应强度分布曲线 $B(x)$ 为正弦曲线或接近正弦曲线分布。

2. 气隙系数 K_δ

图 4-11 所示为永磁体磁极气隙磁感应强度分布曲线及气隙最大值是在没有定子槽的情况下测得的。由于定子有槽且每槽都有开口，开口处的磁导体是空气，空气的磁导率是定子齿硅钢片的磁导率几千分之一，且永磁体磁通会自动寻找磁阻力最小、路径最短的物质通过。因此，几乎所有磁通都通过气隙进入定子齿，而极少部分进入开口处。这时进入定子齿

的气隙磁感应强度 $B_{\delta max}$ 要比 B_δ 大。气隙系数 K_δ 是表示由于定子齿及槽的存在而使定子齿气隙磁感应强度增大的倍数。气隙系数是一个大于 1 的无量纲的值，表示为

$$K_\delta = \frac{B_{\delta max}}{B_\delta} \tag{4-13}$$

气隙长度 δ 乘以气隙系数 K_δ 就是有效气隙长度 δ_{ef}，即

$$\delta_{ef} = K_\delta \delta$$

在设计时，往往把有效气隙长度 δ_{ef} 当作 δ，将 $B_{\delta max}$ 当作 B_δ，计算结果已足够准确。这是在当定子齿磁感应强度未达到磁饱和的条件下，定子槽口是空气及竹楔，它们的磁导率远远小于定子齿硅钢片，通过槽口和竹楔的气隙磁感应强度可以忽略不计。但是，如果设计计算出的定子齿气隙磁感应强度达到 1.60～1.80T 时或根据设计选择的导磁材料达到饱和磁感应强度时，应重新设计定子齿的尺寸。

当较精确计算定子齿的气隙磁感应强度时，还应计算定子齿的最大气隙磁感应强度（T），即

$$B_{\delta max} = K_\delta B_\delta$$

图 4-12 所示是定子齿内的气隙磁感应强度分布曲线。

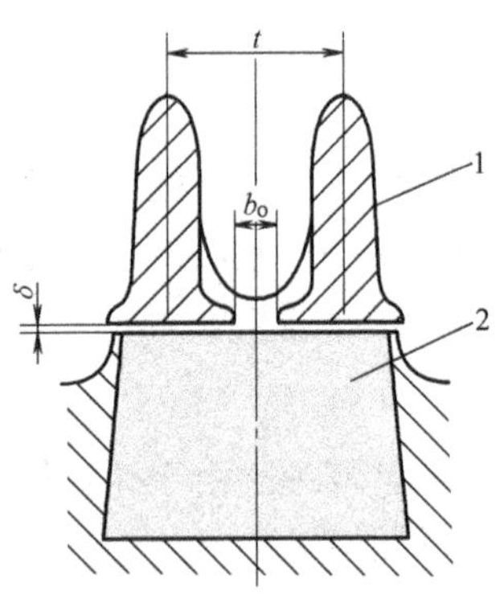

图 4-12　定子齿内的气隙磁感应强度分布曲线
1—定子齿的气隙磁感应强度分布曲线　2—永磁体

当定子槽为半开口槽时，其气隙系数由下式（4-14）求得

$$K_\delta = \frac{t(4.4\delta + 0.75b_o)}{t(4.4\delta + 0.75b_o) - b_o^2} \tag{4-14}$$

式中　t——定子齿距，单位为 m；

b_o——定子槽口、半开口槽的槽口宽，单位为 m；

δ——气隙长度，单位为 m。

当定子槽为开口槽时，其气隙系数由下式（4-15）求得

$$K_\delta = \frac{t(5\delta + b_o)}{t(5\delta + b_o) - b_o^2} \tag{4-15}$$

3. 气隙的轴向计算长度 L_{ef}

在我们设计永磁发电机时，计算发电机的每极磁通 $\Phi = B_\delta a_p' \tau L_{ef}$ 中使用了气隙轴向计算长度 L_{ef}，也就是气隙轴向有效长度 L_{ef}，而不是定子铁心的实际长度 L_t，因为每极磁通 Φ 在计算极弧长度 $a_p'\tau$ 乘以气隙轴向计算长度 L_{ef} 的面积内穿过空气隙，而且尚有少量磁通从转子、定子端部穿越，因此，每极计算磁通穿过气隙的长度要比定子铁心长度 L_t 多一点。经验表明，穿越转子、定子端部的磁通长度为 δ 已能满足计算准确度。故气隙轴向计算长度 L_{ef}（m）为

$$L_{ef} = L_t + 2\delta \tag{4-16}$$

在永磁发电机的定子、转子没有径向冷却风道时，由于定、转子两端穿越的磁通很小，可以忽略，则气隙轴向计算长度可以看作定子的实际长度。

$$L_{ef} = L_t$$

如果永磁发电机定子有径向冷却风道，且每个冷却风道宽度都一样为 b。由于径向风道使定子的有效长度减小，用定子损失长度 b'（m）来表示，则

$$b' = \frac{b^2}{b + 5\delta} \tag{4-17}$$

如果永磁发电机定子、转子都有相同数量且宽度相等的冷却风道 b 时，则定子损失长度 b'(m)为

$$b'=\frac{b^2}{b+\frac{5\delta}{2}} \tag{4-18}$$

有径向冷却风道的气隙轴向计算长度为

$$L_{ef}=L_t-Nb' \tag{4-19}$$

式中　N——定子、转子铁心径向冷却风道数量；

b'——每个冷却风道的计算宽度，单位为 m。

必须注意的是，气隙轴向计算长度 L_{ef}并不是转子镶嵌拼接永磁体的长度。在转子上镶嵌拼接永磁体的长度应与定子的实际长度 L_t 相等。

4. 永磁发电机中永磁体磁极形状及永磁体固定形式

在永磁发电机中的永磁体形状及固定要根据永磁体在转子中的磁极布置而定。永磁体磁极径向布置，永磁体的一个极直接面对气隙。为了提高气隙磁感应强度，永磁体宜做成聚磁形状。图 4-14 所示是永磁体磁极径向布置的永磁体梯形径向剖面。为达到聚磁效果，极弧长度 $b_p'<C_m$。这种永磁体截面使永磁体安装在转子铁心上十分牢固，但加工较困难。永磁体两侧有冷却风道，既能对永磁体进行通风冷却，又能起隔磁作用，防止相邻两极短路及同一永磁体两个极短路。永磁体两侧的铁心可以保护永磁体在镶嵌、安装、拆卸转子时不致被磕碰而碎裂。这个铁心宽度 Δ（m）由下式计算求出：

$$\Delta=\frac{b_p'-a_m}{2}$$

式中　Δ——转子铁心镶嵌永磁体的两侧铁心宽度，单位为 m；

b_p'——极弧长度，单位为 m；

a_m——永磁体截面的短边长，单位为 m。

一般 Δ 可取 0.8～1.2mm，大功率取大值，小功率取小值，如图 4-13 所示。

永磁体磁极径向布置的永磁体形状及安装如图 4-14 所示。相邻两个不同极性的永磁体通过螺钉用非磁性材料将它们紧固在转子铁心上。永磁体依然要采用聚磁形状，即 $b_p'<C_m$。

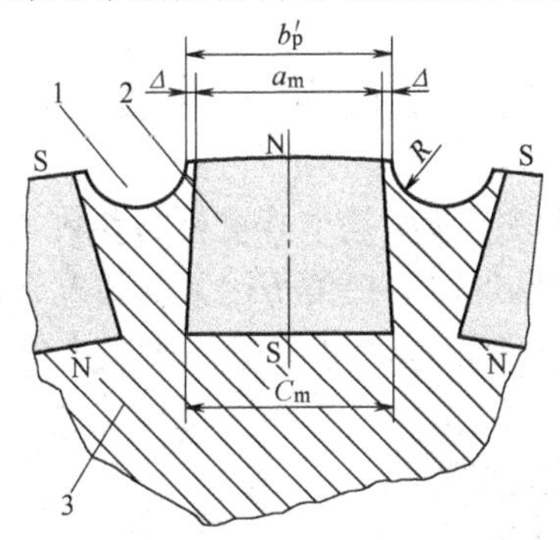

图 4-13　永磁发电机中的永磁体磁极径向布置与安装形式之一

1—冷却风道、隔磁槽　2—永磁体　3—转子铁心

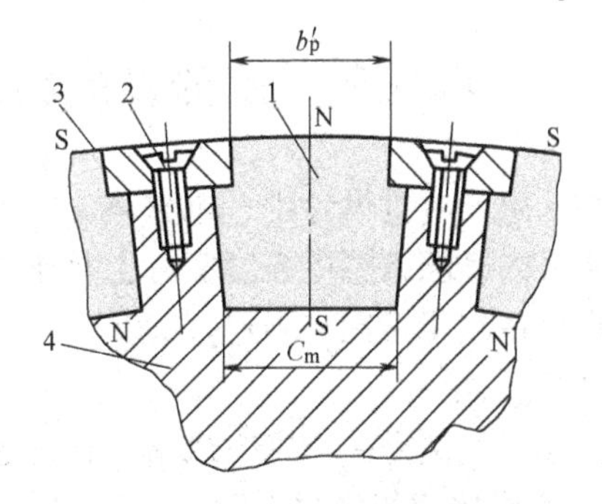

图 4-14　永磁发电机中的永磁体磁极径向布置与安装形式之二

1—永磁体　2—紧固螺钉　3—非磁性材料压板　4—转子铁心

图4-14的永磁体形状及安装较图4-13容易，其缺点是螺钉松动会造成事故。

在永磁发电机中，永磁体磁极的切向布置是两个永磁体的同性磁极共同贡献给一个磁导率很高的磁导体——极靴，成为一个极。要求极靴的极弧长度小于矩形永磁体短边的长度，并且极靴要固定在非磁性材料的轮毂上，这样，极靴面对气隙的磁极的磁感应强度比单个永磁体的磁感应强度大20% ~40%。

永磁体磁极切向布置如图4-15及图4-16所示。在图4-15中，两个极靴之间是永磁体，为防止永磁体从两个极靴中脱出，用非磁性挡板给以限制。而极靴下部成燕尾形镶嵌在由非磁性材料做成的转子毂上。转子毂可由黄铜或铝合金做成。这种结构不论是极靴，还是永磁体，都能可靠地安装和固定，只是加工复杂。

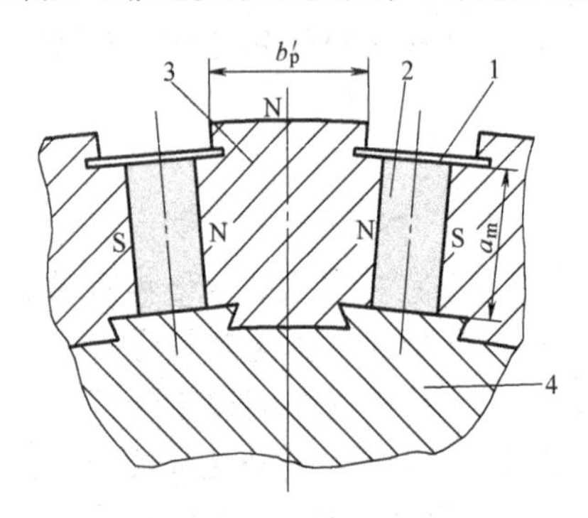

图4-15　永磁发电机中的永磁体磁极的切向布置及安装形式之一
1—非磁性材料挡板　2—永磁体
3—磁导率很高的极靴
4—非磁性材料的转子毂

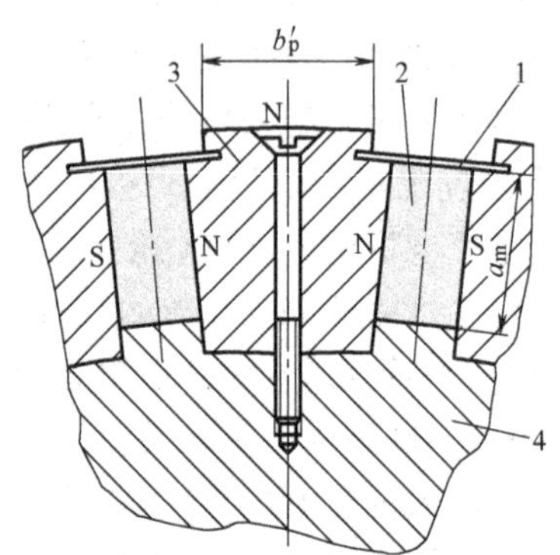

图4-16　永磁发电机中的永磁体磁极的切向布置及安装形式之二
1—非磁极材料挡板　2—永磁体
3—磁导率很高的极靴
4—非磁性材料的转子毂

图4-16所示是极靴用螺钉固定在非磁性材料做成的转子毂上，它的结构较图4-15简单些，但如果螺钉松动，将造成事故。

永磁体磁极切向布置必须有专用工具，安装永磁体时应隔槽安装并注意安全，以防永磁体飞出伤人。

永磁体磁极也可用胶贴的形式固定，这种方法为外转子式永磁发电机常用。

第六节　永磁发电机永磁体磁极的气隙磁感应强度

在永磁发电机设计中，永磁体磁极或极靴的气隙磁感应强度是十分重要的参数之一。永磁体磁极的气隙磁感应强度实际上是永磁体磁极在不考虑退磁、温度等因素的情况下的初始工作点。在本章第三节中已经证明，永磁体的初始工作点的理论最理想化的最大值是剩磁B_r的1/2。

现在我们从另一角度来求解永磁体磁极的气隙磁感应强度。

1. 永磁体磁极径向布置（面极式）的气隙磁感应强度

图4-17所示为一个轴向磁化的圆柱永磁体，假设圆柱体很长，磁极面上的磁感应强度均匀分布，在不考虑退磁、温度等因素的影响的情况下，极面上的磁通密度为$B_r/4\pi$。在圆柱永磁体上方的z轴上有某点P，P点距极面的距离为OP，求P点的气隙磁感应强度B_δ。

$$dB_{\delta}=\frac{B_{r}}{4\pi\sigma}\frac{2\pi r\mathrm{d}r}{\sqrt{OP^{2}+r^{2}}}\cos\theta=\frac{B_{r}}{2\sigma}\frac{OP\mathrm{d}r}{(OP^{2}+r^{2})^{3/2}}$$

当 $OP=\delta$ 时，积分得

$$B_{\delta}=\frac{B_{r}}{2\sigma}\left(1-\frac{\delta}{\sqrt{\delta^{2}+D^{2}}}\right) \tag{4-20}$$

式中　B_r——圆柱永磁体的剩磁，单位为T；

B_δ——气隙长度为 δ 时的气隙磁感应强度，单位为T；

δ——气隙长度，单位为m；

D——圆柱永磁体直径，单位为m。

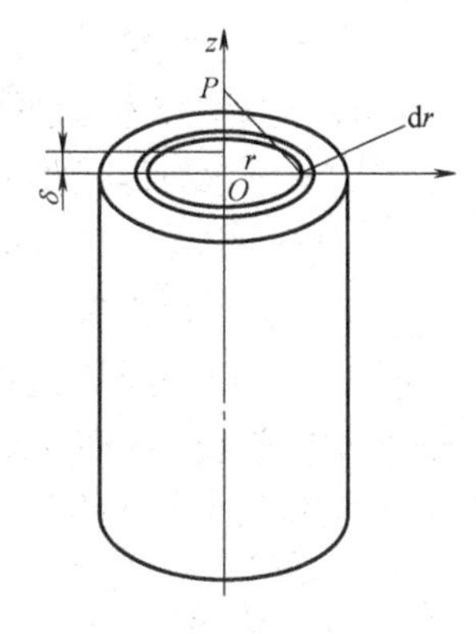

图4-17　永磁体磁面上的磁感应强度计算

当 $\delta\to0$ 时，则 $B_{\delta}\to\frac{B_r}{2}$。这说明了永磁体气隙磁感应强度的最理想的最大值是其剩磁的1/2。实际上，当 $\delta\to0$ 时，是永磁体表面的磁感应强度，在通常的情况下，B_δ 也只有剩磁的32%～38%，最大也只有45%，一般绝大多数只有其剩磁的35%。

（1）两个圆柱永磁体的不同性磁极同时面对气隙的永磁体串联磁路的气隙磁感应强度

当两个圆柱永磁体的不同性磁极同时面对气隙所组成的永磁体磁极的串联磁路，如图4-18所示，用磁导率很高的磁导体构成磁路不长的磁回路时，则气隙磁感应强度理想的理论值为

$$B_{\delta}=2\times\frac{B_{r}}{2\sigma}\left(1-\frac{\delta}{\sqrt{\delta^{2}+D^{2}}}\right)=\frac{B_{r}}{\sigma}\left(1-\frac{\delta}{\sqrt{\delta^{2}+D^{2}}}\right) \tag{4-21}$$

式中　D——永磁体直径，或与圆柱永磁体截面相当的换算值，单位为m；

σ——漏磁系数。

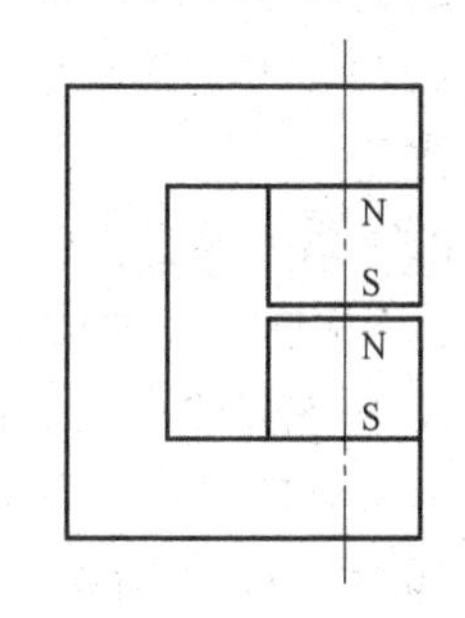

图4-18　两个永磁体不同性磁极都面对气隙时的气隙磁感应强度

等式右边之所以乘2是两个永磁体的不同性磁极同时面对气隙。

（2）矩形永磁体磁极串联时气隙磁感应强度

矩形永磁体的端面系数 K_m：永磁体的磁感应强度不是关于永磁体体积的函数，而是与矩形永磁体的极面积和两极面之间的距离 h_m 有关。当两极面积确定后，经实测得到表4-2。经多次对不同材质、不同牌号的永磁体的磁感应强度的实测，当矩形永磁体两极面积确定后，随着两极面之间的距离增加而磁感应强度增大。当两极面距离增加到与矩形永磁体的矩形极面的短边长度相等之后，再增加两极面之间的距离，永磁体的磁感应强度增加缓慢，最后又回落到两极面距离与矩形极面短边相等时的磁感应强度值。由此可以认定，矩形极面的矩形永磁体在两极面之间的距离 h_m 与矩形极面短边 a_m 相等时，为矩形永磁体最经济的形状。

表4-2　极面为 $a_m\times b_m$（$a_m<b_m$）矩形，两极面距离为 h_m 的矩形永磁体端面系数

h_m/a_m	0.1～0.2	0.2～0.4	0.4～0.6	0.6～0.8	0.8～0.9	1.0	1.1～1.2	1.2～1.4
K_m	0.5～0.6	0.6～0.7	0.7～0.8	0.8～0.9	0.9～0.95	1.0	1.10～1.06	1.06～1.02

当永磁体极面为 $a_m \times b_m$（$a_m < b_m$）的矩形，两极面之间的距离为 h_m 时，其气隙磁感应强度 B_δ（T）为

$$B_\delta = K_m \frac{B_r}{\pi\sigma} \arctan \frac{a_m b_m}{2\delta \sqrt{4\delta^2 + a_m^2 + b_m^2}} \tag{4-22}$$

式中 K_m——永磁体端面系数，见表4-4；

B_r——永磁体的剩磁，单位为T或Gs；

a_m——永磁体矩形磁面的短边长，单位为m；

b_m——永磁体矩形磁面的长边长，单位为m；

δ——气隙长度，单位为m；

σ——漏磁系数。

图4-19所示为两矩形极面永磁体的两个不同性磁极同时面对气隙并经磁导率很高的磁导体构成的永磁体串联磁回路，此时气隙磁感应强度 B_δ 为

$$B_\delta = K_m \frac{2B_r}{\pi\sigma} \arctan \frac{a_m b_m}{2\delta \sqrt{4\delta^2 + a_m^2 + b_m^2}} \tag{4-23}$$

因为两个矩形永磁体的不同性磁极同时面对气隙，故在式（4-22）的右端乘以2，表示2倍于单个永磁体的气隙磁感应强度。

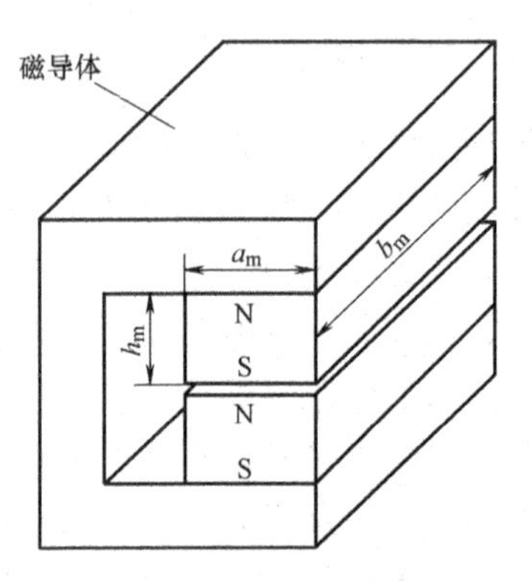

图4-19 两个矩形永磁体的两个不同性磁极都面对气隙时的气隙磁感应强度

漏磁系数的选取：径向布置的永磁体的漏磁系数 σ 在1.0～1.10选取，大功率选大值，磁路长选大值。

2. 永磁体磁极的切向布置（隐极式）的气隙磁感应强度

永磁发电机的永磁体磁极的切向布置是永磁体的并联磁路，如图4-15及图4-16所示。永磁发电机中的永磁体磁极并联，是两个永磁体的同性磁极将其磁通共同贡献给一个磁导率很高的磁导体构成的磁极——极靴。在永磁体的极面积为 $a_m b_m$（$a_m < b_m$），两极面之间的距离为 h_m 的情况下，尺寸相同、材质相同、磁综合性能相同的永磁体磁极并联，在不考虑退磁、温度等因素的情况下其气隙磁感应强度可用式（4-23）给出，即

$$B_\delta = K_m \frac{2B_r}{\pi\sigma} \arctan \frac{a_m b_m}{2\delta \sqrt{4\delta^2 + a_m^2 + b_m^2}}$$

式中 K_m——永磁体端面系数，按表4-4选取；

B_r——永磁体标定的剩磁，单位为T；

σ——漏磁系数，当有非磁性材料隔磁时，$\sigma = 1.4 \sim 1.6$；

δ——气隙长度，单位为m；

a_m——矩形永磁体矩形磁极短边长，单位为m；

b_m——矩形永磁体矩形磁极长边长，单位为m。

永磁体切向布置时，有非磁性材料隔磁的，漏磁系数 $\sigma = 1.4 \sim 1.6$；无非磁性材料隔磁的，$\sigma = 1.8 \sim 2.2$。

在公式右边乘以2，是因为两个永磁体的同性磁极共同将磁通贡献给极靴。

3. 永磁发电机中永磁体磁极气隙磁感应强度的确定

永磁体磁极的气隙磁感应强度受到发电机的电流大小，温升高低，永磁体的温度系数，永磁体的剩磁、矫顽力、磁能积，永磁体的形状、尺寸，永磁体的布置等多种因素的影响。因此，永磁发电机中永磁体磁极的气隙磁感应强度是一个很复杂的参数，但又是永磁发电机设计时必须确定的参数之一。

设计小功率的永磁发电机，对于永磁体磁极气隙的计算、确定还是比较容易的。因为小功率的永磁发电机的功率只有几千瓦、十几千瓦、几十千瓦，其电压几十伏，三相380V，电流也只有几安、十几安、几十安，只要有可靠的冷却，即使是几十安的交流电流，对永磁体的磁综合性能的影响也是有限的，永磁发电机会可靠地运行。

但对于中、大型永磁发电机，其功率几百千瓦、几兆瓦，电流几百安、甚至千安以上。在这种工况下，即使有可靠的冷却保持永磁体在不失磁的温度下运行，但几百安、甚至几千安的交流电流会对永磁体充磁、退磁起到很大作用。永磁发电机中的永磁体在这种工况下，永磁体的工作点会沿着退磁曲线下移很多且是反复地下移再恢复，永磁发电机功率会下降。这也是目前国内外中、大型永磁发电机共同存在的问题。

笔者经30余年对永磁体及永磁发电机的研究认为，对于中、大型永磁发电机应采取高电压、低电流的设计方案，它是解决中、大型永磁发电机功率下降的较好的措施，同时也会降低铜损耗。

为了更客观、实际地确定永磁发电机中永磁体磁极的气隙磁感应强度，经理论计算后决定了气隙磁感应强度、永磁体磁极的布置、永磁体的几何形状、永磁体的材质及牌号等之后，再按设计计算所确定的永磁体做几个样块，实际测量永磁体磁极的磁感应强度 B_m，检查设计计算的气隙与实际测得的磁感应强度相差多少，然后再对设计的某些参数进行修正，或对某些参数进行调整后再重新设计计算。

为更准确地确定气隙，应将永磁体的几个样块模拟设计的磁路做成实际磁路，实际测得永磁发电机磁极气隙磁感应强度。

由于永磁体的材质、形状的不同，其磁感应强度也不同，即使是同一材质、同一工艺制造，只要永磁体的几何形状不同，那么它们的磁感应强度也不同。永磁体只有在材料相同、制造工艺及充磁相同，并且几何形状相同的情况下才具有相似性。这是相似性的唯一充要条件。否则,永磁体不具有相似性，或者说，永磁发电机不像励磁发电机那样具有相似性。

计算举例

30极10kW 380V三相永磁发电机的永磁体磁极为径向布置，如图4-20所示。$b_p' = 13.6$mm，截面为梯形的永磁体，$a_m = 12$mm，$C_m = 15$mm，极面长 $b_m = 50$mm。永磁体为N45H，剩磁 $B_r = 1.3$T，气隙 $\delta = 0.8$mm。实测样块 C_m 面的磁感应强度为 $B_{mc} = 0.45$T，实测 a_m 面的磁感应强度为 $B_{ma} = 0.56$T。安装在槽内后的磁极的磁感应强度为 $B_m = 0.4963$T。3块 $b_m = 50$mm 拼接成 $L_{ef} = 150$mm 的磁极。

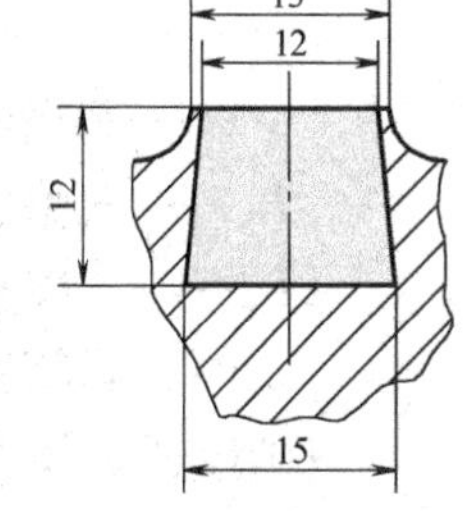

图4-20　径向布置的永磁体气隙磁感应强度与磁弧长度

按理论计算：

$h_m/a_m = 1$，查表4-2得 $K_m = 1$。

$$B_\delta = K_m \frac{B_r}{\pi\sigma}\arctan\frac{a_m b_m}{2\delta\sqrt{4\delta^2 + a_m^2 + b_m^2}}$$

$$B_\delta = 1 \times \frac{1.3}{\pi \times 1.10}\arctan\frac{12 \times 150}{2 \times 0.8\sqrt{4 \times 0.8^2 + 12^2 + 150^2}}$$

$$B_\delta = 0.54\text{T}$$

将计算极弧长度 $b_p' = 13.6\text{mm}$ 修改为 $b_p' = 13\text{mm}$，$\Delta = 0.5\text{mm}$，此时极弧的磁感强度 $B_m = 0.54\text{T} \times 12 \div 13 = 0.4985\text{T}$。

计算结果与实际测量的误差为0.44%。

第七节 永磁发电机的定子齿、定子轭磁感应强度

1. 永磁发电机定子齿磁感应强度 B_t

图4-21所示是永磁发电机的永磁体磁极径向布置，即永磁体磁极串联磁路。永磁体的一个磁极面对气隙，磁极的磁通穿过气隙进入定子齿。由于气隙很短，且定子齿硅钢片的磁导率要比定子槽口的空气及竹楔的磁导率大得多，当定子齿的磁感应强度未达到饱和之前，气隙磁感应强度会完全进入定子齿。

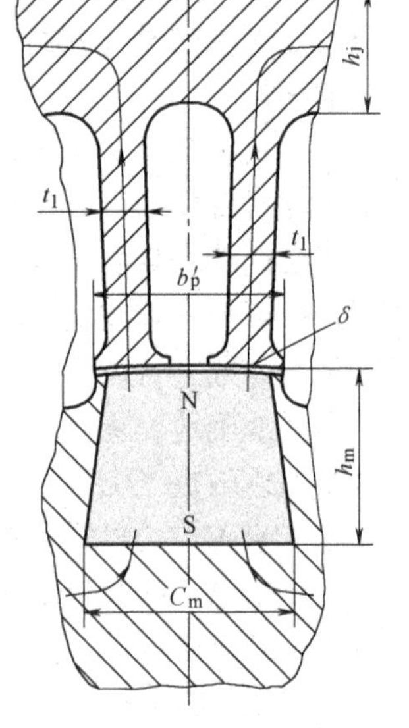

图4-21 等宽齿

永磁发电机为了起动，每极每相槽数 q 必须是分数，即 $q = b + \frac{c}{d}$。所以每极磁通 Φ 所通过的定子齿数为（$b+1$）。定子齿宽 t_1，定子计算长度 L_{ef}，则每极磁通进入定子齿的磁通 Φ_t（Wb）为

$$\Phi_t = B_t L_{ef}(b+1)t_1 \tag{4-24}$$

式中 B_t——定子齿磁感应强度，单位为T；

L_{ef}——定子计算长度，单位为m；

$(b+1)$——每极磁通通过的定子齿数；

t_1——定子齿宽，单位为m。

对应（$b+1$）t_1 定子齿的每极气隙磁通 Φ_δ（Wb）为

$$\Phi_\delta = B_\delta L_{ef} b_p' \tag{4-25}$$

式中 Φ_δ——每极气隙磁通，单位为Wb；

B_δ——气隙磁感应强度，单位为T；

L_{ef}——气隙轴向计算长度，单位为m；

b_p'——计算极弧长度，单位为m。

气隙磁通全部进入定子齿，则

$$\Phi_\delta = \Phi_t$$

即

$$B_\delta L_{ef} b_p' = B_t L_{ef}(b+1)t_1 \tag{4-26}$$

式中 $L_{ef}b_p' = S_\delta$，S_δ 为每极磁通通过的气隙面积；

L_{ef}（$b+1$）$t_1 = S_t$，S_t 为每极气隙磁通所通过的定子齿的面积。

则
$$B_t = \frac{B_\delta S_\delta}{S_t} \tag{4-27}$$

由式（4-26）也可直接求得定子齿磁感应强度 B_t（T）为

$$B_t = \frac{B_\delta b_p'}{(b+1)t_1} \tag{4-28}$$

t_1 为定子齿宽，在等齿宽的定子槽中，t_1 各处相等；对于不等齿宽的定子齿计算齿宽，常规计算取“距齿宽最狭窄部分$\frac{1}{3}$齿高处”的齿宽为计算齿宽。

由于永磁体磁极的磁感应强度只有其标定的剩磁的 32% ~38%，因此，设计齿宽时应不使齿的磁感应强度达到 1.6T 为好，超过 1.6T 应修正，使齿磁感应强度在 1.6T 以内。

2. 永磁发电机定子轭磁感应强度 B_j

定子轭在一般的情况下，磁感应强度不会达到饱和。主要原因是定子轭必须具有一定的高度以保证定子的刚度。图 4-21 中的 h_j 即为定子轭的高度。定子齿的磁通全部经过定子轭。定子的计算长度为 L_{ef}，则定子轭的磁通 Φ_j（Wb）为

$$\Phi_j = B_j L_{ef} h_j \tag{4-29}$$

通过定子齿的磁通 Φ_t 为

$$\Phi_t = B_t L_{ef}(b+1)t_1 \tag{4-30}$$

由此得

$$\Phi_j = \Phi_t = \Phi_\delta$$
$$B_j L_{ef} h_j = B_t L_{ef}(b+1)t_1 = B_\delta L_{ef} b_p' \tag{4-31}$$

故

$$B_j = \frac{B_t(b+1)t_1}{h_j} = \frac{B_\delta b_p'}{h_j} \tag{4-32}$$

式中　B_j——定子轭磁感应强度，单位为 T；

h_j——定子轭高，单位为 m；

$L_{ef}h_j$——定子轭通过磁通的面积，单位为 m^2。

定子轭的轭高主要还是以定子铁心的刚度为主，因中、大功率的永磁发电机定子铁心有几吨、甚至十几吨重，设计时应考虑定子铁心在机壳有足够刚度的情况下装入机壳不变形或变形不严重，不致影响永磁发电机的正常运转。

当决定了定子轭高 h_j 后，再按式（4-32）进行定子轭磁感应强度 B_j 的计算。当定子轭磁感应强度 $B_j \geqslant 1.6$T 时，应增加定子轭高 h_j。这实在是因为永磁体的磁感应强度不够大，不能因定子轭达到磁饱和而使有效功率受到损失。

第五章　永磁发电机的额定数据、功率和主要尺寸的确定

永磁发电机与常规励磁发电机有很大的不同。永磁发电机有其独特的、与常规励磁发电机不同的性质及不同的参数和尺寸。

永磁发电机的磁极是由永磁体构成的，而励磁发电机的磁极是由励磁绕组通入直流电或交流电形成的。永磁发电机的永磁体磁极的磁通基本上是不变的，而励磁发电机可以通过改变励磁电流来改变磁极的磁通，因而永磁发电机不能用改变磁极磁通来调整输出功率，而励磁发电机可以通过改变励磁电流的方法改变磁极的磁通来调整输出功率。

永磁发电机的每极每相槽数 q 必须是分数才能正常起动。如果极数少，q 为整数槽，起动十分困难。如果极数多，q 为整数槽，甚至达到无法起动的程度。而励磁发电机每极每相槽数 q 既可以为分数槽，也可以为整数槽，即使 q 为整数槽，也不存在无法起动的情况，因为励磁是在起动后逐渐建立起来的。

永磁发电机由于没有励磁绕组因而节省了励磁能量，因此不但效率比励磁发电机高，而且由于没有励磁绕组，其铜损、铁损也比常规励磁发电机低。进而温升也比常规励磁发电机低。

永磁发电机可以做到多极低转速。比如定子外径 327mm，定子内径 230mm 可以做到 30 极；定子外径 1430mm，定子内径 1250mm 可以做到 60 极，这是常规励磁发电机所做不到的。

常规励磁发电机的尺寸比 $\lambda = L_{ef}/\tau = 4$ 已经很大了，而永磁发电机，特别是多极低转速永磁发电机的尺寸比可以达到 12，这又是常规励磁发电机所达不到的。

永磁发电机的特殊性，形成了其独有的性能参数和结构尺寸。但是，永磁发电机和励磁发电机都是发电机，所以有些参数又是相同的。

第一节　永磁发电机的技术条件和额定数据

永磁发电机是将机械能转换成电能的设备。当设计永磁发电机时，应给定永磁发电机的相关数据并根据永磁发电机的用途和运行工况，再根据国内外永磁发电机通用技术条件或相关标准，制定本产品的技术条件、冷却方式、绝缘耐热等级、防护等级等。

1. 给定数据（额定数据）**及性能指标**

1）永磁发电机的额定功率 P_N（kW）；

2）永磁发电机的额定电压 U_N（V）；

3）永磁发电机的同步（或额定）转速 n_N（r/min）；

4）永磁发电机的同步（或额定）频率 f（Hz）；

5）永磁发电机的相数 m；

6）永磁发电机的额定电流 I_N（A）；

7）永磁发电机的功率因数 $\cos\varphi$；

8）永磁发电机的效率 η。

2. 确定永磁发电机的技术条件、用途及运行工况

1）要根据永磁发电机的用途和运行工况以及国内外与永磁发电机相关的通用技术条件或相关标准制定所设计的永磁发电机的技术条件、冷却方式、永磁发电机允许的最高温升、工作制式、绝缘耐热等级、防护等级等。如果用于风力发电机，还要考虑避雷绝缘等。

2）如果设计的是多极低转速中、大功率的永磁发电机，与国内风电机组配套，并且有增速器相匹配，其额定频率为50Hz。如果设计的永磁发电机是为了与国外的风电机组配套，其额定频率有时是60Hz。

3）如果设计的是72极以上的中、大功率永磁发电机，与直驱式风电机组配套，永磁发电机为低频发电机。

4）如果设计的永磁发电机与小水轮机配套，其电流频率为50Hz。

永磁发电机的主要性能指标及额定数据，其中额定数据是先给定的，而有的性能指标是在设计中计算出来的。永磁发电机的额定数据及性能指标对永磁发电机设计是十分重要的。要根据国内外最先进的技术，选择最有科学性、经济性最好的指标，并在设计中采用工艺先进且易取的新材料，达到安全、可靠、使用寿命长，生产和使用成本低的目的。

3. 永磁发电机额定数据的计算

1）永磁发电机额定功率 P_N（kW）由下式（5-1）求得：

$$P_N=\sqrt{3}U_NI_N\cos\varphi\times10^{-3} \tag{5-1}$$

式中　P_N——永磁发电机的额定功率，单位为kW；

U_N——永磁发电机电压，通常不特殊说明均为星形联结的线电压，单位为V；

I_N——永磁发电机额定电流，单位为A；

$\cos\varphi$——永磁发电机额定功率因数，设计时根据相关技术条件给出。

2）永磁发电机的额定转速 n_N（r/min）为

$$n_N=\frac{60f}{p} \tag{5-2}$$

3）永磁发电机的额定频率 f（Hz）为

$$f=\frac{pn_N}{60} \tag{5-3}$$

4）永磁发电机的额定电流 I_N（A）为

$$I_N=\frac{P_N\times10^{-3}}{\sqrt{3}U_N\cos\varphi} \tag{5-4}$$

5）永磁发电机相数 m 为给定数据。

6）永磁发电机的功率因数 $\cos\varphi$ 为给定数据，设计时再计算得出。

7）永磁发电机的效率 η 为给定值，设计后应计算是否达到给定值。

8）永磁发电机额定电压 U_N 为给定值，作为设计计算时的依据。

9）永磁发电机的极数 $2p$ 为

$$2p=\frac{120f}{n_N} \tag{5-5}$$

第二节 初步确定永磁发电机的主要尺寸

确定永磁发电机的主要尺寸就是确定永磁发电机的定子内径 D_{i1} 和定子铁心的有效长度 L_{ef}。决定主要尺寸时要考虑到永磁发电机的经济性和运行性，即主要尺寸影响着永磁发电机的材料消耗、制造工艺、成本，以及发电机的效率、功率因数、起动转矩等。

1. 初步确定永磁发电机定子铁心内径 D_{i1} 及外径 D_1

1）计算永磁发电机电流 I_N（A）为

$$I_N = \frac{P_N \times 10^{-3}}{\sqrt{3} U_N \cos\varphi} \tag{5-6}$$

2）初选定子铁心内径 D_{i1}，计算每相串联导体数及每槽导体数。参考相近极数、功率的永磁发电机的定子内径，初选永磁发电机的定子铁心内径 D_{i1}。同时根据永磁发电机的极数和功率初选线负荷 A。轴向强迫风冷的永磁发电机线负荷 $A = 300 \sim 600\text{A/cm}$；轴向和径向同时强迫风冷的永磁发电机的线负荷 $A = 400 \sim 650\text{A/cm}$。定子内径大、功率大选大值；功率小选小值。

$$A = \frac{mNI_N}{\pi D_{i1}} \tag{5-7}$$

$$N = \frac{A\pi D_{i1}}{mI_N}$$

式中 N——永磁发电机每相串联导体数；

D_{i1}——初选定子内径，单位为 cm；

A——初选永磁发电机线负荷，单位为 A/cm。

每槽导体数 N_S 由下式（5-8）计算：

$$N = \frac{N_S Z}{ma} \tag{5-8}$$

$$N_S = \frac{Nma}{Z}$$

式中 N_S——每槽导体数；

a——并联支路数；

Z——定子槽数。

3）初选每极每相槽数 q，确定定子槽数 Z。永磁发电机每极每相槽数 q 必须是分数，否则难以起动。

$$q = b + \frac{c}{d} \tag{5-9}$$

式中 b——槽的整数部分；

c/d——槽的分数部分，当 $d = 2p$ 时，c 越小则起动越容易。

永磁发电机定子槽数由下式（5-10）求得：

$$q = \frac{Z}{2pm} \tag{5-10}$$

$$Z = 2pmq$$

4）确定永磁发电机电流密度j_a。由于目前即使是磁综合性能最好的永磁体，其磁感应强度B_m也只有0.5T左右，永磁发电机电流密度的经验值为$j_a = 3 \sim 4.5 \text{A/mm}^2$，在最理想的情况下，$j_a$才能达到$4.5\text{A/mm}^2$。

5）计算每根导线的截面积及定子槽面积。计算每根导线的截面积是它的裸铜线的截面积，不是每根漆包线的截面积。圆铜漆包线和扁铜漆包线见表7-1及附录A中表A-1。

$$S_d = \frac{I_N}{anj_a} \tag{5-11}$$

式中　S_d——每根铜裸导线的截面积，单位为mm^2；

I_N——永磁发电机电流，单位为A；

j_a——永磁发电机电流密度，单位为A/mm^2；

n——并绕导线根数，单位为根。由于每个导体电流太大，不用很大截面积的铜导线，而用多根导线的导电截面与其相等的多根导线并绕；

a——绕组并联支路数，当每个导体电流很大时对永磁体的工作点影响大，可以通过采取几路并联减小电流。

圆裸铜线单根截面积S_d的最大外径d或扁铜漆包线的ab的截面积S_d'（mm^2）。

对于圆铜漆包线，当每槽导体数为N_S时，每槽容纳的导体数的面积S_L（mm^2）为

$$S_L = nN_S d^2 \tag{5-12}$$

定子槽面积S去掉绝缘面积S_1和槽楔面积S_2之后，剩下的面积S_{ef}称为有效面积。槽满率是每槽可容纳绝缘导体的面积S_L与槽的有效面积之比，它是用来表示槽内允许填充绝缘导线程度的。槽满率S_f由下式给出：

$$S_f = \frac{S_L}{S_{ef}} \times 100\% \tag{5-13}$$

槽满率通常应控制在75%～80%。

求出定子槽的有效面积S_{ef}（mm^2）为

$$S_{ef} = \frac{S_L}{S_f} \tag{5-14}$$

定子槽面积S（mm^2）可由下式求得：

$$S = S_{ef} + S_1 + S_2 \tag{5-15}$$

6）计算定子齿距，确定定子齿宽及定子槽高。定子齿距t由下式计算：

$$t = \pi D_{i1}/Z \tag{5-16}$$

式中　t——定子齿距，即定子齿之间的距离，单位为mm；

D_{i1}——定子内径，单位为mm。

图5-1所示为等齿宽的梨形定子槽的齿距t、定子齿宽t_1、定子槽及定子轭高的计算图。

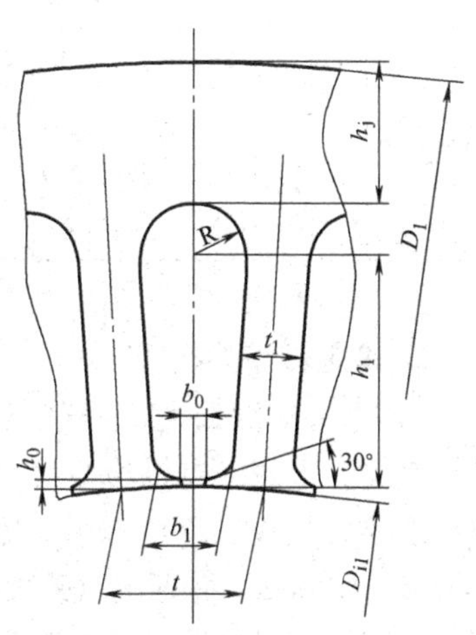

图5-1　等齿宽的梨形定子槽结构尺寸计算

在一个定子齿距内包含一个定子槽和一个定子齿，初选定子内径是否合适，主要判断在定子齿距内能否有合适

的定子槽能嵌入每槽导体数 N_S 个导体及在这个定子齿距内的定子齿是否有足够的齿宽传导气隙磁感应强度而不饱和。

$$b_1 = (0.55 \sim 0.65)t \tag{5-17}$$

式中　b_1——定子内径的定子槽弧长，单位为mm。

图5-1所示是等定子齿宽的梨形槽，其定子齿宽 t_1(mm) 为

$$t_1 = t - b_1$$

由式（5-15）计算的定子槽面积 $S(\mathrm{mm}^2)$ 应为

$$S = \frac{1}{2}(b_1 + 2R)h_1 + \frac{\pi R^2}{2} - \left[b_1 h_0 + \frac{(b_1 - b_0)^2}{4}\tan 30°\right] \tag{5-18}$$

如果计算的结果不能满足 $t = (t_1 + b_1)$，应重新确定定子铁心内径 D_{i1}，使其满足槽面积 S 及定子齿宽 t_1，即重新确定定子齿距 t（mm）。

$$t = b_1 + t_1$$

因为 $t = \pi D_{i1}/Z$，故定子内径 D_{i1}(mm) 为

$$D_{i1} = \frac{Zt}{\pi} \tag{5-19}$$

7）定子轭高 h_j(mm) 按下式计算：

$$h_j = (b+2)t_1 \sim (b+3)t_1 \tag{5-20}$$

式中　b——每极每相槽数（$q = b + c/d$）中的整数部分。

8）确定定子外径 D_1。通过式（5-18）算出定子槽深 h（mm）为

$$h = h_1 + R$$

定子铁心外径 D_1(mm) 为

$$D_1 = D_{i1} + 2(h + h_j) \tag{5-21}$$

根据我国常用电机定子外径尺寸，初步确定定子铁心外径 D_1。表5-1所示是我国常用交流电机定子铁心外径尺寸，采用常用定子铁心外径尺寸，其一是有利于标准化；其二是节省模具费用，降低制造成本。

表5-1　我国常用交流电机定子铁心外径尺寸

机座号	1	2	3	4	5	6	7	8	9	10	11	12	13	14	15	16	17	18	19	20	21	22
定子外径/mm	120	130 145	155 167 175	210	245	248 260 290	327	368	400 423 445	520 560	590	650	740	850	900	1180	1430	1730	2150	2600	3250	4250

2. 确定转子外径 D_2

1）选择气隙长度 δ。气隙长度 δ 与定子铁心直径 D_{i1}、定子长度 L_t 及定子轴的材料、工艺等有关。永磁发电机功率大，定子内径大，定子也长，整个转子有几吨甚至十几吨重，气隙长度要大一些。而功率小、极数少、定子短的永磁发电机的气隙长度可以小一些。通常 $\delta = 0.5 \sim 1.5\mathrm{mm}$。兆瓦级永磁发电机气隙长度 δ 也可以选择 $\delta = 1.5 \sim 2.5\mathrm{mm}$。

气隙长度影响着空载电流及永磁发电机的功率及功率因数，原则上应尽量小些为宜。但又不能太小，太小会影响机械可靠性以及影响永磁发电机的起动性，还会使附加损耗增大，

使磁噪声增大。因此，永磁发电机的气隙长度要合理地选择。

2）确定转子外径 D_2（mm）为

$$D_2 = D_{i1} - 2\delta \tag{5-22}$$

3. 确定定子有效长度

1）计算极距 τ 为

$$\tau = \pi D_2/2p \tag{5-23}$$

式中 τ——永磁发电机极距，单位为 mm。

2）确定永磁发电机的尺寸比 λ 并计算定子有效长度 L_{ef}。永磁发电机的尺寸比 λ 是表示其结构特性的一个参数。λ 的大小直接影响着永磁发电机的运行性能、冷却方式、制造工艺及制造成本等。λ 可由下式给出：

$$\lambda = \frac{L_{ef}}{\tau} \tag{5-24}$$

式中 λ 值可按表 5-2 选取。极数多、功率大的选大值，反之选小值。

表 5-2 永磁发电机尺寸比 λ 值

极数 $2p$	2～8 极	8～20 极	20～30 极	30～60 极	60～84 极
尺寸比 λ	2～4	4～6	6～8	8～12	>12

λ 值选取合适，会使永磁发电机直径和长度匹配恰当，使永磁发电机重量较轻，绕组利用率高，单位功率消耗材料少，制造成本较低。

在永磁发电机中，随着永磁发电机极数的增加，其 λ 也增加。

当永磁发电机转子直径 D_2 不变时，增加 λ 值就是增加定子铁心有效长度 L_{ef}，增加 L_{ef} 会增加永磁发电机功率。在发电机端盖等尺寸不变的情况下，增加 λ 值而增加功率，相对提高了绕组的利用率及材料的利用率，发电机效率也会有所提高。

但 λ 又不能取值太大，λ 太大会使永磁发电机变得细长，使冷却困难，使零件加工困难，下线也增加了难度，使机械可靠性变差。

因此，选择 λ 值要合适，不宜过大，也不宜过小。选择过小，会使永磁发电机直径大而变得短粗。λ 值小，虽然有利于冷却，但材料利用率会降低。

λ 值选择的原则是：兼顾各参数，温升要保证，省铜又节铁，机械要可靠，转动惯量合要求。

λ 值选取后，可计算出定子有效长度（亦称计算长度）L_{ef}（mm）为

$$L_{ef} = \lambda\tau \tag{5-25}$$

第三节 永磁发电机定子槽形和永磁体磁极的设计

1. 永磁发电机定子槽形的设计

永磁发电机的定子绕组就嵌放在定子槽内，定子槽对于不同极数、不同功率的永磁发电机有所不同。常用的永磁发电机定子槽形有四种。如图 5-2a～d 所示，它们分别为梨形槽、梯形槽、半开口槽和开口槽。前两种槽又称半闭口槽，由于这两种槽的定子齿是等宽的，亦称等齿宽槽。后两种定子槽的槽宽相等，又称等宽槽，等宽槽定子槽的定子齿宽不等，故又

称不等齿宽槽。

（1）等齿宽定子槽形的设计

等齿宽定子槽的槽口 b_0 一般取 b_1 的1/2。h_0 一般取0.8～1.0mm，对于大功率 h_0 常取1.0～1.2mm。α 角通常取30°。h 为定子槽深，常取 $h=(3.5\sim5.5)b_1$，$b_1=(0.55\sim0.65)t$。b_1 为定子内径的槽宽圆弧长，t 为定子齿距。

在图5-2b和图5-2c中，槽底应为 $R=3\sim5$mm 圆角，使冲头寿命增长并使绕组的绝缘不会被破坏。

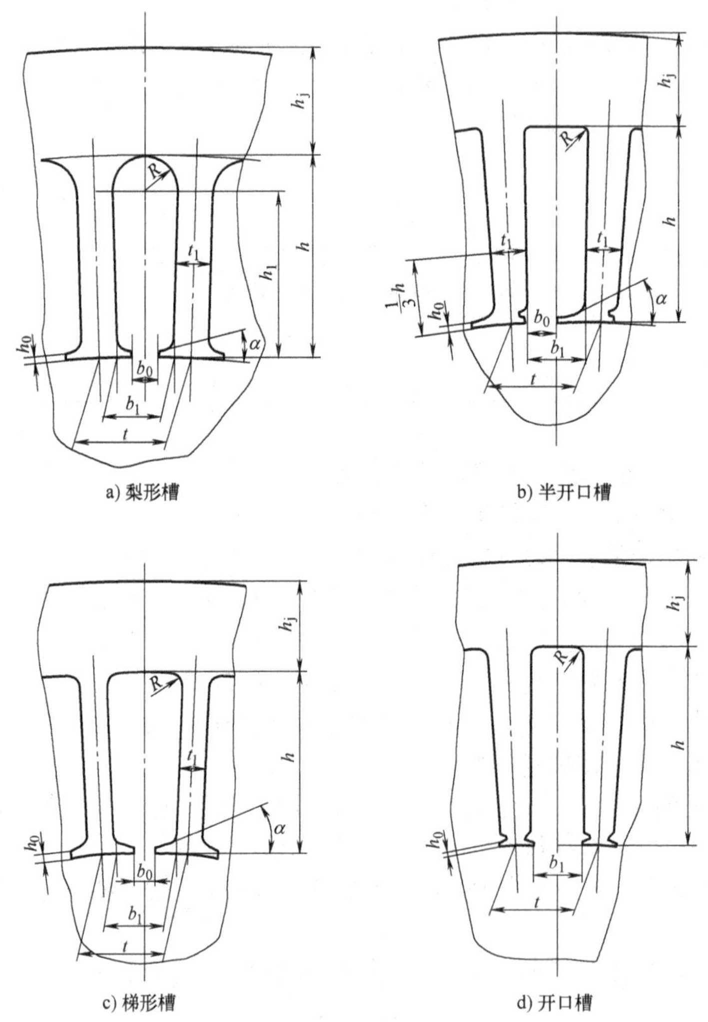

图5-2　常用的永磁发电机定子槽形

等齿宽定子槽的定子轭高 h_j 为

$$h_j=(b+2)t_1\sim(b+3)t_1 \tag{5-26}$$

式中　b——$q=b+\dfrac{c}{d}$中的 b。

（2）开口槽和半开口槽

开口槽和半开口槽为等宽槽。定子槽等宽则定子齿不等宽，定子齿从槽口向槽底逐渐增宽，不利于齿部磁感应强度导通，同时槽口宽，漏磁也大，还会增大气隙磁感应强度的谐波分量。为了减小漏磁，往往采用磁性槽楔来减少漏磁。虽然漏磁减少了，但会增大谐波分量。

开口槽和半开口槽适用于大功率永磁发电机的扁铜线绕组。绕组事先绕好，并经绝缘处理，下线时整匝线圈从槽口嵌入槽内。设计时根据绕组形式计算好槽内放几匝。由于扁铜线截面大，在趋肤效应的作用下，使扁铜线的涡流损耗及环流损耗比多根圆铜线大得多。为了减少涡流损耗及环流损耗，线圈在端部要扭转换位，由于扁铜线截面较大又是多根并绕，因而绕组在端部扭转换位困难。

永磁发电机的定子槽宜采用梨形槽或梯形槽，因为这两种定子槽的定子齿是等宽齿，所以漏磁少、谐波分量小。每个导体可以采用多根圆铜漆包线并绕，减少趋肤效应带来的涡流损耗和环流损耗，同时还会减少铁心表面损耗和定子齿内的脉振损耗，使永磁发电机的功率因数得以改善。采用多根圆铜漆包线绕组又容易实现绕组端部扭转换位。

中、大功率的永磁发电机绕组的每个导体往往是由几十根圆铜漆包线并绕，圆铜漆包线直径不宜超过1.60mm，否则嵌线困难。一般情况下可用直径1.0～1.5mm圆铜漆包线。

2. 永磁发电机的永磁体磁极的设计

在永磁发电机中，永磁体磁极的布置有两种形式，一种是永磁体磁极的径向布置；另一种是永磁体磁极的切向布置。详见第四章第五节中“永磁发电机中永磁体磁极形状及永磁体固定形式”。在图4-13中的永磁体磁极径向布置及图4-15中的永磁体磁极切向布置，都应求出计算极弧长度b_p'。

当气隙磁感应强度为正弦分布时，极弧系数a_p'通常取$a_p'=2/\pi=0.6366$，一般情况极弧系数可取$a_p'=0.55\sim0.75$。计算极弧长度为

$$b_p' \doteq \widehat{b_p'} = a_p'\tau \tag{5-27}$$

式中　$\widehat{b_p'}$——实际极弧长度，计算极弧长度可视为实际极弧长度，单位为mm。

当计算极弧长度b_p'确定后就可以设计永磁体的形状、尺寸及固定形式。

第四节　永磁发电机的主要参数

永磁发电机的气隙磁感应强度B_δ和线负荷A是永磁发电机的重要参数，它们与永磁发电机的功率、运行参数和性能密切相关。

1. 永磁发电机的气隙磁感应强度B_δ

永磁发电机与常规励磁发电机的不同点之一是永磁发电机的磁极是由永磁体构成的，磁极的磁感应强度基本上是不变的。而常规励磁发电机的磁极的磁感应强度是由励磁绕组通以直流电或交流电形成的，是可以通过改变励磁电流而改变的。

欲使永磁体气隙磁感应强度B_δ大，首先要选择磁综合性能好的，特别是剩磁B_r大、矫顽力高、温度系数小的永磁体做磁极。其次要对径向布置的永磁体磁极及切向布置的永磁体的极靴采取聚磁形状。但目前已经产品化的永磁体的最大磁感应强度B_m也只有0.5T左右。

1）径向布置的永磁体气隙磁感应强度B_δ（T）由下式求得：

$$B_\delta = K_m \frac{B_r}{\pi\sigma}\arctan\frac{a_m b_m}{2\delta\sqrt{4\delta^2 + a_m^2 + b_m^2}} \tag{5-28}$$

详见第四章第六节中“永磁体磁极径向布置（面极式）的气隙磁感应强度”。

2）切向布置的永磁体极靴气隙磁感应强度 B_δ 为

$$B_\delta = K_m \frac{2B_r}{\pi\sigma} \arctan \frac{a_m b_m}{2\delta\sqrt{4\delta^2 + a_m^2 + b_m^2}} \tag{5-29}$$

详见第四章第六节中“永磁体磁极切向布置（隐极式）的气隙磁感应强度”。

2. 线负荷 A

永磁发电机的线负荷 A 表示定子内径 D_{i1} 沿其圆周单位长度上的安培导体数。当永磁发电机功率和极数一定时，永磁发电机的主要尺寸取决于 B_δ 和 A。由于永磁发电机的气隙磁感应强度 B_δ 基本上不变，那么线负荷 A 大则永磁发电机的尺寸就小，因而重量较轻，相对成本也较低。线负荷 A（A/cm）表示为

$$A = \frac{mNI_N}{\pi D_{i1}} \tag{5-30}$$

式中　m——永磁发电机的相数；

N——永磁发电机的每相串联导体数；

I_N——永磁发电机电流，单位为 A；

D_{i1}——永磁发电机定子内径，单位为 cm。

从式（5-30）可以看到，当永磁发电机功率、极数确定后，增加线负荷 A，可以减小永磁发电机的体积，因而减少发电机的铁、钢耗量，但必须增加每相串联导体数 N 或增加绕组电流 I_N。增加 N 会增加发电机的铜耗量，增加 I_N 会增加发电机的铜损耗，两者都会增加永磁发电机的温升。相反，减小线负荷 A，在串联导体数 N 和绕组电流 I_N 不变的情况下，只能增大定子内径 D_{i1}。增大定子内径 D_{i1}，永磁发电机体积增大，铁、钢耗量增大，铁心的铁损增大，永磁发电机的重量增大，但会相对减少铜耗量。

对永磁发电机线负荷 A 的选取要适当，不可顾此失彼。

3. 永磁发电机的利用系数 C

永磁发电机的利用系数是指永磁发电机有效部分的单位体积、单位同步转速情况下的计算功率——视在功率。利用系数 C（kVA · min/m³）由下式给出：

$$C = \frac{S \times 10^{-3}}{D_{i1}^2 L_{ef} n_N} \doteq 0.116 K_{dp} A B_\delta \times 10^{-3} \tag{5-31}$$

式中　S——计算功率，亦为视在功率，单位为 kVA；

D_{i1}——定子内径，单位为 m；

L_{ef}——定子计算长度，亦称定子有效长度，单位为 m；

K_{dp}——绕组系数，见第六章；

A——永磁发电机线负荷，单位为 A/m；

B_δ——永磁发电机气隙磁感应强度，单位为 T；

n_N——永磁发电机同步转速，单位为 r/min。

利用系数也是永磁发电机设计的一个重要的比较指标，它代表了设计的永磁发电机的材料利用程度。从式（5-31）可以看到，当 S 不变，欲使 C 增大，其一是减小定子有效长度 L_{ef}，当 L_{ef} 减小时，使发电机缩短；其二是减小定子内径 D_{i1}，使发电机直径变小。不论是减

小定子有效长度 L_{ef}，还是减小定子内径 D_{i1}，都会使永磁发电机体积变小。但欲使永磁发电机计算功率不变而体积减小，应增加气隙磁感应强度 B_δ 或线负荷 A。增加线负荷 A 意味着增加电流 I_N 或永磁发电机每相串联导体数 N。永磁发电机的利用系数与冷却方式有关，表5-3所示是永磁发电机的利用系数。

表5-3　永磁发电机的利用系数

冷却方式	轴向通风冷却永磁发电机转子和定子			轴向和径向通风冷却定子和转子		
功率范围/kW	10~100	100~500	500~1000	100~500	500~1000	1000~3000
利用系数 C	2.5~5	3.5~6	5~8	4~6	5~8	>8

4. 永磁发电机的发热系数 A_j

在永磁发电机设计中，对其发热有一个衡量参数，称作发热系数，它是永磁发电机的线负荷 A 与电流密度 j_a 的乘积。由下式表示：

$$A_j = Aj_a \tag{5-32}$$

式中　A——永磁发电机线负荷，单位为A/cm或A/m；

j_a——永磁发电机电流密度，单位为 A/mm^2。

由于永磁发电机的气隙磁感应强度只有0.5T左右，电流密度经验值为 $j_a = 3 \sim 4.5 A/mm^2$。发热系数与永磁发电机的冷却有关：轴向冷却的，$A_j = 1500 \sim 2500 A/cm \cdot A/mm^2$；轴向和径向冷却的，$A_j = 2000 \sim 4000 A/cm \cdot A/mm^2$。

永磁发电机设计计算后，也可利用线负荷 A、利用系数 C 及发热系数 A_j 来验证设计数据是否合适。

在永磁发电机设计中，几乎所有的参数都是相关联的，牵一发而动全身。在设计中可能需要多次调整参数，最终才能得到满意的结果。

5. 定子齿与定子轭的磁感应强度

对于定子铁心及转子铁心材料选定后，根据已确定的定子槽对定子齿和定子轭磁感应强度进行计算，当定子齿或定子轭磁感应强度超过1.6T时，应重新设计定子齿和定子轭，并重新确定定子内径、外径及有效长度。

1）定子齿磁感应强度为

$$B_\delta S_\delta = B_t S_t \tag{5-33}$$

$$B_t = \frac{B_\delta S_\delta}{S_t}$$

$$B_t = \frac{B_\delta b_p'}{(b+1)t_1} \tag{5-34}$$

式中　B_δ——永磁发电机气隙磁感应强度，单位为T；

S_t——每极定子齿导磁面积，单位为 m^2 或 mm^2，$S_t = (b+1)t_1 L_{ef}$，b 为每极每相槽数 $q = b + \frac{c}{d}$ 的整数部分；

S_δ——气隙面积，单位为 m^2 或 mm^2，$S_\delta = b_p' L_{ef}$；

L_{ef}——定子有效长度，单位为m或mm；

b_p'——极弧长度，单位为m或mm；

t_1——定子齿宽，单位为 m 或 mm。

2）定子轭磁感应强度为

$$B_\delta S_\delta = B_t S_t = B_j S_j$$

$$B_j = \frac{B_t(b+1)t_1}{h_j} = \frac{B_\delta b_p'}{h_j} \tag{5-35}$$

式中 B_j——定子轭磁感应强度，单位为 T；

S_j——定子轭导磁面积，单位为 m^2 或 mm^2，$S_j = h_j L_{ef}$；

h_j——定子轭高，单位为 m 或 mm。

第五节 永磁发电机的功率

在永磁发电机设计中，在确定了定子铁心内径 D_{i1}、定子铁心外径 D_1、定子计算长度 L_{ef}、定子槽尺寸及定子齿尺寸等主要尺寸和气隙磁感应强度 B_δ 和线负荷 A 等主要参数之后，应对永磁发电机功率进行计算。

1. 永磁发电机的每极磁通 Φ

永磁发电机的每极磁通与永磁发电机的相电势、功率密切相关。每极磁通 Φ（Wb）由下式计算：

$$\Phi = B_\delta a_p' \tau L_{ef} \tag{5-36}$$

式中 B_δ——气隙磁感应强度，单位为 T；

a_p'——极弧系数，当气隙磁感应强度为正弦分布时，$a_p' = \frac{2}{\pi} = 0.637$；

τ——极距，单位为 m；

L_{ef}——定子计算长度，亦称定子有效长度，单位为 m。

永磁发电机的每极磁通 Φ 随着气隙磁感应强度 B_δ、极距 τ 及定子计算长度 L_{ef}的增加而增加。永磁发电机气隙磁感应强度 B_δ 不变，要增加每极磁通就必须增加极距 τ 或定子计算长度 L_{ef}。当永磁发电机的极数 $2p$ 确定后，要增加每极磁通只有增加定子有效长度。这在永磁发电机直径不变的情况下形成不同长度、不同功率的系列永磁发电机。

由极距 $\tau = \pi D_{i1}/2p$ 可以知道，增加极距 τ 在永磁发电机极数确定后就要增加定子铁心内径 D_{i1}，这使永磁发电机变粗，在 B_δ 和 L_{ef}不变的情况下会增加绕组的耗量及铁和钢的耗量。

2. 永磁发电机的相电势

永磁发电机的相电势 E(V) 由下式求得

$$E = 4K_{Nm} f N K_{dp} \Phi \tag{5-37}$$

式中 K_{Nm}——气隙磁场波形系数，是气隙磁场的有效值与平均值的比。在通常情况下，气隙磁场的波形系数决定了永磁发电机电势的波形，也称永磁发电机电势波形系数。当气隙磁场波形为正弦波时，波形系数 $K_{Nm} = 1.11$。由于永磁体磁极气隙磁场强度在设计时不会让铁心磁感应强度达到饱和，永磁发电机电势波形不会发生非正弦波形；

f——永磁发电机的额定频率，单位为 Hz；

N——永磁发电机每相串联导体数，单位为匝，一匝即为一个导体，一个导体可由若干根导线组成；

K_{dp}——永磁发电机的基波绕组系数，它是与每极每相槽数 q 及槽距角和绕组节距等相关的系数，详见第六章第一节，初选时，双层短节距可取 $K_{dp}=0.96\sim0.98$，单层大节距可取 $K_{dp}=0.92\sim0.96$；

Φ——永磁发电机每极磁通，单位为 Wb。

从式（5-37）中可以看到，当气隙磁场波形系数 K_{Nm}、绕组系数 K_{dp} 及每极磁通 Φ 确定后，增加每相串联导体数 N 会增加相电势 E。

3. 永磁发电机的计算功率

永磁发电机的计算功率 S(kVA) 由下式给出：

$$S=mEI\times10^{-3} \tag{5-38}$$

式中　S——永磁发电机计算功率，单位为 kVA；

m——永磁发电机相数；

E——永磁发电机绕组相电势，单位为 V。永磁同步发电机空载的相端电压 U_o 等于空载相电势 E_o，它是由转子永磁体主磁通 Φ 产生的。当永磁发电机任载后，每相端电压 U_E 可以看成是考虑了电枢反应磁通和漏磁通之后的合成磁通产生的电动势再减去绕组电阻电压降之后得到的。即

$$\dot{U}_E=\dot{E}_o-\dot{E}_d-R_a\dot{I}_E=\dot{E}_o-jX_d\dot{I}_E-R_a\dot{I}_E$$

式中　$\dot{U}_E$——永磁发电机任载后的相端电压，单位为 V；

$\dot{I}_E$——永磁发电机相电流，单位为 A，在星形联结中，相电流 $\dot{I}_E$ 与线电流 I_N 相等，即 $\dot{I}_E=I_N$，但线电压 $U_N=\sqrt{3}\dot{U}_E$。在永磁同步发电机中，不特殊说明的都是星形联结，当特殊说明是三角形联结时，相电流 $\dot{I}_E=\sqrt{3}I_N$，而相电压 $\dot{U}_E=U_N$；

X_d——永磁发电机的同步电抗，同步电抗电压降 $jX_d\dot{I}_E$ 比电流 $\dot{I}$ 超前 90°，同步电抗由电枢反应电抗 X_a 和漏电抗 X_σ 组成；

R_a——定子绕组的直流电阻，单位为 Ω，设计计算时应分别计算 20℃时的电阻及 75℃时的电阻的电压降。

由以上分析，得到永磁发电机的计算功率为

当永磁发电机为三相且为星形联结时

$$S=\sqrt{3}U_NI_N\times10^{-3} \tag{5-39}$$

当永磁发电机为三角形联结时

$$S=3U_EI_E\times10^{-3} \tag{5-40}$$

通常希望每相端电压 U_E 与空载相电势 E_o 之差越小越好，从空载到额定电压的变动程度称为电压变化率 K_E，即

$$K_E=\frac{E_o-U_E}{U_E}\times100\% \tag{5-41}$$

4. 永磁发电机的额定功率 P_N

永磁发电机的额定功率表示为

$$P_N=\sqrt{3}U_NI_N\cos\varphi$$

永磁发电机的额定功率是随负载的性质所变化的。$\cos\varphi$ 称作功率因数，它是相电流与相电压之间的相量角度 φ 的余弦函数。

图5-3a所示是永磁发电机负载为感性时相电压与相电流的相量图。当负载为感性时，相电流滞后于相电压一个角度 φ，φ 角越大，则功率因数越低，空载电动势 E_o 与端电压 U_E 之间的差值也越大，它反映了感性负载电枢反应的去磁作用。而图5-3c是容性负载，电流超前相电压一个角度 φ，φ 角越大，空载电动势 E_o 比端电压 U_E 小，表现出容性负载的电枢反应的增磁作用。图5-3b所示是阻性负载，相电流与相电势同相，功率因数角 $\varphi=0$，端电压比相电势小。

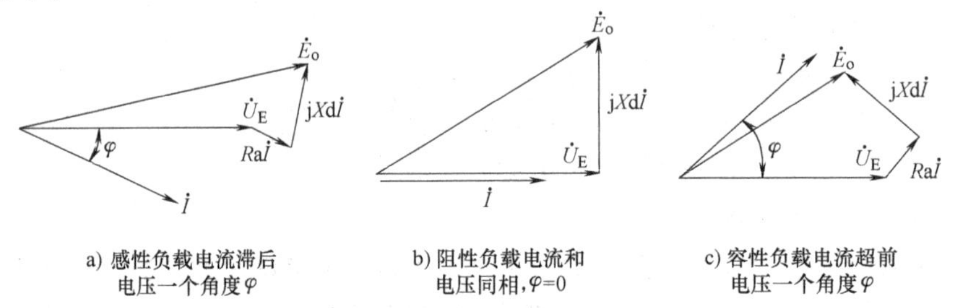

图5-3　永磁发电机功率因数角 φ

5. 永磁发电机的功率因数及其外特性

永磁发电机有功功率与其计算功率即视在功率的比值称作永磁发电机的功率因数。永磁发电机的功率因数是由于载荷的性质不同，使永磁发电机的相电流滞后或超前相电势引起的。永磁发电机的功率因数由下式表示

$$\cos\varphi=\frac{P_N}{S} \tag{5-42}$$

式中　P_N——永磁发电机的额定功率，单位为kW；

S——永磁发电机的计算功率，亦称视在功率，单位为kVA。

永磁发电机的功率因数比常规励磁交流发电机的功率因数大，外特性较硬。功率因数是一个小于或等于1的数。永磁发电机的功率因数不是恒定的，视负载的性质而不同。图5-4所示是永磁发电机外特性曲线图。当负载为阻性时，永磁发电机的相电流与相电压同相，其功率因数 $\cos\varphi=1$。由于绕组的内电阻随着发电机电流的增加而内压降增加，因此相电压随着电流的增加有所下降。当负载为感性时，相电流滞后相电压，功率因数 $\cos\varphi<1$，输出电压下降。当负载为容性时，相电流超前相电压，功率因数 $\cos\varphi<1$，永磁发电机的输出电压有所升高。

图5-5所示为永磁发电机空载特性曲线。由于永磁发电机的磁极是永磁体，其形成的气隙磁感应强度基本上是不变的，所以空载时相电压随着转速的提高而增加。

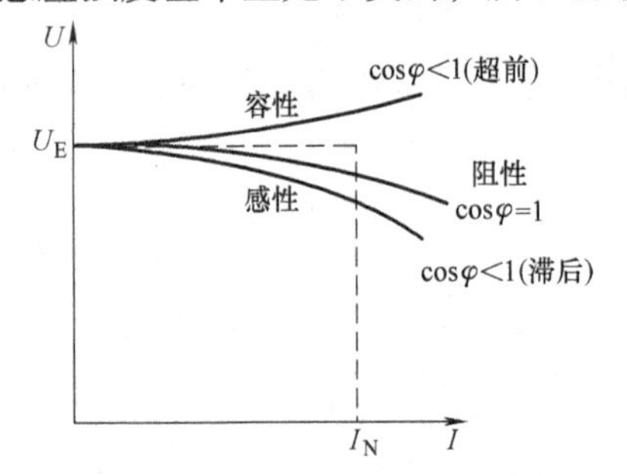

图5-4　永磁发电机外特性曲线

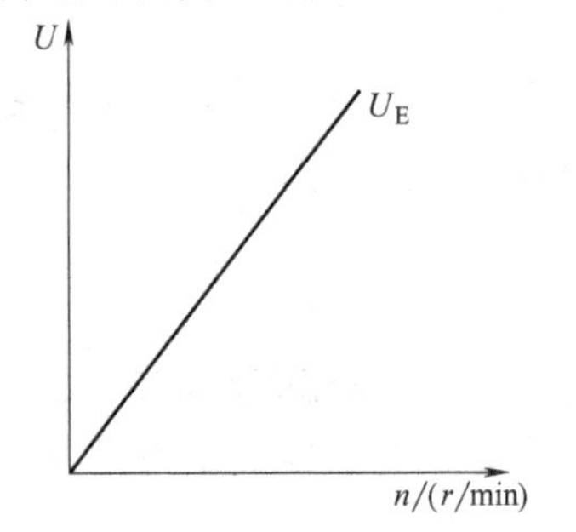

图5-5　永磁发电机空载特性曲线

6. 永磁发电机的功角特性

永磁发电机在运行时，是转子永磁体磁极拖着定子磁极同步旋转，磁极间是靠磁通紧密联系着的。磁极异性相吸，磁通自动寻找阻力最小的最短途径通过。图 5-6 所示是永磁同步发电机转子磁极与定子磁极任意负载时的功角特性曲线。定子磁极和转子磁极中心线之间的夹角就是永磁发电机的功角 θ，如图 5-7 所示。发电机输出的功率越大，其转矩也越大，也就是原动机输出的功率越大，则功角 θ 就越大；反之，磁通就缩短，永磁发电机功角 θ 也减小。当功角 θ 为 90°时是永磁发电机稳定运行的极限值，当功角超过 90°时，转子磁极拉不住定子磁极，永磁发电机发生失步。通常永磁发电机稳定运行时，功角与 90°极限值相差很远。当功角超过 40°之后，再增加功角时，发电机功率增加很小。永磁发电机输出功率达到额定功率时的功角一般不超过 20° ~30°。

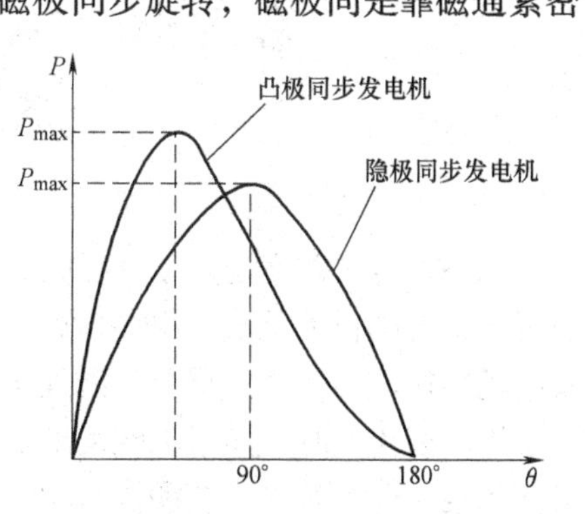

图 5-6 永磁同步发电机功角特性曲线

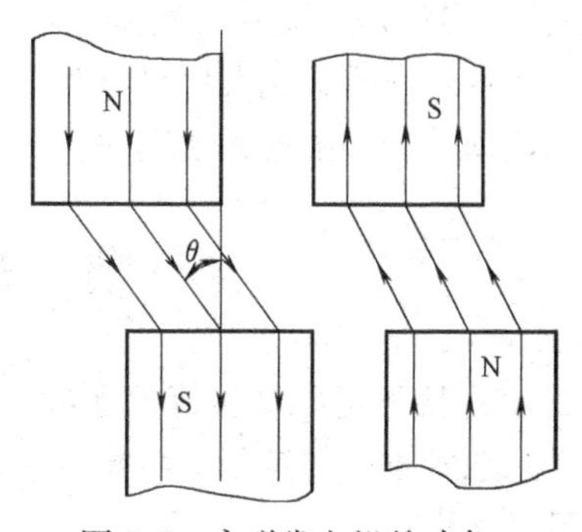

图 5-7 永磁发电机的功角

永磁发电机的最大电磁功率 P_{max} 与额定功率 P_N 的比值称作发电机的过载能力。永磁发电机的过载能力一般为 1.7 ~3.0。

7. 选择定子和转子铁心

应按第四章第一节“永磁体及磁导体的选择”中的磁导体及本书附录中的磁导体选择定子和转子硅钢片。

当永磁发电机功率很大且极数又多时，转子可以采用硅钢或低碳钢铸造或焊接成型而后经过时效处理后再加工。

第六章　永磁发电机的定子槽数、绕组及起动转矩

永磁发电机的额定功率、极数、相数确定后，定子槽数取决于每极每相槽数 q。q 的大小对永磁发电机的参数、附加损耗、温升、绝缘、起动、材料消耗等都有影响。应根据永磁发电机的极数、使用工况及永磁发电机的特点，合理、科学地选择 q 值。

当 q 值较大时，如果永磁发电机的极数较多，势必会使发电机的外径增大。但 q 值大，又使每槽导体数减少，使漏抗减少。q 值大，槽数多，又使槽漏抗增大，但槽数增多，使每槽导体数减少，又有利于绕组散热。q 值大，会使定子谐波磁场减小，使附加损耗降低，但 q 值大，槽数多，绝缘材料多，加工、下线工时增加，槽利用率降低，材料利用率降低。

与常规励磁交流发电机不同，永磁发电机的每极每相槽数 q 不能为整数，必须为分数，否则起动困难，甚至无法起动。

第一节　永磁发电机定子槽数的选择

1. 永磁发电机每极每相槽数

永磁发电机的定子槽数是由永磁发电机的极数 $2p$ 和每极每相槽数 q 决定的。定子槽数 z 由下式给出：

$$z = 2pmq \tag{6-1}$$

式中　m——相数；

$2p$——永磁发电机极数；

q——每极每相槽数。

例：500kW 60 极三相永磁同步交流发电机，选择每极每相槽数 $q = 2\frac{2}{60}$槽，求定子槽数 z。

$$z = 2pmq = \left(60 \times 2\frac{2}{60} \times 3\right)\text{槽}$$
$$= 366\text{ 槽}$$

计算出定子槽数 z 后，再根据已设计的定子槽宽 b_1 和定子齿宽 t_1 决定定子齿距 t，计算出定子内径。

$$t = b_1 + t_1,\quad t = \frac{\pi D_{i1}}{z},\quad D_{i1} = \frac{zt}{\pi}$$

2. 确定永磁发电机定子绕组的原则及绕组系数

（1）永磁发电机绕组宜布置成同相双层绕组

由于绕组在定子槽内至永磁体磁极的距离不同，切割每极磁通量不同，因而在槽内不同位置的绕组线圈产生的电势也不同，所以在绕组导体内产生涡流，使电流在导体截面上分布

不均匀。绕组导体中的电流从定子槽底向定子槽口逐渐增加，并使导体中心电流趋向导体表面，这种现象称作电流的趋肤效应。这种效应就相当于绕组导体有效截面减小了。绕组线圈导体中产生涡流使绕组又产生附加涡流损耗，致使发电机的效率会降低，温升会提高。

解决绕组线圈导体的趋肤效应的措施是：绕组的每个导体采用多根漆包铜线并绕以增加每个导体的绕组线圈的表面积，并减少导体中的涡流损耗。

即使每个导体采用多根导线并绕的绕组线圈，由于线圈中的导体在定子槽的位置不同，产生的电势也不同。接近定子槽口的绕组电势高，电流大；而定子槽底的绕组电势比接近槽口的绕组电势低且绕组电流也比接近定子槽口的绕组电流小，因此，电流在绕组中会形成环流。绕组中有环流就会造成环流损耗。

为了避免或减少绕组的环流损耗，最好的措施是采用同相双层绕组在绕组端部扭转换位。所谓绕组端部扭转换位，就是同一线圈的一个线圈边在槽底，而另一个线圈边在槽口，这样，使同一线圈的电势趋于均匀，可以避免或减少绕组的环流损耗。

永磁发电机宜采用同相双层绕组的原因，其一是双层易于实现绕组端部扭转换位；其二是同相线间电位差小，不用加相间绝缘。

图 6-1a 所示是同相双层绕组端部扭转换位示意图。

单层绕组也必须在绕组端部扭转换位，即使是扁铜线绕组也必须在绕组端部扭转换位，尽管扁铜线截面大，端部扭转换位困难，但为了减少绕组的环流损耗必须在绕组端部扭转换位。扁铜线绕组通常事先把绕组绕好，并在端部扭转换位后经绝缘处理后整套线圈分成几段以便容易嵌入定子槽内。

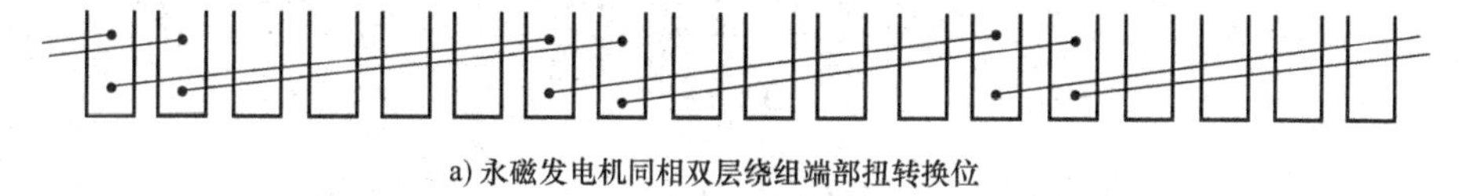

a) 永磁发电机同相双层绕组端部扭转换位

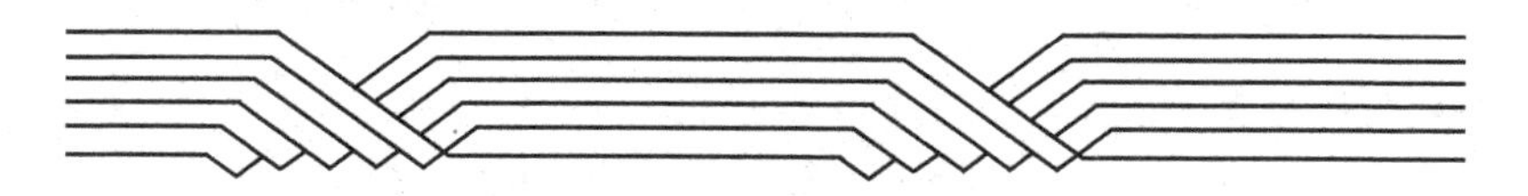

b) 永磁发电机单层绕组端部扭转换位

图 6-1 永磁发电机同相双层绕组、单层绕组端部扭转换位示意图

图 6-1b 所示是单层绕组端部扭转换位示意图。

采用同相双层绕组除可以避免或减少绕组的涡流损耗和环流损耗外，还容易实现短节距，使基波绕组系数达到最大值。

(2) 永磁发电机的绕组系数

永磁发电机宜采用双层短节距绕组。短节距可以使绕组端部连线短，不仅节省用铜量，同时还会降低绕组的铜损耗及附加损耗。

采取短节距绕组会使绕组的基波绕组系数取得较大值，从而能提高永磁发电机的相电势，即能提高永磁发电机功率。

永磁发电机的基波绕组系数由下式求得

$$K_{dp} = K_d K_p \tag{6-2}$$

式中　K_d——绕组分布系数；

K_p——绕组短距系数。

绕组分布系数 K_d 为

$$K_d=\frac{\sin\frac{\alpha}{2}q}{q\sin\frac{\alpha}{2}} \tag{6-3}$$

式中　α——用电角度表示的槽距角，单位为（°），其表达式为

$$\alpha=\frac{2p\pi}{z} \tag{6-4}$$

绕组短节距系数 K_p 由下式求得

$$K_p=\sin\frac{\beta\pi}{2} \tag{6-5}$$

式中，$\beta=y/mq$，y 为绕组节距。

基波绕组系数计算举例：500kW 60 极三相永磁发电机，同相双层绕组，节距 $y=5$，每极每相槽数 $q=2\frac{2}{60}$，求基波绕组系数。

1）求绕组短节距系数 K_p

$$K_p=\sin\frac{\beta\pi}{2}$$

$$\beta=\frac{y}{mq}=\frac{5}{3\times\frac{122}{60}}=\frac{100}{122}$$

$$K_p=\sin\frac{\beta\pi}{2}=\sin\frac{100/122\times180^\circ}{2}=0.96\qquad(\pi=180^\circ)$$

2）求绕组分布系数 K_d

$$K_d=\frac{\sin\frac{\alpha}{2}q}{q\sin\frac{\alpha}{2}}=\frac{\sin\frac{\frac{2p\pi}{z}}{2}\times\frac{122}{60}}{\frac{122}{60}\sin\frac{2p\pi/z}{2}}=\frac{\sin\frac{\frac{60\times\pi}{3\times122}}{2}\times\frac{122}{60}}{\frac{122}{60}\sin\frac{\frac{60\times180^\circ}{122\times3}}{2}}=\frac{0.5}{0.5178}$$

$$K_d=0.9656$$

3）求基波绕组系数 K_{dp}

$$K_{dp}=K_dK_p=0.9656\times0.96=0.927$$

4）基波绕组系数对永磁发电机某些参数的影响

基波绕组系数 K_{dp} 的大小是由槽距角 α、每极每相槽数 q 和绕组节距 y 来决定的。q 值大、节距 y 大都会使基波绕组系数小。从公式 $E=4\times K_{Nm}fNK_{dp}\Phi$ 中可以看到，当 K_{Nm}、f、N 及 Φ 确定后，K_{dp} 大会使永磁发电机相电势增加，相电势增加会使功率增加。从这点上说，希望基波绕组系数大。欲使基波绕组系数 K_{dp} 大，就必须减小每极每相槽数 q 和节距 y。q 值大、节距 y 大不仅会降低 K_{dp} 的值，还会增加绕组端部的连线长度，从而增加铜耗量，

还会增加铜损耗，增加发电机温升及附加损耗，永磁发电机宜采用双层短节距绕组而不宜采取单层大节距绕组的原因也在于此。

从 $q = z/2pm$ 也可以看到，当永磁发电机极数 $2p$ 和相数 m 确定后，q 值大又势必使定子齿数增加。当定子槽面积和定子齿宽确定后，定子齿的增加会增大发电机直径，从而增加发电机体积及重量，增加永磁发电机的制造成本。尤其是多极永磁发电机，在槽面积和定子齿宽确定后应尽量选取小的 q 值及采用短节距以减小永磁发电机重量，从而降低制造成本、提高永磁发电机功率并降低温升。

第二节　永磁发电机绕组形式的选择

永磁发电机绕组与常规励磁发电机绕组有很多不同，更不同于交流电动机绕组。这是因为永磁发电机的磁极是永磁体，有它自己独特的性质。因此，不能用常规励磁发电机的理念更不能用交流电动机的理念去指导永磁发电机绕组的设计。

1. 有关绕组的几个概念

（1）永磁发电机的机械角

永磁发电机的定子和转子都是圆柱体，从圆的中心把定子和转子分成360°的几何角度，这样划分的角度称作永磁发电机的机械角。永磁发电机定子每槽的机械角 β（°）为

$$\beta = \frac{360°}{z} \tag{6-6}$$

（2）永磁发电机的电角度

从磁场来看，一对磁极便是一个交变周期。把永磁体的一对磁极，即一个 N 极永磁体磁极和一个 S 极永磁体磁极所对应机械角度定为360°电角度。永磁发电机有 p 对极，则电角度 θ（°）为

$$\theta = p360° \tag{6-7}$$

永磁发电机定子的圆周和转子外圆周都是360°机械角。不论永磁发电机的极数 $2p$ 是多少，它的一个极对应的电角度为180°，一对极对应的电角度为360°。图6-2所示为机械角度与电角度的关系。

定子每个槽所对应的电角度 θ'（°）为

$$\theta' = \frac{\theta}{z} = \frac{p360°}{z} \tag{6-8}$$

（3）绕组节距

一个线圈的两个有效边之间所跨越的定子槽数称作绕组节距，用 y 来表示。

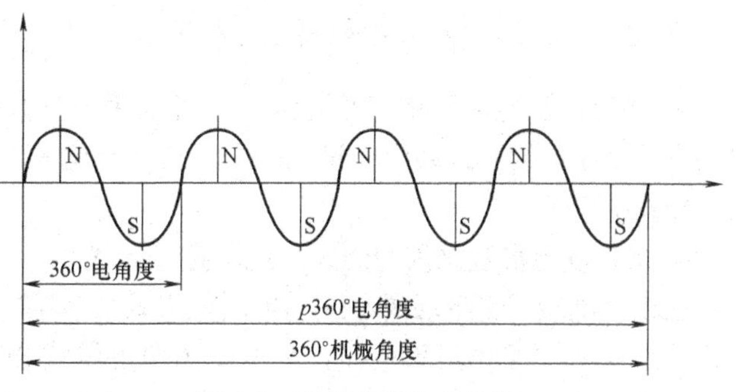

图6-2　机械角度与电角度

节距 y 越大，线圈跨越的定子槽数越多，则绕组端部连接导线越长，耗铜越多，附加损耗大，铜损耗也大，不仅会降低发电机的效率，还会使发电机的温升提

高，增大了发电机冷却难度。在永磁发电机绕组的设计中，力求用短节距绕组。短节距绕组耗铜少，附加损耗小，比长节距的效率高、温升低。

（4）相带

用电角度或定子槽数来表示的每相绕组在每个永磁体磁面下所占的宽度，称作永磁发电机的相带。

在定子铁心内圆均布 z 个槽，在极数为 $2p$ 的永磁体磁极的正弦波磁场的作用下，每槽内的线圈感应电动势相量的时间相位依次间隔的电角度 α（°）为

$$\alpha = \frac{2p180°}{z} \tag{6-9}$$

对于三相永磁发电机，对不同极数，可把槽电势相量分为 3、6、12 等分，每个等分内有 q 个槽电势相量，它们连续占有的空间电角度就是相带。相带的宽度为

$$\theta' = \alpha q \qquad q = z/2pm \tag{6-10}$$

（5）单层和双层绕组

单层绕组就是每一个定子槽只放一个绕组线圈边，每个绕组有两个线圈边，一个绕组占两个槽，线圈的数量是槽数的一半。

双层绕组是每一个定子槽内放两个线圈边，一个在上，一个在下，双层绕组的线圈数与定子槽数相等。

永磁发电机双层绕组最好是同相且同一槽两个绕圈边的电流方向相同。

图 6-3 所示是三相 57 槽 18 极同相双层短节距绕组的相带及电流图。将电流流出纸面的方向用⊙表示，将电流流入纸面的方向用⊕表示。57 槽 18 极的电角度为

$$\theta = p360° = 9 \times 360°$$

$$\theta = 3240°$$

其相带为

$$\theta' = \frac{\theta}{2pm} = \frac{3240°}{54}$$

$$\theta' = 60°$$

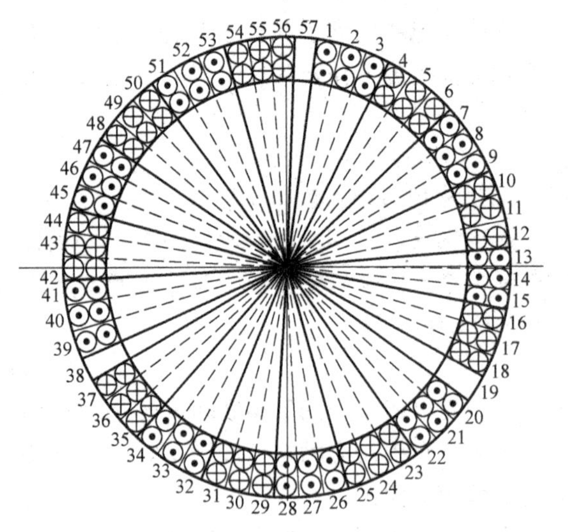

图 6-3 三相 57 槽 18 极同相双层短节距绕组相带分布及电流图

57 槽 18 极三相永磁发电机每极每相槽数 $q = 1\frac{1}{18}$。

60°相带广泛地应用在三相绕组中，可以用于整数槽、分数槽，可接成单层、双层、单双层及叠绕组、同心式绕组、链式绕组、交叉绕组等形式，适合于大、中、小容量的各种三相永磁发电机。

2. 永磁发电机宜采用的绕组形式和连接方式

三相交流绕组有单层同心式、单层交叉式、单层链式、双层叠绕式、双层波绕式等多种形式。图 6-4a（见书后彩色插页）所示为单层链式绕组的 8 极 48 槽 $q=2$ 的三相绕组；图 6-4b（见书后彩色插页）所示为 8 极 48 槽 $q=2$ 的三相单层同心式绕组。它们虽然绕组形式

不同，但它们的效果相同、相带相同。

永磁发电机由于磁极是不变的，不能像常规三相电机那样每极每相槽数 q 既可以是整数，也可以是分数，而它的 q 必须是分数，否则难于起动。永磁发电机宜于采用同相双层或同相双单层短节距绕组。

图 6-5a（见书后彩色插页）所示是永磁发电机 18 极 57 槽 $q=1\frac{1}{18}$的同相双层链式绕组。图 6-5b（见书后彩色插页）所示是永磁发电机 18 极 114 槽 $q=2\frac{2}{18}$的同相双单层链式绕组。根据功率和电流情况，并联支路数可以是 $a=1$、3、6 等，也可以 $a=2$、4、8 等，视发电机情况而合理选择。

图 6-5a、b 都是永磁发电机常用的双层短节距绕组。永磁发电机往往是多极低转速，对其绕组进行科学、合理地选择非常重要。笔者经多年对永磁发电机的研究认为，多极永磁发电机宜采用同相双层短节距绕组，它是永磁发电机绕组最佳方案之一。

短节距绕组可以改善旋转磁场的波形，使其更接近正弦波，更好地改善发电机的性能。同时短节距绕组端部连线短，不仅节省铜导线的消耗，还能降低发电机的附加损耗及铜损、降低温升、提高发电机效率，还能改善发电机的运行环境，提高功率。

同相双层短节距绕组，除具有上述短节距绕组的优点之外，双层同相短节距绕组还具有如下优点：其一是双层绕组便于绕组端部扭转换位，避免或减少绕组中电流环流损耗；其二是没有异相双层短距绕组所必须有的槽内相间绝缘，从而提高了定子槽的利用率；其三是同相双层短节距绕组不会出现同一槽上、下两层不同相的不同方向产生电流，从而避免出现这种情况而造成的一部分电流短路、相电势下降及铜损耗。

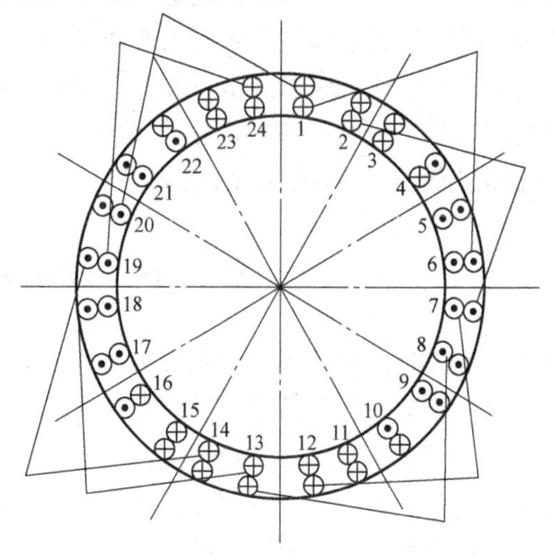

图 6-6　4 极 24 槽异相双层短节距交流电动机电流图（从图中可以看到第 4、10、16、22 槽共 4 个槽内的上、下异相绕组线圈电流方向相反）

图 6-6 所示为 4 极交流电动机异相双层短节距绕组电流图，从电流图中可以看到有 4 个槽在槽内上、下层异相绕组的线圈中的电流方向相反。在交流电动机里的异相双层绕组中会出现这种情况。在电动机里，这 4 个槽没有为旋转磁场出力，或者说它们没有为电动机输出功率出力。因为在同一槽内上、下两层线圈电流方向相反，这个槽没有磁场，从而电动机功率有所下降，在交流电动机里，这种情况尚允许存在。

在永磁发电机里，不允许存在同一定子槽内上下两层绕组线圈电流方向相反的情况，如果发生这种情况，那么将会发生：

1）在同一定子槽内的一个线圈边与其同属一个线圈的另一个边的电势相反，电流相对，造成永磁发电机相电势减小，同时又造成这个线圈的电流短路，又使发电机电流减小；

2）由于电流短路，又使绕组的铜损耗增加；

3）由于铜损耗增加，又会使发电机温升提高，破坏了发电机温升与冷却的平衡，使发电机运行条件恶劣；

4）使发电机效率下降。

双层短节距绕组的优点其四是基波绕组系数 K_{dp} 能达到最大值，接近 1，使永磁发电机电流和电压波形达到正弦波波形，使永磁发电机功率增加，外特性更硬。

永磁发电机的绕组设计，还要考虑采用什么形式的定子槽形及什么规格的铜导线。从减小趋肤效应的涡流损失来看，宜采用多根圆漆包铜线并绕而尽量不采用扁铜线，因为扁铜线截面大，趋肤效应的涡流损耗大，且端部不易扭转换位，同时适用于扁铜线的开口槽或半开口槽漏磁也大。

永磁发电机绕组的设计还应考虑绕组的电阻，应尽量减小绕组的电阻。减小绕组的电阻就是减小永磁发电机的内压降，因为绕组电阻越大则永磁发电机内压降越大，会影响发电机的输出功率。如果绕组电阻大，当负载加大时，就等于外电阻减小、电流增大，电流增大使发电机内压降增大，发电机温升提高，输出功率减小。

在永磁发电机的各种损耗中，绕组的铜损耗最大，几乎达到发电机各种损耗总和的 90% 以上。发电机的铜损耗主要取决于绕组的电阻和电流，且与电流的二次方成正比。为了减小永磁发电机的铜损耗，应适当考虑提高电压及合理地选择并联支路数。同时考虑绕组电流对永磁体的退磁作用，永磁发电机绕组电流也不宜过大。

永磁发电机绕组形式多种多样，绕组接线也多种多样。通常永磁发电机不特殊标明的均为星形（Y）联结，有特殊标明的有三角形（△）联结，△-Y混合联结用符号△来表示，Y-△混合联结，用符号A来表示。

第三节　永磁发电机的起动转矩

永磁体磁极会自动寻找磁导率最高、磁路最短的物体作为其磁通通过的路径。

当永磁发电机的转子上镶嵌永磁体磁极之后，由于转子轴两端安装了轴承，转子可以自由转动，在这种情况下，转子上的永磁体磁极会自动地找到与其相对应的定子齿。当永磁体磁极没有完全对准定子齿而与其有一定角度时，永磁体磁极会拉动转子转动，直到永磁体磁极完全对准其相对应的定子齿为止，甚至达到永磁体磁极径向中心线对准其相应的定子齿的径向中心线。如果永磁发电机的每极每相槽数为整数，则每个镶嵌在转子上的永磁体磁极都会一一对应吸引其相对应的定子齿，如果永磁发电机极数少，则起动十分困难，如果永磁发电机极数多，则无法起动。这就是永磁发电机每极每相槽数必须是分数槽的原因。

1. 永磁发电机每极每相槽数 q 的选择对起动转矩的影响

永磁发电机每极每相槽数 $q=z/2pm$，由于 q 为分数，常写成 $q=b+\dfrac{c}{d}$ 的形式，其中 b 为整数部分，c/d 为分数部分。令 $e/2p=c/d$，则

$$q=b+\frac{e}{2p} \tag{6-11}$$

式中　b——每极每相槽数的整数部分；

$e/2p$——分数部分。

$e/2p$ 有其十分重要的意义，它的意义在于每相有 e 个永磁体磁极完全对准其所应对准的定子槽数，三相共有 $3e$ 个永磁体磁极对准其应对准的定子槽数，其余的永磁体磁极都对称地偏离它们应对准的定子齿，它们对定子齿的吸引力在转子圆周上的切线方向的合力为零。

例如 30 极的每极每相槽数 $q=2\frac{1}{15}=2\frac{2}{30}$，说明每相有 2 个永磁体磁极完全对准其所应对准的定子齿，三相共有 6 个永磁体磁极互成 60°均匀地分布在转子的圆周上吸引着其应完全对应的定子齿，其余 24 个永磁体磁极都对称地偏离它们应该对应的定子齿。当相差一定角度时，永磁体磁极会拉动转子转动去对准它们应对准的定子齿，也就是永磁体磁极会自动寻找路径最短且磁导率最高的物体作为其磁通的通路。

多极永磁发电机 $3e$ 不超过 6，起动并不困难。当 $3e$ 超过 9 时永磁发电机起动就困难了。

永磁发电机转子磁极完全对准其应对准的定子齿数的磁极数 n 由下式求得：

$$n=me \tag{6-12}$$

2. 永磁发电机起动转矩的计算

永磁发电机的转子磁极通过气隙吸引定子齿，如图 6-7 所示。永磁体磁极对定子齿的吸引力 F_m(N) 由下式计算：

$$F_m=\frac{B_\delta^2}{2\mu_0}S_m \tag{6-13}$$

式中　B_δ——气隙磁感应强度，单位为 T；

μ_0——真空绝对磁导率，$\mu_0=4\pi\times10^{-7}$H/m；

S_m——永磁体磁极面积，单位为 m²。

永磁体磁极面积 S_m(m²) 由下式求出：

$$S_m=\widehat{b_p}'L_{ef} \tag{6-14}$$

式中　$\widehat{b_p}'$——永磁体磁弧长度，单位为 m；

L_{ef}——磁极长度，单位为 m。

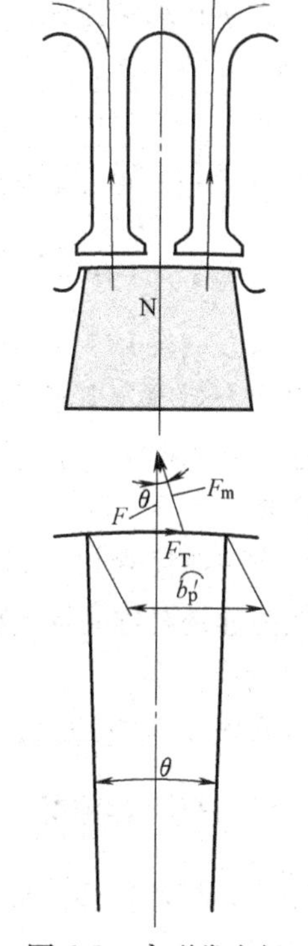

图 6-7　永磁发电机起动转矩受力分析

当永磁发电机未起动前，永磁体磁极对准了其应对准的定子齿。当永磁发电机起动时，转子转动，主磁吸引力 F_m 与永磁体径向成角度 θ。转子转动离开其原来对准的定子齿越远则 θ 角越大，而 F_m 在转子圆周上的切向力 F_T 便是转子转动的阻力。从永磁发电机功角特性得知，当 $\theta=90°$时 $F_m=F$。用极弧长度 $\widehat{b_p}'$ 所对应的圆弧角度 θ 来表示转子转过的角。θ 角（°）由下式计算：

$$\theta=\frac{360°}{\pi D_2}\widehat{b_p}' \tag{6-15}$$

式中　D_2——转子外径，单位为 m。

从图 6-7 可以看到，阻碍转子转动的力 F_T(N) 为

$$F_T = T_m \sin\theta = \frac{B_\delta^2 S_m}{2\mu_0}\sin\theta \tag{6-16}$$

当有 me 个磁极完全对准其应对准的定子槽时

$$F_T = meF_m \sin\theta = me\frac{B_\delta^2}{2\mu_0}S_m \sin\theta \tag{6-17}$$

现在求出 θ 角为

$$\theta = \frac{360°}{\pi D_2}\widehat{b_p'}$$

$$\pi D_2 = 2p\tau，而\widehat{b_p'} = (0.55 \sim 0.75)\tau$$

$$故\ \theta = \frac{360°}{2p\tau}(0.55 \sim 0.75)\tau$$

式中 τ——永磁发电机极距，单位为 m。

由此，求得永磁发电机起动转矩 M_T（N · m）为

$$\begin{aligned} M_T &= \frac{D_2}{2}F_T \\ &= \frac{D_2}{2}me\frac{B_\delta^2}{2\mu_0}S_m \sin\theta \\ &= \frac{meD_2}{2}\frac{B_\delta^2}{2\mu_0}S_m \sin\left[\frac{360°}{2p}\times(0.55 \sim 0.75)\right] \end{aligned} \tag{6-18}$$

为使起动转矩留有裕度，将（0.55 ~ 0.75）取 1，则

$$M_T = \frac{meD_2}{2}\frac{B_\delta^2}{2\mu_0}S_m \sin\left(\frac{360°}{2p}\right) \tag{6-19}$$

式中 m——永磁发电机相数；

e——永磁发电机每极每相槽数 $q = b + c/d$ 中的 $c/d = \frac{e}{2p}$ 中的分子 e。

从式（6-19）可以知道，e 越大，则起动转矩越大。在永磁发电机中，只有 me 个转子磁极完全对准了它们应当对准的定子槽，它们在转子圆周上切向方向的分力 F_T 所形成的阻力矩就是永磁发电机起动时所必须克服的转矩，永磁发电机起动转矩必须大于这个阻力矩才能起动。

转子磁极除 me 个之外，其余磁极多少都偏离其应对准的定子齿，它们在转子圆周切向方向的力都是对称的且大小相等方向相反，它们的合力为零，对永磁发电机的起动不起作用。

设计举例：

永磁发电机 60 极，额定功率 $P_N = 1400\text{kW}$，定子内径 1550mm，气隙磁感应强度 $B_\delta = 0.5\text{T}$，每极每相槽数 $q = 1\frac{1}{60}$，永磁体磁极极弧长度 $\widehat{b_p'} = 48\text{mm}$，磁极有效长度 $L_{ef} = 800\text{mm}$。对于三相交流同步永磁发电机，求起动转矩 M_T。

永磁发电机每极每相槽数 $q = 1\frac{1}{60}$，$e = 1$，$m = 3$，则

$$me=3\times1=3$$

永磁体磁极面积 S_m 为

$$S_m'=\widehat{b_p}'L_{ef}=0.048\times0.8m^2=0.0384m^2；\ S_m=3S_m'=0.1152m^2$$

永磁发电机的起动转矩为

$$M_T=\frac{meD_2}{2}\frac{B_\delta^2}{2\mu_0}S_m\sin\left(\frac{360°}{2p}\right)$$

$$=\left[\frac{3\times1.55}{2}\times\frac{0.5^2}{2\times4\pi\times10^{-7}}\times0.1152\times\sin6°\right]N\cdot m$$

$$=2784.9N\cdot m$$

永磁发电机额定转数 $n_N=100r/min$。

永磁发电机驱动转矩 M_n

$$M_n=9550\frac{P_N}{n_N}=\left(9550\times\frac{1400}{100}\right)N\cdot m=133700N\cdot m$$

起动转矩占永磁发电机驱动转矩的百分比为

$$\frac{M_T}{M_n}\times100\%=\frac{2784.9}{133\ 700}\times100\%=2.1\%$$

永磁体磁极面积 S_m 为

$$S_m=meS_m'=(9\times0.0384)m^2=0.3456m^2$$

当 $e=3$ 时，$me=3\times3=9$ 时的起动转矩 M_T 为

$$M_T=\frac{meD_2}{2}\frac{B_\delta^2}{2\mu_0\times10^{-7}}S_m\sin\left(\frac{360°}{2p}\right)$$

$$=\left[\frac{9\times1.55}{2}\times\frac{0.5^2}{2\times4\pi\times10^{-7}}\times0.3456\times\sin6°\right]N\cdot m$$

$$=25064N\cdot m$$

当 $me=9$ 时，起动转矩占驱动转矩的百分比

$$\frac{M_T}{M_n}\times100\%=\frac{25064}{133\ 700}\times100\%=18.75\%$$

当 $e=4$，即 $q=1\frac{4}{60}$时，$me=3\times4=12$，则起动转矩 M_T 为

$$M_T=\frac{meD_2}{2}\frac{B_\delta^2}{4\pi\times10^{-7}}S_m\sin\left(\frac{360°}{2p}\right)$$

$$=\left[\frac{12\times1.55}{2}\times\frac{0.5^2}{2\times4\pi\times10^{-7}}\times(12\times0.038\ 4)\sin6°\right]N\cdot m$$

$$=44558N\cdot m$$

起动转矩占永磁发电机驱动转矩的百分比为

$$\frac{M_T}{M_n}\times100\%=\frac{44\ 558}{133\ 700}\times100\%=33.33\%$$

由上面举例可以看到，在永磁发电机极数 $2p$、定子内径 D_1 及转子外径 D_2、气隙磁感应

强度 B_{δ} 确定的情况下，永磁发电机的起动转矩是随着 e 的增加而快速增加。在设计永磁发电机时必须考虑到它的起动。如果 e 值很大则无法起动。永磁发电机的每极每相槽数 q 的选择是十分重要的，q 值不仅会影响永磁发电机的一些参数，它也直接影响永磁发电机的起动。

气隙长度 δ 对起动转矩基本上没有影响，但 δ 对永磁发电机的磁噪声有影响。多极低转速永磁发电机，特别是中、大功率，虽然转速低，但转子的直径大，转子外径的线速度大，因此，δ 小会产生很强的磁噪声，因此 δ 不宜很小，但也不能太大，太大会降低永磁发电机功率。

永磁发电机的起动转矩还与转子的偏心有关。转子偏心会产生偏心磁拉力，也称附加磁拉力。偏心磁拉力是由于转子加工不圆或转子与定子内径不同心造成的。由于很难用一个偏心距来衡量偏心磁拉力，在这里就不给出偏心磁拉力对永磁发电机起动转矩的影响计算公式。欲计算偏心磁拉力对起动转矩的影响，参看第九章第三节中的公式 $p_2=\frac{n\,\widehat{b_{\mathrm{p}}'}L_{\mathrm{ef}}}{\delta}\frac{B_{\delta}^2}{2\mu_0}e_0$。求出 p_2 后再求起动阻转矩。式中 n 为永磁体数，这样计算值较大，通常取 $n/3$ 为宜。

转子偏心不仅会影响永磁发电机的起动转矩，还会造成转子的转速波动和发电机振动，应尽量避免或减小转子的偏心。

第七章　永磁发电机的效率

永磁发电机的效率是其重要指标之一。永磁发电机在运行时输出功率的多少，主要是受其自身效率的影响，也就是主要取决于永磁发电机在运行时的各种损耗，这些损耗越大，则永磁发电机的效率越低。永磁发电机在运行时的各种损耗与材料性能、定子绕组形式、永磁体磁性能、发电机的极数等有关。

永磁发电机运行输出额定功率，其主要的损耗是定子绕组的铜损耗。绕组的电阻越大、电流越大，则铜损耗越大。铜损耗大则永磁发电机的温升高。另外，电流越大，则对永磁体磁极的影响越大；温升越高，则永磁体磁性能下降越多。因此，在永磁发电机的设计中，如果绕组电流太大，应考虑提高电压、采用并联多支路以降低电流，就能保持额定输出功率。

由于永磁体磁极的磁感应强度还不高，因此，绕组的电流密度不能选得很高，通常电流密度只有 3 ~4. 5A/mm^2。

在永磁发电机中，为保持永磁体的磁性下降不大从而保持永磁发电机的额定功率输出，必须对永磁体进行有效的冷却。否则永磁体温度升高、磁性能下降，致使永磁发电机效率降低，温度升高，发生恶性循环，永磁体会严重退磁、功率大幅度下降，这也是永磁发电机与常规励磁发电机的不同点之一。

影响永磁发电机效率的主要因素如下：

1）定子绕组的铜损耗。它是由绕组电阻在绕组有电流时所形成的损耗，它是永磁发电机中各种损耗中最主要的损耗，占总损耗的 90% 以上。

2）铁损耗。当发电机运行时，定子绕组的交变电流在定子、转子铁心中形成的交变磁场引起的感应电流——涡流形成的损耗及磁滞损耗。

3）机械损耗。它是由于永磁发电机转子轴承转动摩擦及转子旋转在气隙中对空气的摩擦等机械摩擦所形成的功率损耗。当永磁发电机为多极低转速时，后者可以忽略不计。但不论是自扇风冷还是发电机体外强迫风冷的风机所消耗的功率都应计算在机械损耗中。

4）还有其他杂散损耗。如空载时的附加损耗，负载时的附加损耗等。空载附加损耗主要是由于定子槽引起的气隙磁导谐波磁场在转子铁心表面产生的表面损耗及由于定子开槽使转子铁心旋转时产生的脉动损耗。在永磁发电机的气隙磁感应强度计算中引入漏磁系数已将这两种损耗考虑在内。由于永磁发电机转子并未开槽，这两种损耗很小，可以忽略不计。

第一节　永磁发电机运行时的铜损耗

永磁发电机没有励磁绕组，只有定子绕组，只需计算定子绕组的铜损耗。定子铜损耗，是由于定子绕组有电阻，当发电机运行时，定子绕组中有交变电流通过所产生的损耗。根据焦耳- 楞次定律，定子绕组的铜损耗等于流经绕组的电流的二次方与绕组电阻的乘积。由于交流电阻很难测定，并且绕组的电阻随着温度的升高而增大，所以永磁发电机绕组电阻以 75℃时的直流电阻作为定子绕组铜损耗的电阻。

定子绕组的铜损耗 P_{Cu}（kW）由下式给出：

$$P_{Cu} = mI_N^2R \times 10^{-3} \tag{7-1}$$

式中 m——永磁发电机相数；

I_N——永磁发电机电流，单位为A；

R——绕组在75℃时电阻，单位为Ω。

每相绕组在75℃时的电阻 R_1 由下式求得：

$$R_1 = \rho_{75}NL(1/n) \tag{7-2}$$

式中 R_1——每相绕组在75℃时的电阻，单位为Ω；

N——每相串联导体数；

L——每圈绕组长度，单位为m；

ρ_{75}——绕组在75℃时的电阻率，单位为Ω·m，查表7-1；

n——每个导体并绕导线根数。

表7-1 常用漆包圆铜线数据表

裸导线标称直径/mm	裸导线截面积/mm²	20℃时的直流电阻/(Ω/km)	75℃时的直流电阻/(Ω/km)	漆包线最大外径/mm		单位长度漆包线理论重/(kg/km)	
				Q	QZ，QQ，QY QX，Y，QQX	Q	QZ，QQ，QY QX，Y，QQX
0.51	0.2040	85.9	106.2	0.56	0.58	1.86	1.87
0.53	0.2210	79.5	98.2	0.58	0.60	2.00	2.02
0.55	0.2380	73.7	91.2	0.60	0.62	2.16	2.17
0.57	0.2550	68.7	85.2	0.62	0.64	2.32	2.34
0.59	0.2730	64.1	79.5	0.64	0.66	2.48	2.50
0.62	0.3020	58.0	72.0	0.67	0.69	2.73	2.76
0.64	0.3220	54.5	67.4	0.69	0.72	2.91	2.94
0.67	0.3530	49.7	61.5	0.72	0.75	3.19	3.21
0.69	0.3740	46.9	58.0	0.74	0.77	3.38	3.41
0.72	0.4070	43.0	53.3	0.78	0.80	3.67	3.70
0.74	0.4300	40.7	50.5	0.80	0.83	3.80	3.92
0.77	0.4660	37.6	46.5	0.83	0.86	4.21	4.24
0.80	0.5030	34.8	43.1	0.86	0.89	4.55	4.58
0.86	0.5410	32.4	40.1	0.89	0.92	4.80	4.92
0.88	0.5810	30.1	37.3	0.92	0.95	5.25	5.27
0.90	0.6360	27.5	34.1	0.96	0.99	5.75	5.78
0.93	0.6790	25.8	31.9	0.99	1.02	6.13	6.16
0.96	0.7240	24.2	30.0	1.02	1.05	6.53	6.56
1.00	0.7850	22.4	27.6	1.07	1.11	7.10	7.14
1.04	0.8500	20.6	25.6	1.12	1.15	7.67	7.72
1.08	0.9160	19.17	23.7	1.16	1.19	8.27	8.32

（续）

裸导线标称直径/mm	裸导线截面积/mm^2	20℃时的直流电阻/(Ω/km)	75℃时的直流电阻/(Ω/km)	漆包线最大外径/mm		单位长度漆包线理论重/(kg/km)	
				Q	QZ，QQ，QY QX，Y，QQX	Q	QZ，QQ，QY QX，Y，QQX
1.12	0.9850	17.68	22.0	1.20	1.23	8.89	8.94
1.16	1.0570	16.68	20.6	1.24	1.27	9.53	9.59
1.20	1.1310	15.5	19.17	1.28	1.31	10.20	10.40
1.25	1.2270	14.3	17.68	1.33	1.36	11.10	11.20
1.30	1.3270	13.2	16.35	1.38	1.41	12.00	12.10
1.35	1.4310	12.30	14.10	1.43	1.46	12.90	13.00
1.40	1.5390	11.3	13.9	1.48	1.51	13.90	14.00
1.45	1.6510	10.6	13.13	1.53	1.56	14.90	15.00
1.50	1.7670	9.93	12.28	1.58	1.61	15.90	16.00
1.56	1.9110	9.17	11.35	1.64	1.67	17.20	17.30
1.62	2.0600	8.50	10.50	1.71	1.74	18.50	18.60
1.68	2.2200	7.91	9.93	1.77	1.80	19.90	20.00
1.74	2.3800	7.37	9.12	1.83	1.86	21.40	21.50
1.81	2.5700	6.81	8.45	1.90	1.93	23.10	23.30
1.88	2.7800	6.31	7.80	1.97	2.00	25.00	25.20
1.95	2.9900	5.87	7.26	2.04	2.07	26.80	27.00
2.02	3.2100	5.47	6.78	2.12	2.15	28.90	29.00
2.10	3.4600	5.06	6.27	2.20	2.23	31.20	31.30
2.26	4.0100	4.37	5.41	2.36	2.39	36.20	36.30
2.44	4.6800	3.75	4.63	2.54	2.57	42.10	42.20

每圈导线长度 L 由下面形式计算出，如图 7-1 所示，即

线圈平均半圈或称半匝长度由下式给出：

$$L_C = L_t + 2(d + L_E) \tag{7-3}$$

式中　L_C——线圈平均半圈长，单位为 m；

L_t——定子铁心长度，单位为 m；

d——线圈直线部分两边伸出长度，单位为 m，通常 $d = 10 \sim 30$mm；

L_E——线圈端部连线的一半长度，单位为 m。

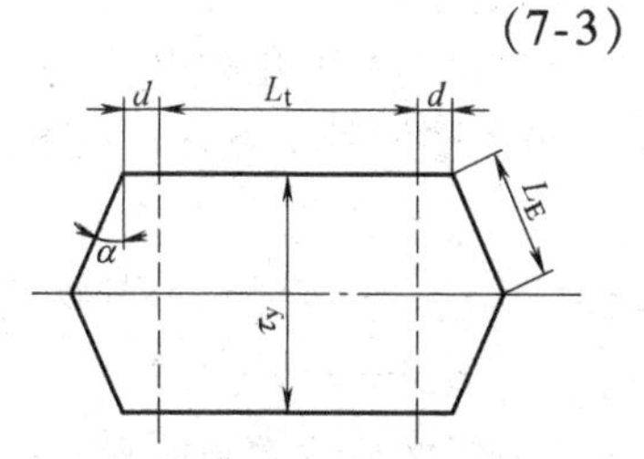

图 7-1　定子绕组每匝每根导体长度计算图

L_E 由下式给出：

当线圈为单层时

$$L_E = K\tau_y \tag{7-4}$$

当线圈为双层时

$$L_E = \tau_y/(2\cos\alpha) \tag{7-5}$$

式中　K——经验系数。当发电机为2、4极时 $K=0.58$；当发电机为6极时 $K=0.6$；当发电机为8极时 $K=0.625$；当发电机10极及以上时，$K>0.7$；

τ_y——定子线圈平均节距，单位为m，由下式计算：

$$\tau_y = \frac{\pi(D_{i1}+h)}{2p}\beta \tag{7-6}$$

式中　D_{i1}——定子内径，单位为m；

h——定子槽深，单位为m，见图5-2；

$2p$——永磁发电机极数。

$$\beta = \frac{y}{mq} \tag{7-7}$$

式中　y——绕组节距；

m——永磁发电机相数；

q——永磁发电机每极每相槽数。

线圈一圈或称一匝长度 L(m) 为

$$L = 2L_C \tag{7-8}$$

计算出绕组电阻就能计算出永磁发电机的绕组铜损耗。在永磁发电机中，绕组的铜损耗是最主要的损耗，它占永磁发电机总损耗的90%以上。铜损耗与电流的二次方成正比，所以在设计时，如果相电流较大，应采取多支路并联以减小电流。

第二节　永磁发电机运行时的铁损耗

永磁发电机在运行时，定子绕组有交变电流，因而在定子铁心及转子铁心中产生交变磁场。这个交变磁场会在铁心中引起磁滞和涡流损耗。对永磁发电机而言，定子绕组交变电流所形成的交变磁场对永磁体磁极有充磁、退磁作用，对转子铁心虽然有铁损耗，但不大，可不考虑。

1. 永磁发电机的磁滞损耗

单位重量的定子铁心硅钢片内由于定子绕组中的交变电流引起的交变磁场变化会导致磁滞损耗，用来表征磁滞损耗程度的物理量被称作磁滞损耗系数。交变磁场引起的磁滞损耗是由交变磁场的变化频率 f 和磁感应强度来决定的。

1）磁滞损耗系数可由下式求出：

$$p_h = \sigma_h f B^{\alpha} \tag{7-9}$$

式中　σ_h——定子铁心的材料系数，查表7-2；

α——1.6～2.2。

当定子铁心磁感应强度 $1.0\text{T} \leqslant B \leqslant 1.6\text{T}$ 时，磁滞损耗系数可以描述为以下的形式：

$$p_h = \sigma_h f B^2 \tag{7-10}$$

式中　p_h——磁滞损耗系数；

σ_h——定子铁心的材料系数，查表7-2；

f——交变磁场频率，单位为Hz；

B——铁心磁感应强度，单位为T。

表7-2　系数σ_h、σ_e值

硅钢片含硅量	硅钢片厚度 /mm	σ_h	σ_e	$P_{10/50}$/(W/kg)
		$1/H_2T^2$	$1/H_2^2T^2$	
低含硅量硅钢片	0.5	0.045	0.00022	2.8
中含硅量硅钢片		0.036	0.00016	2.2
高含硅量硅钢片		0.029	0.00022	2.0

2）定子轭硅钢片铁心的磁滞损耗系数和磁滞损耗如下：

定子轭硅钢片铁心的磁滞损耗系数p_{hj}为

$$p_{hj} = \sigma_h f B_j^2 \tag{7-11}$$

式中　B_j——定子轭磁感应强度，单位为T。

定子轭硅钢片铁心的磁滞损耗P_{Fehj}（W）为

$$P_{Fehj} = p_{hj} G_j P_{10/50} \tag{7-12}$$

式中　G_j——定子轭硅钢片铁心重，单位为kg；

$P_{10/50}$——当$B_j=1T$、$f=50Hz$时，硅钢片单位重量的损耗，单位为W/kg。计算时应查第四章第一节硅钢片厚度和性能或附录中的硅钢片的铁损表。

3）定子齿硅钢片铁心的磁滞系数p_{ht}为

$$p_{ht} = \sigma_h f B_t^2 \tag{7-13}$$

式中　B_t——定子齿磁感应强度，单位为T。

定子齿硅钢片铁心的磁滞损耗P_{Feht}（W）为

$$P_{Feht} = p_{ht} G_t P_{10/50} \tag{7-14}$$

式中　G_t——定子齿硅钢片铁心重量，单位为kg。

4）定子硅钢片铁心的磁滞损耗P_{Feh}由下式给出：

$$\begin{aligned} P_{Feh} &= P_{Fehj} + P_{Feht} \\ &= p_{hj} G_j P_{10/50} + p_{ht} G_t P_{10/50} \\ &= \sigma_h f B_j^2 G_j P_{10/50} + \sigma_h f B_t^2 G_t P_{10/50} \\ &= \sigma_h f P_{10/50} (B_j^2 G_j + B_t^2 G_t) \end{aligned} \tag{7-15}$$

2. 永磁发电机铁心硅钢片的涡流损耗

在硅钢片铁心中的磁场发生变化时，在硅钢片铁心中就会产生感应电流，这个电流称作涡流。由涡流造成的损耗称作涡流损耗。

定子和转子铁心通常用薄硅钢片叠加起来并且片与片间有绝缘而不采用整块铁心的目的，就是将涡流控制在每个硅钢片内从而减小铁心的涡流损耗。

在不考虑涡流磁场的影响下，涡流损耗系数由下式给出：

$$p_e = \sigma_e (fB)^2 \tag{7-16}$$

式中　p_e——涡流损耗系数；

σ_e——系数，查表7-2；

f——磁场变化频率，单位为Hz；

B——铁心内磁感应强度，单位为T。

1）定子轭铁心的涡流损耗可由下式给出：

$$P_{\mathrm{Feej}}=p_{\mathrm{ej}}G_{\mathrm{j}}P_{10/50} \tag{7-17}$$

式中 G_{j}——定子轭铁心重，单位为kg；

$P_{10/50}$——磁感应强度$B=1.0\mathrm{T}$、$f=50\mathrm{Hz}$时的硅钢片单位重量的铁损值，单位为（W/kg）。在设计时，应根据设计选用的硅钢片查第四章第一节中硅钢片厚度和性能等参数或附录表中硅钢片铁损值代入；

p_{ej}——定子轭铁心涡流损耗系数，p_{ej}由下式计算：

$$p_{\mathrm{ej}}=\sigma_{\mathrm{e}}(fB_{\mathrm{j}})^2 \tag{7-18}$$

式中 B_{j}——定子轭磁感应强度，单位为T。

2）定子齿铁心的涡流损耗可由下式给出：

$$P_{\mathrm{Feet}}=p_{\mathrm{et}}G_{\mathrm{t}}P_{10/50} \tag{7-19}$$

式中 G_{t}——定子齿铁心重，单位为kg；

$P_{10/50}$——磁感应强度$B=1.0\mathrm{T}$、$f=50\mathrm{Hz}$时的硅钢片单位重量的铁损值，单位为（W/kg）。在设计时，应根据设计选用的硅钢片查第四章第一节中硅钢片厚度和性能等参数或附录表中硅钢片铁损值代入；

p_{et}——定子齿铁心涡流损耗系数，p_{et}由下式计算：

$$p_{\mathrm{et}}=\sigma_{\mathrm{e}}(fB_{\mathrm{t}})^2 \tag{7-20}$$

3）定子硅钢片的涡流损耗由下式给出：

$$P_{\mathrm{Fee}}=P_{\mathrm{Feej}}+P_{\mathrm{Feet}}=\sigma_{\mathrm{e}}f^2P_{10/50}(B_{\mathrm{j}}^2G_{\mathrm{j}}+B_{\mathrm{t}}^2G_{\mathrm{t}}) \tag{7-21}$$

3. 永磁发电机定子轭、定子齿及定子的基本铁损耗

1）永磁发电机的定子铁心铁损耗系数p_{he}由下式给出：

$$p_{\mathrm{he}}=p_{\mathrm{h}}+p_{\mathrm{e}}=\sigma_{\mathrm{h}}fB^2+\sigma_{\mathrm{e}}fB^2 \tag{7-22}$$

为了统一磁滞损耗和涡流损耗，根据经验，定子铁心铁损耗系数可以简化成下式求得：

$$p_{\mathrm{he}}=P_{10/50}B^2\left(\frac{f}{50}\right)^{1.3} \tag{7-23}$$

式中 B——铁心中的磁感应强度，单位为T。当计算定子轭的铁损系数p_{hej}时，B为B_{j}；当计算定子齿的铁损耗系数p_{het}时，B为定子齿的磁感应强度B_{t}。

2）永磁发电机的定子基本铁损耗由下式给出：

$$P_{\mathrm{Fe}}=K_{\mathrm{d}}p_{\mathrm{he}}G_{\mathrm{Fe}} \tag{7-24}$$

式中 P_{Fe}——定子铁心的基本铁损耗，单位为W；

K_{d}——经验系数，是把除可计算在内和其他无法计算的损耗都考虑在内的经验系数，见表7-3；

G_{Fe}——定子铁心重，单位为kg。

3）定子轭硅钢片铁心的基本铁损耗由下式算出：

$$P_{\mathrm{Fej}}=K_{\mathrm{d}}p_{\mathrm{hej}}G_{\mathrm{j}} \tag{7-25}$$

式中 P_{Fej}——定子轭硅钢片基本铁损耗，单位为W；

K_{d}——经验系数，见表7-3；

G_{j}——定子轭重，单位为kg；

p_{hej}——定子轭硅钢片铁心的基本铁损系数，由下式给出：

$$p_{hej}=P_{10/50}B_j^2\left(\frac{f}{50}\right)^{1.3} \tag{7-26}$$

式中　B_j——定子轭中最大磁感应强度，单位为T；

f——磁场变化频率，单位为Hz；

$P_{10/50}$——磁感应强度 $B=1.0\text{T}$、$f=50\text{Hz}$ 时的硅钢片铁损值，设计时应将选定的硅钢片的值代入。

从式（7-26）中可以看到，当 $f>50\text{Hz}$ 时，$(f/50)^{1.3}$ 是一个大于1的数；当 $f=50\text{Hz}$ 时，$(f/50)^{1.3}$ 是等于1的数；当 $f<50\text{Hz}$ 时，$(f/50)^{1.3}$ 是一个小于1的数。说明永磁发电机频率大于50Hz时，其基本铁损耗大于频率50Hz时的铁损耗；当永磁发电机频率小于50Hz时，即低频时，其基本铁损耗小于频率50Hz时的铁损耗。

4）定子齿硅钢片铁心的基本损耗由下式给出：

$$P_{Fet}=p_{het}K_dG_t \tag{7-27}$$

式中　K_d——经验系数，见表7-3；

G_t——定子齿重，单位为kg；

p_{het}——定子齿铁心基本铁损耗系数，由下式给出：

$$p_{het}=P_{10/50}B_t^2\left(\frac{f}{50}\right)^{1.3} \tag{7-28}$$

式中　B_t——定子齿硅钢片最大磁感应强度，单位为T；

f——磁场变化频率，单位为Hz。

表7-3　经验系数 K_d、K_d' 的取值

永磁发电机定子轭铁损经验系数 K_d		永磁发电机定子齿铁损经验系数 K_d'	
永磁发电机的功率 $P_N<100\text{kW}$	1.2~1.5	永磁发电机的功率 $P_N<100\text{kW}$	1.7~2.0
永磁发电机的功率 $P_N\geqslant100\text{kW}$	1.1~1.3	永磁发电机的功率 $P_N\geqslant100\text{kW}$	1.3~1.7

5）定子铁心硅钢片的基本铁损耗 P_{Fe} 为

$$P_{Fe}=P_{Fej}+P_{Fet}=K_dp_{hej}G_j+K_d'p_{het}G_t \tag{7-29}$$

4. 永磁发电机定子轭、定子齿铁损耗较准确的计算方法

定子轭铁损系数 p_{hej} 和定子齿铁损系数 p_{het} 适用于发电机交流频率 $f=50\text{Hz}$、$f>50\text{Hz}$、$f<50\text{Hz}$ 的各种情况，它是以 $P_{10/50}$ 为基点再乘以 $(f/50)^{1.3}$ 来适应不同交流频率的，再计算铁损耗时乘以经验系数。当 B_j 和 B_t 值小于1.0T时，计算结果偏小，当 B_j 和 B_t 大于1.0T时，计算结果偏大。

为了较为准确地计算定子轭、定子齿的铁损耗，现给出以下计算式。

1）定子轭铁损系数 p_{hej}' 为

$$p_{hej}'=p_{Fe}/50B_j^2\left(\frac{f}{50}\right)^{1.3} \tag{7-30}$$

式中　$p_{Fe}/50$——定子轭硅钢片在50Hz时铁损曲线表中 B_j 所对应的铁损值，单位为W/kg。

2）定子齿铁损系数 p_{het}' 为

$$p_{het}'=p_{Fe}'/50B_t^2\left(\frac{f}{50}\right)^{1.3} \tag{7-31}$$

式中　$p'_{Fe}/50$——定子齿硅钢片在50Hz时铁损曲线中B_t所对应的铁损值，单位为W/kg。

3）定子轭铁损耗P_{Fej}(W)为

$$P_{Fej}=K_d p'_{hej} G_j \tag{7-32}$$

4）定子齿铁损耗P_{Fet}(W)为

$$P_{Fet}=K'_d p'_{het} G_t \tag{7-33}$$

5）定子铁心硅钢片的铁损耗P_{Fe}(W)为

$$P_{Fe}=P_{Fej}+P_{Fet}=K_d p'_{hej} G_j+K'_d p'_{het} G_t \tag{7-34}$$

5. 定子轭、定子齿铁损耗简捷计算

1）定子轭铁损耗P_{Fej}(W)为

$$P_{Fej}=K_d p_{Fe}/50 G_j \tag{7-35}$$

式中　$p_{Fe}/50$——定子轭硅钢片在50Hz时铁损曲线表中B_j所对应的铁损值，单位为W/kg；

K_d——定子轭铁损经验系数，按表7-3选取。微、小型永磁发电也可不乘此系数。中、大型永磁发电机当$B_j<1.0T$时也可不乘此系数，当$B_j>1.0T$时应乘此系数。

2）定子齿铁损耗P_{Fet}(W)为

$$P_{Fet}=K'_d p'_{Fe}/50 G_t \tag{7-36}$$

式中　$p'_{Fe}/50$——定子齿硅钢片在50Hz时铁损曲线表中B_t所对应的铁损值，单位为W/kg；

K'_d——定子齿铁损经验系数。当$B_t<1.0T$时可不乘此系数，当$B_t>1.0T$时应乘以此系数。

3）定子铁心硅钢片的铁损耗P_{Fe}(W)为

$$P_{Fe}=P_{Fej}+P_{Fet}=K_d p_{Fe}/50 G_j+K'_d p'_{Fe}/50 G_t \tag{7-37}$$

第三节　机械损耗

永磁发电机的机械损耗包括轴承的摩擦损耗和冷却通风损耗。由于轴承用润滑剂的不同，各种轴承在不同转速的工况下摩擦系数不尽相同。冷却分为自扇风冷、自然辐射和对流散热、强迫风冷、强迫液体冷却等，欲准确计算机械损耗是十分困难的。

对于功率小、极数少、转速高的自扇风冷的永磁发电机，习惯做法是将轴承摩擦损耗和通风冷却损耗一起计算；对于多极低转速的中、大功率永磁发电机，通常用外置专用冷却风机对绕组和永磁体磁极进行强迫风冷，其机械损耗为轴承摩擦损耗与外置冷却风机功率消耗之和。

虽然机械损耗很难准确计算，但在永磁发电机的设计中应对机械损耗有初步估算，为此，给出一些估算公式，供设计时参考使用。

1. 滚动轴承的摩擦损耗

滚动轴承的摩擦损耗P_f（kW）可按下式计算：

$$P_f=0.15\frac{F}{d}v\times10^{-5} \tag{7-38}$$

式中　F——滚动轴承载荷，单位为N；

d——滚动轴承的滚珠或滚柱中心至转子转动中心的直径，单位为m；

v——滚珠或滚柱中心的圆周速度，单位为m/s。

从式（7-38）可以看到，载荷越大，则损耗越大；滚珠或滚柱中心直径越大，则轴承损耗越小；发电机转速越低，则轴承摩擦损耗越小。

2. 自扇风冷的永磁发电机机械损耗（包括轴承摩擦损耗）

自扇风冷的永磁发电机的轴承摩擦损耗和自扇风冷损耗合并计算，P_{fw}（W）由下式给出：

$$P_{fw} = 8 \times 2p\left(\frac{v}{40}\right)^3 \sqrt{\frac{L_t}{19}\times 10^3} \tag{7-39}$$

式中　v——永磁发电机转子的圆周速度，单位为m/s；

L_t——定子实际长度，单位为m；

$2p$——永磁发电机极数。

3. 强迫风冷时的机械损耗

强迫外置冷却风机的永磁发电机的机械损耗P_{fw}（W）由下式计算：

$$P_{fw} = P_f + P_L \tag{7-40}$$

式中　P_f——滚动轴承的摩擦损耗，单位为W；

P_L——外置风机功率，单位为W。

4. 自扇风冷的机械损耗

永磁发电机自扇风冷的机械损耗P_W（W）由下式给出（另一种简化方式）：

$$P_W = 1.75 q_v v^2 \tag{7-41}$$

式中　q_v——通过电机冷却的空气流量，单位为m^3/s；

v——自扇风冷风扇外圆的圆周速度，单位为m/s。

第四节　永磁发电机效率

1. 永磁发电机的效率

永磁发电机的效率由下式给出：

$$\eta_N = \left(1 - \frac{\Sigma p_h}{p_N + \Sigma p_h}\right) \times 100\% \tag{7-42}$$

式中　Σp_h——永磁发电机在额定负载时所有损耗之和，单位为W或kW，单位应与p_N单位一致；

p_N——永磁发电机的额定功率，单位为W或kW。

所谓发电机效率，实际是发电机的自身效率。它是发电机额定功率占发电机额定功率与自身损耗之和的比值。在这个效率计算方法之内，没有考虑发电机系统输入给发电机的功率与发电机额定功率之间的关系。笔者将这种用传统方式计算出的发电机效率叫作发电机自身效率。比如励磁发电机的励磁功率并不计算在发电机损耗之内，而只计算励磁绕组的铜损、铁损及附加损耗。其实励磁功率要比励磁损耗大得多，而励磁功率是励磁发电机必须要消耗的功率。

2. 永磁发电机功率、极数对永磁发电机效率的影响

永磁发电机的效率除与发电机材料、各种机内的损耗息息相关之外，还遵循如下原则：①在功率相同的情况下，随着极数的增加，效率下降。见表7-4；②在定子、转子尺寸相同的情况下，随着极数的增加，功率和效率下降，见表7-5。

表7-4　在功率相同的情况下发电机效率随着极数的增加而下降

发电机型号	功率 /kW	电压 /V	转速 /(r/min)	极数 (2p)	效率 (%)	效率下降的百分点 (%)
TSWN49.3/24-4	55	400	1500	4	90.3	0
TSWN49.3/25-6	55	400	1000	6	89.6	0.78
TSWN49.3/30-8	55	400	750	8	89.5	0.89
TSWN59/25-10	55	400	600	10	89.0	1.44

表7-5　在定子、转子尺寸相同的情况下发电机的功率和效率随着极数的增加都下降

发电机型号	功率 /kW	电压 /V	转速 /(r/min)	极数 (2p)	效率 (%)	效率下降的百分点 (%)
TSWN99/37-12	320	400	500	12	93.2	0
TSWN99/37-14	250	400	428	14	93.0	0.21
TSWN99/37-16	200	400	375	16	91.4	1.93
TSWN99/37-20	160	400	300	20	90.0	3.43

永磁发电机与相同功率和相近极数的常规励磁发电机相比，效率高2%~8%，温升低8~10℃，重量轻40%以上的主要原因如下：①永磁发电机没有励磁绕组的功率损耗；②永磁发电机没有励磁绕组造成的铜损、铁损及附加损耗；③没有因励磁绕组所造成的温升；④没有像励磁发电机的主发电机同轴拖动的励磁发电机的功率损耗。

永磁发电机节省了常规电励磁发电机的励磁功率。永磁发电机在保证永磁体可靠、有效的冷却，即永磁体在不失磁的条件下，永磁体磁极对外做功后永磁体磁极的磁感应强度都不会减少。

3. 设计计算举例

（1）永磁发电机的主要数据

1）额定功率：$P_N=50\text{kW}$；

2）额定电压：$U_N=400\text{V}$；

3）功率因数：阻性负载 $\cos\varphi=1$，感性负载 $\cos\varphi=0.89$；

4）极数：$2p=42$；

5）定子外径：$D_1=590\text{mm}$；

6）定子内径：$D_{i1}=445\text{mm}$；

7）定子计算长度：$L_{ef}=400\text{mm}$；

8）相数：$m=3$；

9）铁心硅钢片：50WW600；

10）铁心硅钢片铁损：当 $B=0.9\text{T}$ 时，铁损为1.55W/kg；当 $B=0.5\text{T}$ 时，铁损为0.56W/kg，因为在 $B_j=0.3\text{T}$ 的情况下，没有铁损值，故用 $B=0.5\text{T}$ 代替（在50Hz时，表示为 $P_{9/50}$ 及 $P_{5.6/50}$）；

11）永磁体：N48H；

12）永磁体标定剩磁：$B_{rmax}=1.35\text{T}$；

13）绕组75℃时直流电阻：$R=0.06\Omega$；

14）定子轭重：$G_j=158\text{kg}$；

15）定子齿重：$G_t=97\text{kg}$；

16）气隙磁感应强度：$B_\delta=0.48\text{T}$；

17）定子轭磁感应强度：$B_j=0.3\text{T}$；

18）定子齿磁感应强度：$B_t=0.9\text{T}$；

19）永磁发电机轴承滚动体中心直径：$d=0.1675\text{m}$；

20）轴承动载荷：$F=2\times553.6\text{kN}$（2件）；

21）轴承滚动体中心线速度：$v=1.2529\text{m/s}$。

（2）永磁发电机额定功率时的电流 I_N

$$I_N=\frac{P_N}{\sqrt{3}U_N\cos\varphi}$$

$$I_N=\frac{50000}{\sqrt{3}\times400\times0.89}\text{A}=81.09\text{A}$$

（3）求绕组铜损耗 $P_{Cu}(\text{kW})$

$$\begin{aligned}P_{Cu}&=mI_N^2R\times10^{-3}\\&=(3\times81.09^2\times0.06\times10^{-3})\text{kW}\\&=1.1836\text{kW}\end{aligned}$$

（4）计算永磁发电机定子齿铁损耗 P_{Fet}

1）永磁发电机定子齿铁损系数 p'_{het}

$$\begin{aligned}p'_{het}&=p_{Fe}/50B_t^2\left(\frac{f}{50}\right)^{1.3}\\&=(1.55\times0.9^2\times1)\text{W/kg}\\&=1.2555\text{W/kg}\end{aligned}$$

2）永磁发电机定子齿铁损耗 P_{Fet}

$$\begin{aligned}P_{Fet}&=K'_dp'_{het}G_t\times10^{-3}\\&=(2\times1.2555\times97\times10^{-3})\text{kW}\\&=0.2436\text{kW}\end{aligned}$$

（5）计算永磁发电机定子轭铁损耗 P_{Fej}

1）永磁发电机定子轭铁损系数 p'_{hej}

$$\begin{aligned}p'_{hej}&=p_{Fe}/50B_j^2\left(\frac{f}{50}\right)^{1.3}\\&=(0.56\times0.3^2\times1)\text{W/kg}\\&=0.0504\text{W/kg}\end{aligned}$$

2）永磁发电机定子轭铁损耗 $P_{Fej}(\text{kW})$

$$P_{\mathrm{Fej}}=K_{\mathrm{d}}p'_{\mathrm{hej}}G_{\mathrm{j}}\times 10^{-3}$$
$$=(1.5\times 0.0504\times 158\times 10^{-3})\mathrm{kW}$$
$$=0.0119\mathrm{kW}$$

（6）永磁发电机轴承的机械损耗 P_{f}（kW）

$$P_{\mathrm{f}}=0.15\frac{F}{d}v\times 10^{-5}$$
$$=\left(0.15\times\frac{2\times 553.6\times 10^{3}}{0.1675}\times 1.2529\times 10^{-5}\right)\mathrm{kW}$$
$$=0.0124\mathrm{kW}$$

（7）外置冷却风机耗功率 P_{fw}（kW）

$$P_{\mathrm{fw}}=0.12\mathrm{kW}$$

（8）永磁发电机效率 η_{N}

$$\eta_{\mathrm{N}}=\left(1-\frac{\Sigma P}{P_{\mathrm{N}}+\Sigma P}\right)\times 100\%$$
$$=\left(1-\frac{1.1836+0.2436+0.0119+0.0124+0.12}{50+1.1836+0.2436+0.0119+0.0124+0.12}\right)\times 100\%$$
$$=96.95\%$$

第八章　永磁发电机的温升与冷却

永磁发电机在运行时[⊖]，如果是永磁同步交流发电机，那么在它的定子绕组里会有电流通过，如果是永磁直流发电机，那么在它的转子绕组中会有电流通过。由于绕组有电阻，就会有铜损耗，从而产生热量；另一方面，由于磁场的变化，又会在永磁发电机的铁心中产生磁滞损耗和涡流损耗，它们都会变成热量。同时机械损耗和其他损耗也都会变成热量。这些热能使发电机温度升高。

永磁发电机在未运行前其本身的温度是与周围环境一致的。当发电机运行时，其温度逐渐上升，发电机绕组的绝缘材料的温度随发电机温度的升高而升高。如果不对其温度升高加以限制，那么永磁发电机的电气性能、永磁体及机械性能会逐渐变差。当温度升高到足以使绝缘材料丧失绝缘能力时，发电机会被烧毁。因此，必须有专门的冷却系统对永磁发电机进行有效的冷却，于是永磁发电机温度上升到某一值后不再上升，永磁发电机与周围介质形成一定的温差，这种温差称作永磁发电机的温升。

为了保证永磁发电机在运行时其温升不超过一定数值，确保其安全运行，一方面，设计者在设计时应尽量减少永磁发电机运行时的各种损耗；另一方面，是对永磁发电机实施有效的冷却。

永磁发电机在额定功率、工况及有效冷却状态下运行，其温升达到稳定时，永磁发电机各部件温升的允许极限值称作永磁发电机的温升限度。

国家对常规电机的绝缘耐热等级及极限温度的规定见表 8-1。

表 8-1　绝缘耐热等级及极限温度

耐热等级	A	E	B	F	H
极限温度/℃	105	120	130	155	180

永磁发电机与常规励磁发电机不同，常规励磁发电机只要不超过极限温度，绝缘耐热不会被破坏，励磁发电机就会正常运行。而永磁发电机则不同，当温度达到 100℃时，其磁综合性能下降很快，输出功率将减少。因此，选择“绝缘耐热等级”虽然很重要，但更重要的是保证永磁体磁极运行在安全、可靠的工作温度，而不使永磁体磁极失磁，因而必须对永磁体磁极进行可靠、有效的冷却。由于永磁发电机没有励磁绕组，通常比常规励磁发电机的温度低 10℃左右，因此，永磁发电机的极限温度不应超过 105℃的耐热等级 A 级。当永磁发电机周围介质温度为 25℃时，其温升为 80°；当周围介质为 35℃时，其温升为 70°为宜。

永磁发电机的绝缘不仅与极限温度有关，还与电压有关。因为永磁发电机大、中功率宜采用高电压以降低电流强度，使输出功率得到保证。因为永磁发电机相电流或每支路电流超过 500A 时，对永磁体性能影响很大。永磁发电机的绝缘取决于电压，其温升取决于永磁体。这也是永磁发电机与常规励磁发电机不同点之一。

⊖ 这里的运行是指永磁发电机有载运行。

第一节　热传递的基本原理

克劳修斯于1850年提出“热量只能从高温物体传向低温物体，不可能从低温物体自动地传向高温物体”的热力学第二定律。永磁发电机的冷却是遵循热力学第二定律的。

永磁发电机在运行中由于各种损耗而产生的热量，总是由发热部件产生使部件温度升高且与其周围介质存在温度差，热量由发热部件传向低温介质。温度差是热量传递的动力。

永磁发电机冷却是将低于永磁发电机温度的空气强迫通入永磁发电机内，热量从温度高的发热体传递给空气，流动的空气带走一部分热量，低温的空气不断进入就不断地带走热量，使永磁发电机温度保持在一定范围内。

热量传递有三种方式，即热传导、热辐射和热对流。

1. 热传导

热传导的原理：不同温度的物体相互接触，或物体不同温度的各部分之间，分子动能及自由电子运动传递热能，也就是温度高的物体内动能大的分子、电子把其动能传递给温度低的物体中的动能低的分子和电子，这就是热传导。热传导遵循热力学第二定律，即“热量从高温物体传向低温物体，而不可能从低温物体自动地传向高温物体”。

固体中的热传递主要靠热传导。流体中的热传递主要也是热传导，但在流体的紊流区内，流体内部的热传递往往不单纯靠热传导，还伴随着对流传热，过程较复杂。

1822年，法国数学家傅里叶（Joseph Fourier）经实验总结固体热传导的过程，给出了平壁中的热传导公式。图8-1所示为傅里叶经实验在平壁中热传导过程中热流量计算简图。图中，假设热量 Q_1 通过平壁单方向进行热传导而导出的平壁热传导热流量计算公式为

$$Q=\lambda S\frac{\Delta T}{\delta} \tag{8-1}$$

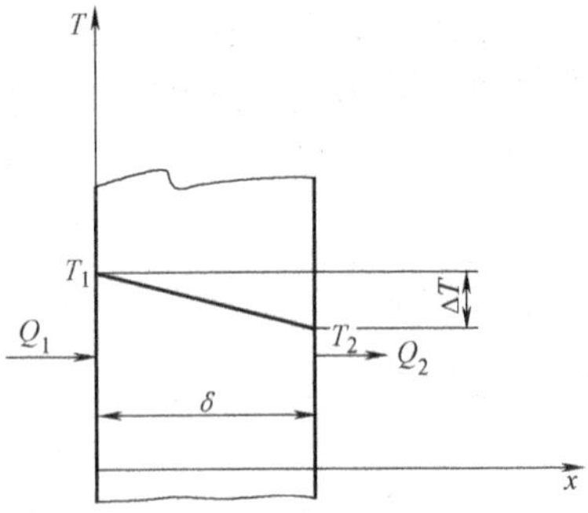

式中　Q——热量，单位为W；

λ——导热系数，单位为W/(m · ℃)；

S——垂直于导热方向的物体的截面积，单位为m^2；

ΔT——平壁两边的温度差，单位为℃；

δ——平壁厚度，单位为m。

图8-1　平壁热传导

从式（8-1）中可以看到，热传导的热流量 Q 与物体的导热系数 λ、导热面积 S 及物体的温度差 ΔT 成正比，与热传导的距离 δ 成反比。由于热流的方向是温度下降的方向，将式（8-1）右边加负号并写成积分形式

$$Q=-\int\lambda S\frac{\mathrm{d}T}{\mathrm{d}x} \tag{8-2}$$

假定 S 是一个常数的热传导过程，将式（8-2）进行积分，得

$$Qx=-\lambda ST+C \tag{8-3}$$

再假设图8-1的热传导过程是单方向的平面热传导过程，则当 $x=0$ 时，$T=T_1$，则 $C=\lambda ST_1$。将 $C=\lambda ST_1$ 代入式（8-3）中，得

$$T = T_1 - \frac{Q}{\lambda S}x \tag{8-4}$$

按上面的假设，在平面单方向热传导中，温度的分布是一条直线。当 $x = \delta$ 时，$T = T_2$，则

$$T_2 - T_1 = -\frac{Q}{\lambda S}\delta$$

即

$$T_1 - T_2 = \frac{Q}{\lambda S}\delta$$

温差 $\Delta T = T_1 - T_2$，则

$$\Delta T = T_1 - T_2 = \frac{Q}{\lambda S}\delta \tag{8-5}$$

将$\frac{\delta}{\lambda S}$视作热传导中的热阻 R_λ，如图 8-2 所示，则

$$\Delta T = QR_\lambda \tag{8-6}$$

单位导热面积的热流量称作热流密度 q，即

$$q = Q/S = \Delta T/SR_\lambda \tag{8-7}$$

式中，q 的单位为 $\mathrm{W/m^2}$。

实际上，热分布为空间的场分布。上面的假设已将热的场分布转化为热的单方向的面分布。这与永磁发电机的实际热传递的热传导相似，从而简化了永磁发电机散热中热传导的复杂的空间热场分布计算。

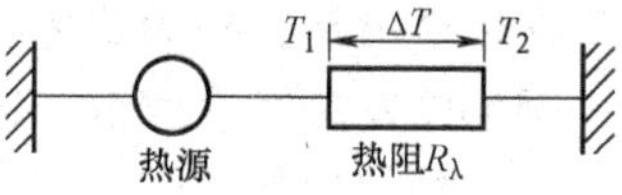

图 8-2　热阻

热的场分布及热的传递都是空间的，它与点电荷的空间电场、永磁体的空间磁场相似。

利用热空间热场建立热传导计算公式是 1842 年迈尔提出来的，也就是建立了温度场与热源之间的空间的关系式，这个关系式是建立在能量守恒定律基础上的。

假定一个热源温度场产生热量 Q_1，它通过其体积元 $\mathrm{d}v$ 向外传导热量 Q_2，热源温度场剩余热量 Q_3，则根据能量守恒定律，得

$$Q_1 = Q_2 + Q_3$$

假定介质在单位时间内，单位体积元 $\mathrm{d}v$ 产生的热量为 p，则 p 是关于空间和时间的函数，在 $\mathrm{d}t$ 时间内介质所产生的热量 Q_1 为

$$Q_1 = \mathrm{d}t\iiint_v p\,\mathrm{d}v$$

在 $\mathrm{d}t$ 时间内被 $\mathrm{d}v$ 导出的热量 Q_2 为

$$Q_2 = \mathrm{d}t\iiint_v c\rho\frac{\partial T}{\partial t}\mathrm{d}v$$

式中　c——介质比热，单位为 J/(kg · ℃)；

ρ——介质密度，单位为 $\mathrm{kg/m^3}$。

在同一时间内，介质内剩余的热量 Q_3 为

$$Q_3 = -\mathrm{d}t\iiint_v \mathrm{div}(\lambda\nabla^2\mathrm{d}T)\mathrm{d}v$$

式中　$\mathrm{div}(\lambda\nabla^2\mathrm{d}T)$——用奥氏定理计算时用的拉普拉斯算子。因热量从高温物体流向低温

物体，故 Q_3 表达式前加负号。

根据能量守恒定律

$$Q_1 - Q_2 - Q_3 = 0$$

$$p + \lambda\left(\frac{\partial^2 T}{\partial x^2} + \frac{\partial^2 T}{\partial y^2} + \frac{\partial^2 T}{\partial z^2}\right) - c\rho\,\frac{\partial^2 T}{\partial t^2} = 0 \tag{8-8}$$

式中　$\nabla^2 \mathrm{d}T$——拉普拉斯算子，其值为

$$\nabla^2 \mathrm{d}T = \left(\frac{\partial^2 T}{\partial x^2} + \frac{\partial^2 T}{\partial y^2} + \frac{\partial^2 T}{\partial z^2}\right)$$

式（8-8）是介质三维空间热传导的关系表达式，它是用微分方程表示介质在三维空间和时间的关系。这是一个极其复杂的微分方程，只有给出空间边界条件及时间的起始条件等才能计算。

认为永磁发电机在强迫风冷中只沿着一个方向传热，因此，式（8-8）中的

$$\frac{\partial^2 T}{\partial y^2} = 0;\quad \frac{\partial^2 T}{\partial z^2} = 0$$

这种情况相当于平壁热传导。

如果把定子绕组在一个槽中的导体（漆包线）视为一个热源，假设铜导体周围的绝缘材料热传导很少，可以不加考虑，因为铜是热的良导体，而绝缘材料是热的不良导体。因此，定子槽中铜导体产生的热量主要靠铜导体向绕组两端进行热传导，再由定子两端的冷却空气将热量带走，视为热传导沿一个方向，且相当于平壁热传导。

铜导体发热及沿着铜导体进行的热传导过程，可以视为热源发热及热传导是稳态的，因此式（8-8）中的

$$\frac{\partial^2 T}{\partial t^2} = 0$$

定子槽中的铜导体发热是由于铜导体内流经电流和铜导体有电阻造成的。铜导体截面积 S 处处相等，所以热源沿铜导体也是处处均匀分布的。但铜导体两端暴露在冷却空气中。这样，可以认为铜导体的中央温度最高，其温度从中央向两端逐渐降低。定子槽中铜导线的温度分布如图 8-3 所示。

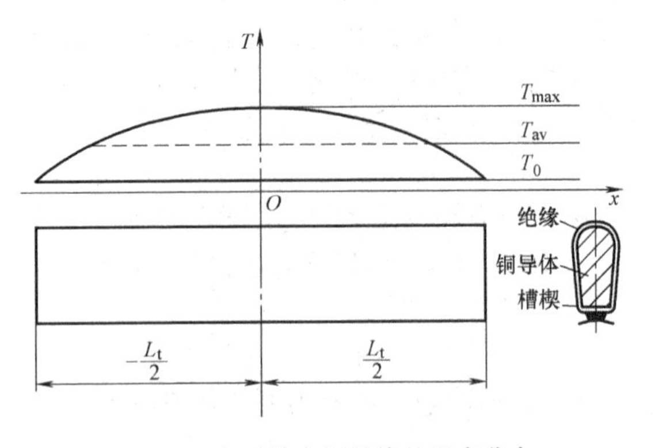

图 8-3　定子槽中铜导线的温度分布

再认为定子槽中的铜导体发热及热量沿铜导体传导为稳态，且热传导沿着铜导体的一个方向进行，则式（8-8）成为

$$P + \lambda\,\frac{\mathrm{d}^2 T}{\mathrm{d}x^2} = 0 \tag{8-9}$$

将式（8-9）中的 P 以铜损耗 P_{Cu} 代替，λ 为铜的导热系数 λ_{Cu}，则用式（8-9）可以分别计算出定子槽中的铜导体的最高温度、平均温度、温差最大值、温差平均值。式（8-9）成为

$$P_{\mathrm{Cu}} + \lambda_{\mathrm{Cu}}\frac{\mathrm{d}^2 T}{\mathrm{d}x^2} = 0 \tag{8-9a}$$

取定子槽中铜导体的中央为原点，沿导体长 L_t 方向为 x 轴，如图 8-3 所示。对式

(8-9a) 进行积分，得

$$\lambda_{Cu}T+\frac{1}{2}P_{Cu}x^2+C_1x+C_2=0 \tag{8-10}$$

将边界条件 $T=T_0$ 和 $x=\pm\frac{L_t}{2}$代入式（8-10）中，得

$$C_1=0,\ C_2=-\left(\lambda_{Cu}T_0+\frac{1}{8}P_{Cu}L_t^2\right)$$

将 C_1 和 C_2 代入式（8-10）中，得

$$T=T_0+\frac{P_{Cu}}{2\lambda_{Cu}}\left[\left(\frac{L_t^2}{2}\right)-x^2\right] \tag{8-11}$$

将 $x=0$ 代入式（8-11）中，求得铜导体中央的最高温度 T_{max} 为

$$T_{max}=T_0+\frac{P_{Cu}}{8\lambda_{Cu}}L_t^2 \tag{8-12}$$

式中　P_{Cu}——定子绕组铜损耗，单位为 W；

L_t——定子绕组在定子槽内的长度，单位为 m；

λ_{Cu}——铜导体的导热系数，查表 8-2。

求铜导体的平均温度 T_{av}

$$T_{av}=\frac{1}{2}(T_0+T_{max})=\frac{1}{2}\left(T_0+T_0+\frac{P_{Cu}}{8\lambda_{Cu}}L_t^2\right)=T_0+\frac{P_{Cu}}{16\lambda_{Cu}}L_t^2 \tag{8-13}$$

求温差最大值 ΔT_{max}，由下式给出：

$$\Delta T_{max}=T_{max}-T_0=T_0+\frac{P_{Cu}}{8\lambda_{Cu}}L_t^2-T_0=\frac{P_{Cu}}{8\lambda_{Cu}}L_t^2 \tag{8-14}$$

求温差平均值，由下式给出：

$$T_{av}-T_0=T_0+\frac{P_{Cu}}{16\lambda_{Cu}}L_t^2-T_0=\frac{P_{Cu}}{16\lambda_{Cu}}L_t^2 \tag{8-15}$$

从式（8-11）可以看到，定子槽中的铜导体的温度分布是一抛物线。当铜损耗 P_{Cu}产生的热量一定时，铜导体越长，导热系数 λ_{Cu}越小，则永磁发电机的温度越高。在设计永磁发电机时应考虑定子长度 L_t，L_t 越长则不仅永磁发电机温升高，冷却也困难。同时 L_t 越长，则铜损耗也越大。但定子长度也不能太短，L_t 太短会使绕组两个端部长度相对加长，铜导体的利用率降低。

同理，可以认为定子铁心材料是均匀的，并且铁损也是在定子铁心中均匀分布的，因而铁损产生的热也是在铁心中均匀分布的，铁心中的热分布也是向铁心两端进行热传导，并向定子两端的空气散热。这样，定子铁心由于铁损耗所形成的热也是以定子长度 L_t 的中心为原点的抛物线。

同理，可以得到

$$P_{Fe}+\lambda_{Fe}\frac{dT^2}{dx^2}=0 \tag{8-16}$$

将式（8-16）进行积分，得

$$\lambda_{Fe}T+\frac{1}{2}P_{Fe}x^2+C_1x+C_2=0 \tag{8-17}$$

将边界条件 $T=T_0$ 和 $x=\pm\frac{L_t}{2}$ 代入式（8-17），得

$$C_1=0$$

$$C_2=-\left(\lambda_{Fe}T_0+\frac{1}{8}P_{Fe}L_t^2\right)$$

将 C_1 和 C_2 代入式（8-17），得

$$T=T_0+\frac{P_{Fe}}{2\lambda_{Fe}}\left[\left(\frac{L_t}{2}\right)^2-x^2\right] \tag{8-18}$$

将 $x=0$ 代入式（8-18）中，求得定子铁心中央的最高温度 T_{max} 为

$$T_{max}=T_0+\frac{P_{Fe}}{8\lambda_{Fe}}L_t^2 \tag{8-19}$$

式中　P_{Fe}——铁心的铁损耗，单位为 W；

λ_{Fe}——铁心的导热系数，查表 8-2；

L_t——铁心长度，单位为 m；

T_0——铁心两端的温度，单位为℃。

铁心的平均温度 T_{av} 为

$$T_{av}=\frac{1}{2}(T_0+T_{max})=\frac{1}{2}\left(T_0+\frac{P_{Fe}}{8\lambda_{Fe}}L_t^2+T_0\right)=\frac{P_{Fe}}{16\lambda_{Fe}}L_t^2+T_0 \tag{8-20}$$

铁心的温差最大值 ΔT_{max} 为

$$\Delta T_{max}=T_{max}-T_0=T_0+\frac{P_{Fe}}{8\lambda_{Fe}}L_t^2-T_0=\frac{P_{Fe}}{8\lambda_{Fe}}L_t^2 \tag{8-21}$$

铁心的温差平均值 $T_{av}-T_0$ 为

$$T_{av}-T_0=T_0+\frac{P_{Fe}}{16\lambda_{Fe}}L_t^2-T_0=\frac{P_{Fe}}{16\lambda_{Fe}}L_t^2 \tag{8-22}$$

将铜损耗发热与铁损耗发热合成在一起，就是永磁发电机在运行时的数种不同的温度情况。其中忽略了诸如机械损耗等损耗所引起的热量。

（1）永磁发电机运行时的最高温度 T_{max}

永磁发电机运行时的最高温度 T_{max} 由下式给出：

$$T_{max}=T_0+\frac{P_{Cu}}{8\lambda_{Cu}}L_t^2+\frac{P_{Fe}}{8\lambda_{Fe}}L_t^2=T_0+\frac{L_t^2}{8}\left(\frac{P_{Cu}}{\lambda_{Cu}}+\frac{P_{Fe}}{\lambda_{Fe}}\right) \tag{8-23}$$

（2）永磁发电机运行时的平均温度 T_{av}

永磁发电机运行时的平均温度 T_{av} 由下式计算：

$$T_{av}=T_0+\frac{P_{Cu}}{16\lambda_{Cu}}L_t^2+\frac{P_{Fe}}{16\lambda_{Fe}}L_t^2=T_0+\frac{L_t^2}{16}\left(\frac{P_{Cu}}{\lambda_{Cu}}+\frac{P_{Fe}}{\lambda_{Fe}}\right) \tag{8-24}$$

（3）永磁发电机运行时的温差最大值 ΔT_{max}

永磁发电机运行时的温差最大值 ΔT_{max} 由下式给出：

$$\Delta T_{max}=\frac{P_{Cu}}{8\lambda_{Cu}}L_t^2+\frac{P_{Fe}}{8\lambda_{Fe}}L_t^2=\frac{L_t^2}{8}\left(\frac{P_{Cu}}{\lambda_{Cu}}+\frac{P_{Fe}}{\lambda_{Fe}}\right) \tag{8-25}$$

（4）永磁发电机运行时的温差平均值 $T_{av}-T_0$

永磁发电机运行时的温差平均值 $T_{av}-T_0$ 由下式给出：

$$T_{av}-T_0=\frac{P_{Cu}}{16\lambda_{Cu}}L_t^2+\frac{P_{Fe}}{16\lambda_{Fe}}L_t^2=\frac{L_t^2}{16}\left(\frac{P_{Cu}}{\lambda_{Cu}}+\frac{P_{Fe}}{\lambda_{Fe}}\right) \tag{8-26}$$

式中　L_t——定子实际长度，单位为 m；

P_{Cu}——永磁发电机铜损耗，单位为 W；

P_{Fe}——永磁发电机铁损耗，单位为 W；

λ_{Cu}——铜的导热系数，单位为 W/(m·℃)，查表 8-2；

λ_{Fe}——铁的导热系数，单位为 W/(m·℃)，查表 8-2。

表 8-2　材料的导热系数 λ[W/(m·℃)]

材料名称	导热系数 λ	材料名称		导热系数 λ
电解铜	380~385	油		0.12~0.17
铝	202~205	水		0.57~0.628
铸铝(ZL101)	150.7	玻璃		1.10~1.14
铸铝 ZL104	146.5	珐琅、瓷		1.97
铸铝 ZL109	117.2	橡胶		0.186
锻铝 LD7	142.4	青壳纸		0.182~0.202
黄铜	85.5	沥青		0.70
灰铸铁	41.9~58.6	硅橡胶		0.30
钢含碳 C=0.5%	53.6	浸漆玻璃丝带		0.22
含碳 C=1.0%	43.6	玻璃丝带+云母		0.16
含碳 C=1.5%	36.4	树脂		0.22
硅钢叠片 1）不涂漆(沿分层方向)	42.5	人造树脂		0.33
硅钢叠片 2）不涂漆(沿分层垂直方向)	0.62	空气、气压在 $1.013\times10^5 N/m^2$ 时的干空气的情况下	-50℃	206
硅钢叠片 3）涂漆(沿分层垂直方向)	0.57		0℃	243
纯云母	0.36		20℃	257
压缩云母	0.12~0.15		40℃	271
B 级绝缘绕组	0.10~0.16		60℃	285
A 级绝缘绕组	0.10~0.15		80℃	299
黄漆布	0.21~0.24	100℃		314
石棉	0.194~0.20	氢气	-15℃	140.7
油浸电工纸、板	0.25		0℃	167.5
漆浸电工纸、板	0.14		50℃	191.5
浸漆纸	0.125~0.167		100℃	214.0

2. 热辐射

从发热物体向四周散发热量的过程称作热辐射，也称为辐射散热。物体的温度越高，辐射热量的能力越强。热辐射不仅与物体的温度有关，还与组成物体的材料及物体表面的粗糙度有关。

理想的热辐射体称作黑体。根据斯蒂芬-玻尔兹曼定律，发热物体在单位时间内所辐射的热量为

$$Q=\sigma_{b}\varepsilon S(T^{4}-T_{0}^{4}) \tag{8-27}$$

式中　σ_b——斯蒂芬-玻尔兹曼常数，$\sigma_b=5.67\times10^{-8}$ [W/（$m^2\cdot K$）]，1879年由斯蒂芬（Stefan）在实验中得出，后来，在1884年，玻尔兹曼（Boltzman）又从热力学原理中推导出同一结果；

ε——物体辐射黑度，见表8-3；

T——辐射物体表面的温度，单位为K；

T_0——辐射物体周围的温度，单位为K；

S——辐射物体表面积，单位为m^2。

表8-3　物体辐射黑度 ε

辐射物体材料及表面状况	黑度 ε	辐射物体材料及表面状况	黑度 ε
纯黑物质	1.00	表面氧化的紫铜表面	0.78
粗糙的铸铁表面	0.97	铸铝及铸铝合金表面	0.60～0.70
锻造钢坯表面	0.95	无光泽黄铜表面	0.22
车床加工的铸铁表面	0.60～0.70	灰色氧化铝表面	0.28
轧制钢板表面	0.657	磨光的黄铜表面	0.12
铸造黄铜表面	0.74	磨光的紫铜、漆包线表面	0.03

辐射散热的能力取决于辐射物体的温度、材料、表面积及粗糙度。黑金属比有色金属辐射量大，因此，电机机壳往往采用灰铸铁并且铸有散热片以增加辐射面积让机壳辐射更多热量。现代大型、中型永磁发电机也多采用钢板焊接并在机壳外焊有钢板散热片也是为了增加机壳的辐射散热能力。用钢板焊接机壳强度高、热传导及辐射散热也好，并且制造容易，不像灰铸铁那样需要模型及芯型，制造成本较低。

3. 热对流

用流体的流动将发热物体产生的热量带走的过程称作热对流，也称为对流散热（换热）。在对流散热的过程中，流体无相变。在对流散热中，流体经发热体表面流过，当流体温度低于发热体温度时，它们之间就会发生热交换，热量从高温的发热体传递给低温的流体。这个过程包含着发热体将热量传导给流体，也包含着发热体将热量辐射给流体，流体再将热量带走的复杂过程。

在永磁发电机不论是自扇风冷还是强迫风冷的过程中，大部分是以对流的方式将永磁发电机发热部件产生的热量带走对发电机进行冷却的。对流换热的计算，目前依然沿用1701年牛顿（Isaac Newton）的冷却公式。

$$Q=\alpha S(T_{w}-T_{f}) \tag{8-28}$$

式中　Q——流体对流带走的热量，单位为W；

α——对流换热系数，单位为$W/(m^2\cdot K)$；

S——对流接触的发热体表面面积，单位为m^2；

T_w——发热体表面的温度，单位为K或℃；

T_f——流体的平均温度，单位为K或℃。

将式（8-28）两边同时除以 αS，得

$$q=\frac{Q}{\alpha S}=(T_{w}-T_{f})=\Delta T \tag{8-29}$$

式中　q——热流强度，单位为 W/m^2；

Q——对流流体带走的热量，单位为 W；

$1/\alpha S$——称作散热表面到流体的热阻，$1/\alpha S=R_{\alpha}$；

ΔT——流体的温度差，单位为 K 或℃。

散热的总热阻 R_T 为传导热阻 R_{λ} 与对流热阻 R_{α} 之和，图 8-4 所示的总热阻为

$$R_T=R_{\lambda}+R_{\alpha} \tag{8-30}$$

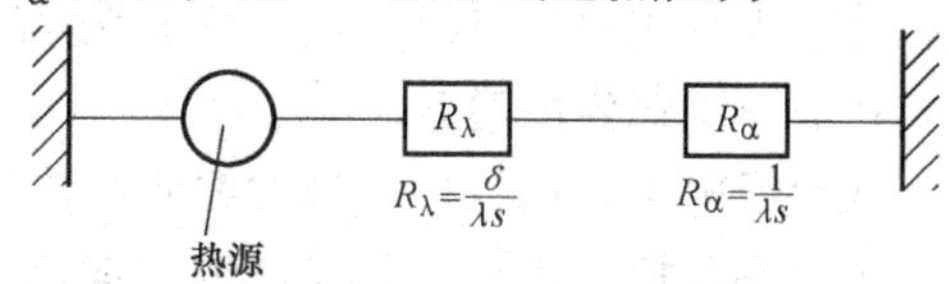

图 8-4　散热的总热阻

采用对流换热系数将对流换热中的包括热传导、热辐射的复杂的传热问题简化了。但对流换热系数 α 的大小与发热体表面的散热能力、表面积、流体的流速、流道的阻力等密切相关，要准确地计算出 α 值是十分困难的，甚至是不可能的。α 值往往由实验取得。在实验中，即使在一台电机中经实验计算得到的 α 值，由于电机的内部、外部、风冷形式、散热片等诸多因素，也只能适用于相似电机的情况。

由于把空气作为电机的冷却介质是非常方便、便宜、可靠的，这主要还在于空气性能稳定，易于取得。在实践中，认为电机各部分的换热系数 α 只与空气的流速、发热体的材料及表面有关，尽量剔除其他复杂因素，使 α 更易于计算。实验证明，当冷却电机的空气流速在 5～25m/s 之间时，α 值［W/（m^2·℃）］与空气流速 v 之间有如下的关系：

$$\alpha=\alpha_0(1+K_0 v) \tag{8-31}$$

式中　α_0——电机发热体在静止空气中的散热系数，见表 8-4；

v——流体的流速，单位为 m/s；

K_0——流体流经发热体带走热量的效率系数。

更方便也更为准确地表达对流系数 α 的计算式如下：

$$\alpha=\alpha_0(1+K\sqrt{v}) \tag{8-32}$$

式中　K——气流流经发热体带走热量的效率系数。

当永磁发电机运行时，转子转速在 10～25m/s 时，$K_0=1.0$，永磁发电机定、转子两侧有冷却风道且转子线速度在 3～8m/s 时，K_0 可取 1.2；定子绕线端部 $K_0=0.5\sim0.7$。

表 8-4　在静止空气中永磁发电机材料及表面的散热系数

永磁发电机材料及材料表面	散热系数 α_0/［W/（m^2·℃）］
涂漆的永磁发电机铸铁或钢板焊接的机壳、端盖	14.2～14.6
转子、定子内圆涂漆的硅钢片及表面不加工的铸铁、钢板焊接端盖	15.8～16.8
涂绝缘漆的绕组端部铜导线	13.3～13.5

冷却空气流经永磁发电机需冷却的发热部件表面时应带走的热量的效率系数 K，由表 8-5给出。

表 8-5　冷却空气流经永磁发电机发热部件带走热量的效率系数

永磁发电机风冷时被流动空气冷却的发热部件表面	效率系数 K
强迫风冷吹过的部件表面	1.30
其他强迫风冷空气流速较低或有紊流区的部件表面	1.0～0.8

第二节　永磁发电机的温升曲线分布

永磁发电机在运行中，由于铜损耗、铁损耗等损耗转变成热能，使永磁发电机温度升高，为了保证永磁发电机安全、可靠地运行，就必须对永磁发电机实施有效的冷却，使永磁发电机有一个稳定的温升。

永磁发电机在运行中，最主要的发热体是定子绕组和铁心硅钢片，同时它们又是导热介质。永磁发电机在运行中其温升按一定规律呈曲线分布，由于冷却方式的不同，发电机温度曲线高点也不同。尤其对于永磁发电机而言，计算永磁发电机的最高温度十分重要，因为永磁体温度超过100℃时，即使是剩磁、矫顽力很高的永磁体，其磁综合性能也会随着温度的上升而下降，温度越高其磁综合性能下降得越多。

1. 极数少、转速高、功率小的自然通风冷却及自扇风冷的永磁发电机的温度曲线分布

(1) 用在小型风力发电机上的小型永磁发电机的温度分布曲线

用在小型风力发电机上的小型永磁发电机是属于直驱式风力发电机。它的冷却方式是使塔架进入的冷空气从进风口进入永磁发电机内，永磁发电机运行时，绕组和铁心发热体将永磁发电机内的冷空气加热。被加热的空气由永磁发电机后端盖的出风口流出发电机内腔。热空气不断流出，冷空气从塔架经进气口不断进入，从而实现了温差空气自然流动的空气对流冷却；另一方面，机壳外铸有散热片，又可将定子及机壳的热量辐射给周围的空气，同时机外流动的空气——风也会将机内传导给机壳的热量带走。

这种自然对流的冷却方式方便、可靠、成本低。如图 8-5a 所示。

图 8-5b 所示是它的温度曲线分布图。

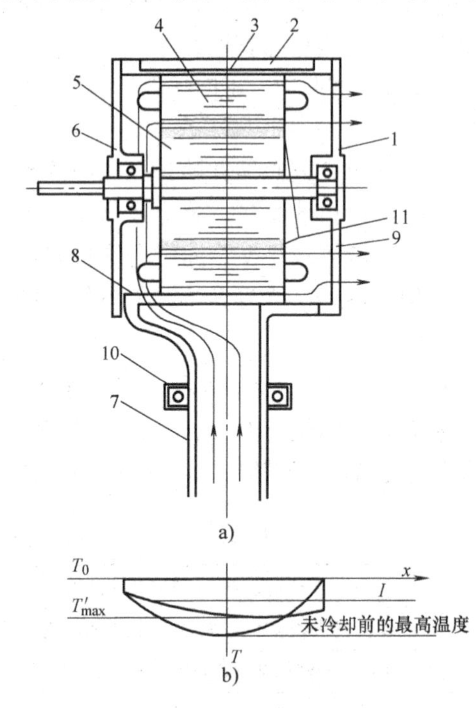

图 8-5　微小型风力发电机用小型永磁发电机的温度曲线分布及散热

1—后端盖　2—散热片　3—机壳　4—定子　5—转子　6—前端盖　7—塔架　8—进风口　9—出风口　10—转盘　11—永磁体磁极

从温度曲线分布可以看到，未冷却前永磁发电机的最高温度在发电机的中央，它遵循式 (8-23)，在 $x=0$ 时，即式

$$T_{max}=T_0+\left(\frac{P_{Cu}}{\lambda_{Cu}}+\frac{P_{Fe}}{\lambda_{Fe}}\right)\frac{L_t^2}{8}$$

它是未经冷却的最高温度，当永磁发电机冷却后，它的最高温度已不在发电机中央，而是向出风口方向移动了一段距离。这说明，刚进入的冷却空气温度低，带走的热

量较多并且冷却空气温度在升高。离出风口越近，则冷却空气的温度越高，它带走的热量越少，所以曲线高点向出风口方向移动。

冷却后的最高温度与冷却前的最高温度之差，就是冷却空气带走的热量所引起的。

冷却后的最高温度 T'_{max} 与永磁发电机周围的空气的温度之差称作永磁发电机的最高温升。

（2）极数少、转速高的永磁发电机自扇风冷的温度曲线分布

极数少、转速高的永磁发电机往往采用自扇风冷的冷却方式对永磁发电机进行冷却。图 8-6a 所示为自扇风冷永磁发电机结构图，由转子轴自行拖动的风扇将冷空气从风扇罩进气口吸入，经风扇叶片压缩对永磁发电机壳及散热片进行冷却。而永磁发电机机壳及散热片的热量是由永磁发电机铜损、铁损产生的热量传导给机壳和散热片的。

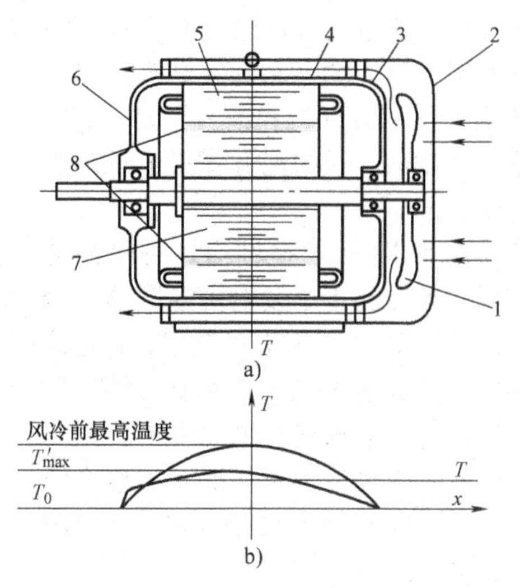

图 8-6 自扇风冷永磁发电机的结构及温度曲线分布

1—风扇 2—风扇罩 3—后端盖 4—机壳 5—定子 6—前端盖 7—转子 8—永磁体磁极

图 8-6b 所示为自扇风冷永磁发电机温度曲线分布。其中，T_0 为发电机周围空气的温度；T 为冷却空气将发电机热量带走一部分使其温度升高后的温度。经冷却后永磁发电机最高温度 T'_{max} 与周围空气的温差，即为自扇风冷永磁发电机的最大温升。

2. 多极低转速的中、大功率永磁发电机强迫风冷的温度曲线分布

永磁发电机的特点之一就是可以实现多极低转速。当永磁发电机极数超过 20 之后就不能自扇风冷。尤其永磁发电机达到 60 极、72 极、84 极必须强迫风冷。

图 8-7a 所示是 36 极、80kW 永磁发电机轴向强迫风冷的结构图。由于功率不大，定子长度 L_t 不长，可以轴向强迫风冷。其结构特点是，定子外径与机壳之间、每个永磁体磁极两侧及转子都有冷却风道，同时气隙也作为冷却风道。冷却风机将冷空气从永磁发电机一端压入，经冷却风道将定子绕组的铜损耗、定子铁损耗及转子铁损耗产生的热量带走一部分，冷空气不断压入，不断带走热量，同时机壳有散热片，还有一部分热量由定子铁心传导给机壳，由散热片辐射到周围的空气中，使永磁发电机保持在安全运行的温升内。

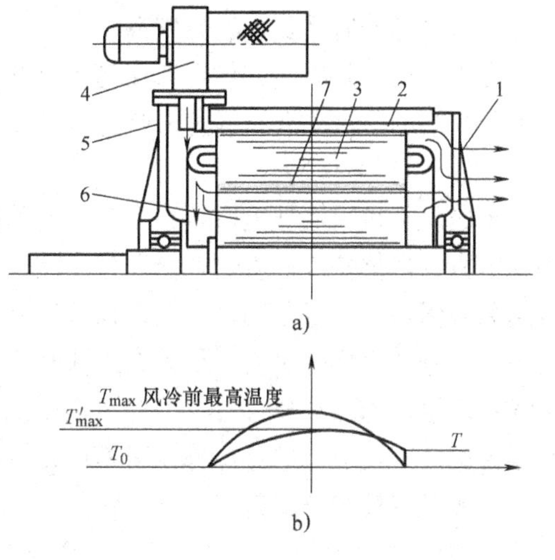

图 8-7 36 极、80kW 永磁发电机轴向强迫风冷结构及运行时温度曲线分布

1—后端盖 2—机壳 3—定子 4—冷却风机 5—前端盖 6—转子 7—永磁体磁极

图 8-7b 所示是永磁发电机运行时的温度曲线分布。T_{max} 是经轴向强迫风冷的发电机的最高温度，T_0 是冷却空气进口的温度，T 是冷却空气从发电机出来时的温度。T'_{max} 与 T_0 之差为永磁发电机轴向强迫风冷的最大温升。

图 8-8a 所示是 72 极的 1.5MW 永磁发电

机轴向、径向混合式强迫风冷的结构图。它的特点除包含图8-7a的全部特点外，在轴向冷却的同时还进行径向冷却。当大功率永磁发电机的定子长度L_t大于定子内径的一半时，应考虑采用轴向、径向混合式强迫风冷的冷却方式。

图8-8b所示是轴向、径向混合式强迫风冷的永磁发电机温度曲线分布。T_0是冷却空气进口温度，T是冷却空气吸收永磁发电机热量后的出口温度，T_{max}是永磁发电在轴向、径向混合式强迫风冷前的情况下的最高温度。T'_{max}与T_0之差就是永磁发电机的最大温升。

永磁发电机在运行时，其温升不能超过最大温升，否则，永磁发电机就不能安全运行。

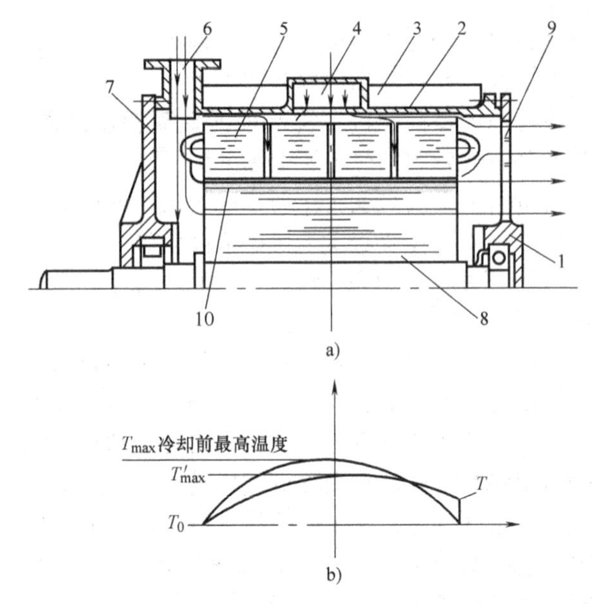

图8-8　72极的1.5MW永磁发电机轴向、径向混合式强迫风冷的结构及其温度曲线分布

1—后端盖　2—机壳　3—散热片　4、6—进风口　5—定子　7—前端盖　8—转子　9—出风孔　10—永磁体

第三节　永磁发电机的最高温升

永磁发电机在运行时的最高温升，不仅与永磁发电机的运行工况有关，而且与永磁发电机的冷却密切相关。冷却空气流速快、流量大，永磁发电机的冷却风道多，冷却风道总数的面积大，冷却风道设计得科学、合理，则永磁发电机在运行时其最高温升就要低，反之，永磁发电机在运行时其最高温升则高。

有资料用二热阻、三热阻或简易计算法计算发电机的温升，实际上，发电机的温升计算是十分复杂的。这主要是因为影响计算结果的因素太多，所以尽管反复计算多次，还是与实际测试的结果相差较大。

永磁发电机采用强迫风冷，实际上是将冷空气不断地强迫压入发电机内腔并经冷却风道将发电机发热体持续产生的热量通过不断进入的冷空气不停地带走一部分，使永磁发电机的最高温升保持在一定范围内，以确保永磁发电机安全运行。强迫风冷的过程，我们可以认为是一个对流热交换的过程。尽管在对流热交换的过程中尚存在着辐射散热给冷却空气，冷却空气在绕组端部的流速没有在冷却风道中的流速高，以及存在机壳和机壳上的散热片辐射散热等情况，但按对流散热计算是科学的，并留有一定的裕度。

牛顿对流冷却公式即式为

$$Q' = \alpha S(T_w - T_f)$$

将其改写成

$$Q' = \alpha S(T - T_0) \tag{8-33}$$

式中　Q'——对流换热流体吸收的热量，单位为W；

α——对流换热系数，单位为W/(m^2·℃)；

S——流体接触的发热体表面积，单位为m^2；

T——冷却空气出口温度，单位为℃；

T_0——冷却空气入口温度，单位为℃。

对流换热系数应在实验中取得，这主要是因为各种电机的结构、冷却方式、冷却风速、流量等条件的不同，因而对流换热系数也不同。在实践中，总结出求对流换热系数α[W/(m^2·℃)]的经验公式即式（8-32）为

$$\alpha = \alpha_0(1 + K\sqrt{v})$$

式中　α_0——电机发热体在静止空气中的散热系数，查表8-4；

K——气流流经电机发热体带走热量的效率系数，查表8-5；

v——冷却空气在冷却风道的平均流速，单位为m/s。

v可由下式给出：

$$v_1 S_1 = v_2 S_2 \tag{8-34}$$

式中　S_1——冷却空气进口面积，单位为m^2；

v_1——冷却空气进口速度，单位为m/s；

v_2——冷却空气流经冷却风道的平均速度，单位为m/s，v_2即式（8-32）中的v；

S_2——永磁发电机所有冷却风道截面面积的总和，单位为m^2。

冷却空气流经冷却风道的平均流速v（m/s）为

$$v = \frac{v_1 S_1}{S_2}$$

冷却空气进口的流速v_1可由冷却风机标定的流量计算出，流量$q = v_1 S_1$（单位是m^3/s），$v_1 = q/S_1$（单位是m/s）。

冷却空气经过永磁发电机之后带走的热量为Q，单位为W；而永磁发电机主要发热体由定子绕组铜损耗P_{Cu}和定心铁心的铁损耗P_{Fe}组成，它们共同产生的热量$P'_Q = P_{Cu} + P_{Fe}$。而冷却空气带走Q热量后，即永磁发电机发热体减少了Q，即$P_Q = P'_Q - Q = P_{Cu} + P_{Fe} - Q$。

在永磁发电机中，铜损耗约占铜、铁损耗之和的90%，铁损耗约占铜、铁损耗之和的10%，故冷却空气带走的热量Q的90%认为是铜损耗，而Q的10%认为是铁损耗。于是

$$P'_{Cu} = P_{Cu} - 90\% Q$$

$$P'_{Fe} = P_{Fe} - 10\% Q$$

永磁发电机在强迫风冷的运行中的最高温度T'_{max}(℃）为

$$T'_{max} = T_0 + \frac{L_t^2}{8}\left(\frac{P'_{Cu}}{\lambda_{Cu}} + \frac{P'_{Fe}}{\lambda_{Fe}}\right) \tag{8-35}$$

永磁发电机在运行中强迫风冷，其最大温升$\Delta T'_{max}$为

$$\Delta T'_{max} = T'_{max} - T_0 \tag{8-36}$$

同理，可以求出永磁发电机在运行中强迫风冷的平均温升T'_{av}为

$$T'_{av} = T_0 + \frac{L_t^2}{16}\left(\frac{P'_{Cu}}{\lambda_{Cu}} + \frac{P'_{Fe}}{\lambda_{Fe}}\right) - T_0 = \frac{L_t^2}{16}\left(\frac{P'_{Cu}}{\lambda_{Cu}} + \frac{P'_{Fe}}{\lambda_{Fe}}\right) \tag{8-37}$$

同理，可以求出其他需要求出的永磁发电机在运行中强迫风冷的温升值。

由于永磁发电机的永磁体磁极在温度达到100℃之后其磁综合性能下降很快，因此，推荐永磁发电机的绝缘耐热等级为A级，极限温度为105℃，如果永磁发电机工作环境温度为25℃，则永磁发电机最大允许温升为80℃；如果永磁发电机工作环境温度为40℃，则其最大允许温升为65℃。当然绝缘不仅与温度有关，与电压也有关。当永磁发电机的电压超过1000V之后，也应提高绝缘等级。比如采用B级甚至F级，同时对永磁体也相应地提高其磁综合性能，永磁发电机绝缘取决于电压，温升取决于永磁体。

第四节 永磁发电机的冷却

永磁发电机在运行时，由于绕组的铜损耗、铁心的铁损耗产生的热量使永磁发电机温度升高，欲使永磁发电机安全可靠运行，其温度必须控制在允许的温升之内，就必须对永磁发电机实施有效的冷却。

永磁发电机与常规励磁发电机相比，有其独特的特点：

1）永磁发电机可以做到多极低转速。比如笔者用定子内径230mm定子硅钢片做成了30极永磁发电机；用内径445mm的定子做成了36极永磁发电机；用内径1550mm的定子铁心设计了60极、72极永磁发电机，这是常规励磁发电机做不到的。对于多极低转速永磁发电机，必须采用强迫冷却对永磁发电机进行冷却。

2）永磁发电机与常规励磁发电机相比没有励磁绕组，因此少了一个热源，比常规励磁发电机温度低10℃左右。

3）永磁发电机的磁极是永磁体，当永磁发电机温度超过100℃之后对永磁体磁综合性能影响很大，因此，要对永磁体进行有效的冷却。

4）永磁发电机到目前为止，给风电机组提供的单机容量尚未超过3.0MW，因此，用外置或内置式强迫风冷结构就能达到冷却目的。但常规励磁发电机单机容量已超过1300MW，因此有了水冷、氢冷及双水内冷。

1. 永磁发电机的冷却方式

1）微、小型且极数少于18极的永磁发电机，宜采用自然对流、辐射散热的冷却方式。微、小型永磁发电机多用在微、小型风力发电机上，利用永磁发电机运行时其内部温度升高，空气被加热，被加热的热空气从永磁发电机的后端盖出风口流出，而从塔架流入的冷空气填补流走的热空气的位置，冷空气吸收永磁发电机产生的热量升温再流出，冷空气不断流入，热空气不断流出，实现自然空气对流冷却。同时，发电机机壳及散热片也向周围辐射散热。这两种冷却方式保证永磁发电机维持一定的温升，确保微、小型永磁发电机安全运行。如图8-5a所示。

2）对于30~60极、定子铁心长度小于定子铁心内径的10~1000kW的永磁发电机，宜采用轴向强迫风冷的冷却方式，同时机壳及机壳上的散热片也向永磁发电机周围空气辐射散热。定子外径与机壳之间、永磁体磁极两侧、转子都设有冷却风道，机壳设有散热片。如图8-7a所示。

3）对于42~84极、定子铁心长度超过800mm、功率大于500kW的永磁发电机，宜采用轴向、径向混合式强迫风冷方式，同时机壳及机壳上的散热片也向永磁发电机周围的空气辐射散热。定子铁心外径与机壳之间、永磁体磁极两侧、定子铁心径向及转子都设有冷却风道。如图 8-8a 所示。

4）强迫风冷除自扇风冷外，主要有外置式和内置式或称压入式或吸入式两种强迫风冷系统。压入式是将冷却风机置于永磁发电机外部，如图 8-7a 所示。冷却风机拆装方便，维护容易，压入式由于空气被压缩，温度略有升高；吸入式往往置于永磁发电机内部，拆装不方便，但也有置于发电机外部的。吸入式风机功率消耗比压入式风机功率消耗大。

2. 流体的性质

流体是分子相互联系、不间断、可流动的物质。流体包括空气及其他气体和水及其他液体。

（1）流体的被压缩性

根据流体在压力作用下其体积改变的不同程度，流体分为可压缩和不可压缩两种。对水施加 1atm[⊖]增加到 100atm，水的体积只缩小了 0.5%，可以认为水是不可压缩的流体；对空气施加 1atm 增加到 100atm，空气的体积变成了原来的 1%，认为空气是可压缩的流体。说明：流体没有固定的体积和形状，它们的体积取决于盛装流体的容器的形状。以上对流体压缩其体积的变化也同样取决于盛装流体的容器的容积和容器的形状，流体的体积就是容器的容积。为便于理论上的说明，故采用流体的体积一词。

（2）流体的黏滞性

所有的流体都具有一定的黏滞性。当流体沿管道或壁面流动时，流体的分子与管道或壁面都存在摩擦力。另外，流体流动时由于分子流速不同，分子之间也存在摩擦力。这些摩擦力阻碍了部分流体分子的流速。称这种因摩擦而降低流体流速的力叫作流体的黏滞力。经实验，流体的黏滞力 τ（N/m^2）为

$$\tau = \mu \frac{dv}{dn} \tag{8-38}$$

式中　τ——流体的黏滞力，即流体单位面积上的摩擦力，单位为 N/m^2；

$\frac{dv}{dn}$——流体的速度梯度，即垂直于流体流动方向上每隔单位长度的流体流速的变化，单位为 1/s；

μ——动黏度或称黏滞系数，它表示流体的黏滞性，单位为（$N \cdot s/m^2$），其值的大小取决于流体的性质和温度，常态下，水和空气的黏滞性都很小。

（3）流体的静压力和动压力

流体的静压力表示静止流体中的应力，其单位为 N/m^2 或 Pa。

流体的动压力表示流体流动时具有的动能所呈现的压力，单位为 N/m^2 或 Pa。动压力也表示流动的流体单位体积中所具有的动能。动压力 p_g（N/m^2 或 Pa）表示为

$$p_g = \frac{\gamma v^2}{2} \tag{8-39}$$

式中　γ——流体的密度，即单位体积的重量，单位为 kg/m^3；

v——速度的速度，单位为 m/s。

⊖ 1atm = 101.325kPa。

（4）流体的层流和紊流

流体在管道内或沿壁面流动的状态可分为层流和紊流两种情况。一是做层流流动，流体在做层流流动时，流体仅有平行于管道表面的流动。流体在做紊流流动时，流体中的大部分分子不再保持平行于管道表面或壁面的流动，而是以其平均流速向前流动，其中有相当数量的流体分子产生涡流做无规则的扰动。常用一个无量纲的雷诺数来判断流体流动的状况。雷诺数由下式表示：

$$Re = \frac{vd}{\nu} \tag{8-40}$$

式中　Re——雷诺数，无量纲；

v——流体的流速，单位为m/s；

d——管道直径，或折算成等效于管道直径的数值，单位为m；

ν——流体的运动黏度，单位为m^2/s。

运动黏度ν（m^2/s）由下式求得：

$$\nu = \frac{u}{\gamma} \tag{8-41}$$

式中　u——动力黏度，单位为g/(cm·s)；

γ——流体密度，即单位体积的流体的重量，单位为kg/m^3（1kg 物体所受重力为9.8N）。

实验表明，流体流动时，雷诺数$Re<2200$时为层流，$Re>2200$时为紊流。雷诺数不仅与流体的流速、管道直径有关，还与流体的密度、黏滞性有关。

（5）伯努利理想流体的运动方程

伯努利理想流体的运动方程，是基于理想气体的概念和能量守恒定律建立起来的。所谓理想流体，就是既不考虑流体的可压缩性，也不考虑流体在流动中的黏滞性的流体。理想流体与真实流体的差别在于，真实流体是可以压缩的，而且在流动时具有黏滞性。之所以有理想流体概念完全是为了便于计算，计算结果的误差再加以修正。

伯努利理想流体运动方程为

$$\gamma gh + p_y + \frac{1}{2}\gamma v^2 = C \tag{8-42}$$

式中　p_y——流体中某点的压强，单位为N/m^2或Pa；

γ——流体的密度，单位为kg/m^3；

h——该点所在高度，单位为m；

v——流体该点流动的速度，单位为m/s；

g——重力加速度，$g=9.8m/s^2$；

C——伯努利常数。

伯努利理想流体运动方程在永磁发电机中的冷却空气能量：永磁发电机的强迫风冷的风机往往与永磁发电机在同一高度上，没有高度差，所以伯努利理想流体的运动方程可以写成如下形式：

$$p_y + \frac{1}{2}\gamma v^2 = C \tag{8-43}$$

3. 永磁发电机强迫风冷的空气流速

永磁发电机强迫风冷的过程，可以看作是冷却空气的等流量过程。当冷却风机以压力 p_1、流量 Q 将冷空气压入永磁发电机内腔并流经各冷却风道，冷空气吸收永磁发电机铜损耗和铁损耗产生的热量而温度升高。在永磁发电机中各冷却风道的容积不变，可以视为空气的等容加热过程。等容加热空气可由下式表示：

$$\frac{p_1 V_1}{T_1}=\frac{p_2 V_2}{T_2} \tag{8-44}$$

式中　p_1——冷却空气被风机压入永磁发电机的冷却进口压力，单位为 MPa/cm^2；

$V_1=V_2$——永磁发电机内部包括冷却风道的容积，单位为 cm^3；

$T_1=T_0$——冷却空气进口的温度，单位为℃；

$T_2=T$——冷却空气出口的温度，单位为℃。

则上式（8-44）可变成

$$\frac{p_1}{T_1}=\frac{p_2}{T_2}\quad 即\quad \frac{p_1}{T_0}=\frac{p_2}{T} \tag{8-45}$$

冷空气在等容加热过程中，温度升高，压力增大。比如入口空气温度 $T_1=25℃$，压力为 p_1，出口温度 $T_2=40℃$，则 $p_2=1.6p_1$。由于永磁发电机内腔包括各冷却风道的容量未变，热空气的流速加快，流量未变，因此，永磁发电机冷却空气出口应比入口大得多。

等流量可以用下式表达：

$$v_1 S_1=v_2 S_2=v_3 S_3 \tag{8-46}$$

式中　v_1——冷却空气进入永磁发电机冷却风道入口的流速，单位为 m/s；

S_1——冷却风道入口的截面积，单位为 m^2；

v_2——永磁发电机内腔所有冷却风道的冷却空气的平均流速，单位为 m/s；

S_2——永磁发电机的各冷却风道截面积的总和，单位为 m^2；

v_3——冷却空气出口的流速，单位为 m/s；

S_3——冷却空气出口截面积，单位为 m^2。

为了让冷却永磁发电机之后的升温的热空气顺利地流出永磁发电机，永磁发电机冷却空气出口面积 S_3 应增加，以减小热空气流出的阻力及热空气的流速。

在等流量的计算中，忽略了空气的黏滞性，因为在永磁发电机强迫风冷的过程中，由于冷却空气流速较高，空气的黏滞系数很小。同时也认为冷却空气在永磁发电机内各冷却风道的流速是层流，只有在绕组两端会产生紊流，这种紊流有利于绕组端部冷却，不论这种紊流如何，最终还是要从冷却风道流出去。

4. 永磁发电机强迫风冷的空气流量

永磁发电机往往极数较多，转速较低，轴承等机械损耗很小，可以通过永磁发电机的前后端盖进行辐射散热。永磁发电机主要是由绕组铜损耗和铁心铁损耗产生热量，强迫风冷就是要把绕组铜损耗和铁心铁损耗产生的热量带走一部分。冷却空气不断被压入永磁发电机内，其不断带走铜损耗和铁损耗产生的部分热量，维持永磁发电机在一定的温度下运行，确保永磁发电机的安全。

冷却空气的流量 $Q(m^3/s)$ 由下式给出（初估流量）：

$$Q = K \frac{\Sigma P_h}{C\Delta T} \tag{8-47}$$

式中 ΣP_h——永磁发电机所有损耗之和，单位为kW；

C——空气的比热。在1atm下、50℃时，$C = 1.1\text{J/m}^3 \cdot ℃$；

ΔT——强迫风冷的空气进口与出口的温度差，也就是冷却空气通过永磁发电机后的温升，单位为℃。在一般情况下，ΔT控制在永磁发电机绕组温升的20%左右，通常取值为15~20℃为宜；

K——永磁发电机各发热部件和空气流经冷却风道的不均匀系数，一般K取1.3。

式（8-47）避开了难以计算的黏滞系数、热阻等，它给出了永磁发电机强迫风冷时所必需的流量。它也避开了永磁发电机内部的千差万别，而以不均匀系数去概括。在永磁发电机强迫风冷的计算中，即使按各通风道计算，结果也与实际相差很多，因为永磁发电机强迫风冷的过程及永磁发电机内部的不同会致使计算十分复杂，也难以准确。

5. 永磁发电机强迫风冷的风机功率

牛顿对流冷却计算公式$Q' = \alpha S(T - T_0)$，它是从冷却空气进口和出口的温度差及对流流体接触的发热体表面积及对流换热系数α的基础来计算对流流体带走的热量Q'（W），实际上是冷却空气被压入永磁发电机内进行冷却所消耗的功率。但在永磁发电机中，各冷却风道的表面很难被准确计算，而且通过实践总结出$\alpha = \alpha_0(1 + K\sqrt{v})$来计算$\alpha$值，计算也很难达到目的。

对冷却风机的设计，本书不再赘述，很多资料都有对风机设计的论述和计算。本书只列出冷却风机的轴功率和电机功率的计算公式如下：

冷却风机的轴功率为

$$P_S = \frac{Q_s p}{102\eta_S\eta_N} \tag{8-48}$$

式中 P_S——永磁发电机冷却风机的轴功率，单位为kW；

p——冷却风机出口风压，单位为kgf/cm^2（$1\text{kgf/cm}^2 = 0.0980665\text{MPa}$）；

η_S——风机效率（%）；

η_N——驱动风机的电机效率（%）。

冷却风机的电机功率P'_N为

$$P'_N = \frac{Q_S p}{102\eta_S\eta_N}K \tag{8-49}$$

式中 Q_S——冷却风机流量，单位为m^3/min，（$1\text{m}^3/\text{min} = 60\text{m}^3/\text{s}$）；

K——系数，一般取$K = 1.05$。

初步计算出冷却风机的流量和功率后，即可以决定风机采用的形式，一是轴流式风机；二是离心式风机。轴流式风机效率比离心式风机效率高，离心式风机压力比轴流式风机压力高一些。

当风机在永磁发电机运行中进行冷却时，对永磁发电机的温升进行实测，当永磁发电机的温升超过设计给定的温升时，说明计算后选定的风机流量小、压力低，应重新计算，更换流量大一些的风机再进行实测。

6. 设计计算举例

高效永磁发电机 GYFD200-30/10 的主要参数如下，计算强迫风冷的风机流量、入口流速、出口流速。

1）额定功率：$P_N=10kW$；

2）额定电压：$U_N=400V$；

3）极数：$2p=30$；

4）相数：$m=3$；

5）定子内径：$D_{i1}=230mm$；

6）定子外径：$D_1=327mm$；

7）功率因数：$\cos\varphi=0.89$（感性负载）；

8）绕组线规：$n\times d=3\times\phi1.25mm$ 圆漆包铜线；

9）绕组 75℃时直流电阻：$R=2.885\Omega$（三相绕组电阻之和）；

10）气隙磁感应强度：$B_\delta=0.5T$；

11）定子齿磁感应强度：$B_t=0.47T$；

12）定子轭磁感应强度：$B_j=0.875T$。

（1）永磁发电机绕组的铜损耗 P_{Cu}

$$P_{Cu}=I_N^2R=(16.2^2\times2.885)W=757W=0.757kW$$

（2）永磁发电机铁损耗 P_{Fe}

1）定子铁心轭硅钢片的铁损耗 P_{Fej}

$$P_{Fej}=K_\alpha p_{Fe}/(50G_j)=(p_{5.6}/50\times22.94)W=12.846W\approx13W$$

2）定子铁心齿硅钢片铁损耗 P_{Fet}

$$P_{Fet}=K'_\alpha p'_{Fe}/(50G_t)=(p_{14.6}/50\times21.6)W=31.536W\approx32W$$

3）永磁发电机的铁损耗 P_{Fe}

$$P_{Fe}=P_{Fej}+P_{Fet}=(13+32)W=45W=0.045kW$$

（3）强迫风冷的空气流量

$$Q_S=K\frac{\Sigma P_h\times10^{-3}}{C\Delta T}=\left[1.3\times\frac{(757+13+32)\times10^{-3}}{1.1\times20}\right]m^3/s=0.04739m^3/s\approx0.047m^3/s$$

在计算中，K_α、K'_α取 1；$\Delta T=20℃$；$p_{5.6}/50$ 及 $p_{14.6}/50$ 查 DW465-50。

（4）求冷却风机电机功率 P'_N

$$P'_N=K\frac{Q_Sp}{102\eta_S\eta_N}=\left(1.05\times\frac{0.047\times60\times3}{102\times0.96\times0.8}\right)kW=0.113kW=113W$$

式中　p——冷却风机出口压力，$p=3kgf/cm^2$（$1kgf/cm^2=0.0980665MPa$）；

Q_S——冷却风机流量，$Q_S=0.047m^3/s=2.82m^3/min$；

η_N——冷却风机电机效率，$\eta_N=96\%$；

η_S——冷却风机效率，$\eta_S=80\%$。

（5）冷却风机的选择

选择流量 $Q_S=0.047m^3/s$、压力 $p=3kgf/cm^2$（约 0.3MPa）、电机功率 $P_N=110W$ 的轴流式风机。

（6）计算永磁发电机冷却空气入口的流速 v_1

永磁发电机冷却空气入口面积为 $S_1=20\text{mm}\times120\text{mm}=2400\text{mm}^2=0.0024\text{m}^2$。

$$v_1=\frac{Q_S}{S_1}=\frac{0.047}{0.02\times0.12}\text{m/s}=19.58\text{m/s}$$

（7）计算永磁发电机冷却空气出口的流速 v_2

冷却空气出口为120个 ϕ8mm孔组成。

$$v_1S_1=v_2S_2$$

$$19.58\times0.02\times0.12=v_2\times120\times0.008^2\pi/4$$

$$v_2=7.79\text{m/s}$$

第九章　永磁发电机结构设计及强度、刚度计算和平衡

永磁发电机是为了满足风力发电机快速发展的需求，从20世纪80年代开始迅速地发展起来的。由于永磁发电机效率高、节能、温升低、噪声小、重量轻、结构简单、维护容易，又可做成多极低转速，尤其适合风力发电机，因而被广泛地应用在风电机组上。

进入21世纪，中、大型永磁发电机的不断问世，又促进了风电机组的发展。多极低转速使风电机组的增速器的增速比下降10倍以上，使风电机组制造成本大幅度下降。

永磁发电机多用在风电机组上，其安装形式基本上有卧式及立式两种形式。

永磁发电机多为多极低转速，所以冷却方式基本上都用强迫风冷的冷却形式。冷却风机置于永磁发电机的机壳上。

MW级永磁发电机重量达到几十吨，除采用新材料、新工艺之外，还要对其结构进行科学合理的设计。在永磁发电机结构设计中既要节省材料、造型美观大方，还要保证各部件的强度，更要保证结构刚度，使永磁发电机不至于因变形过大而影响其安全运行。

永磁发电机与常规励磁发电机不同，常规励磁发电机有200余年的发展历史，经验丰富，甚至达到标准化。连试验都有国际电工委员会（IEC）的标准。对于永磁发电机来说，各项技术目前还在发展中，很难有统一标准。对于永磁发电机的设计除了应尽量采用常规励磁发电机对永磁发电机可用的标准、参数外，还有其独特的特点，设计时应根据永磁发电机的特点及使用工况参考我国或国际上的相关规定去设计。

第一节　永磁发电机的结构形式和安装形式

永磁发电机主要安装形式有两种，即卧式安装与立式安装。永磁发电机的结构形式也依安装形式和功率的不同而有多种。

1. 永磁发电机的卧式安装及结构形式

目前，永磁发电机多用于风电机组，主要有两种安装形式，即卧式安装与立式安装。卧式安装适用于水平轴风电机组，图9-1所示是永磁发电机卧式安装的结构图。

永磁发电机的底座支撑并固定在风电机组的机舱座上。永磁发电机由前端盖、轴承、机壳、后端盖、轴承、定子、转子及镶嵌在转子上的永磁体、冷却风机、出风口等组成，结构如图8-7a所示。这是水平轴风电机组中的永磁发电机通常的安装方式与结构。

图9-2所示是直驱式风电机组的永磁发电机卧式安装及结构。

直驱式风电机组用永磁发电机是由前端盖、轴承、机壳、后端盖、轴承、冷却风机、定子、转子及镶嵌在转子上的永磁体等组成的。它的机壳直接与转盘相连接，并有足够的空间容许人从塔架进入机舱。机舱是连接在永磁发电机的机壳上或永磁发电机的内定子上（外转子永磁发电机）。这种永磁发电机是一种特殊的卧式安装。

这种永磁发电机极数多，通常都在60极以上。直驱式永磁发电机一般工作在小于50Hz

的低频段，应该说是低频发电机。它的冷却必须用强迫风冷，可以用压入式风机，也可用吸出式风机。

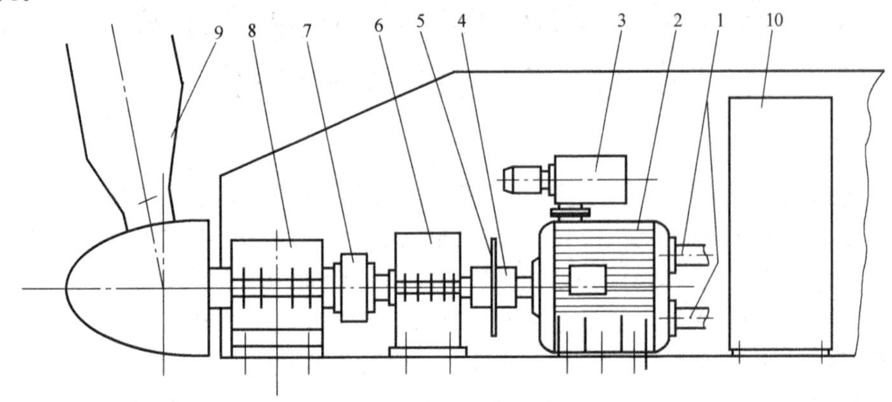

图 9-1　永磁发电机的卧式安装

1—出风口　2—永磁发电机　3—冷却风机　4—高速联轴器　5—制动盘
6—低速比增速器　7—低速联轴器　8—风轮轴承座　9—叶片　10—配电箱

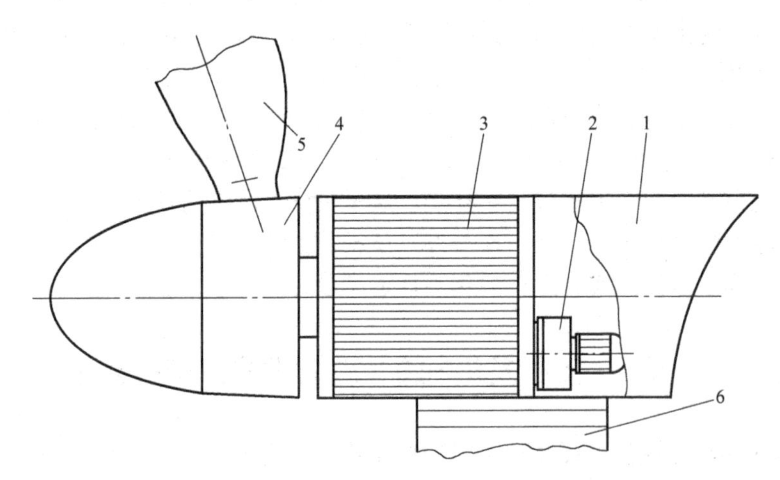

图 9-2　直驱式风电机组的永磁发电机的卧式安装

1—机舱　2—冷却风机　3—永磁发电机
4—轮毂　5—叶片　6—转盘

图 9-3 所示是微、小型水平轴风力发电机中的永磁发电机卧式安装及结构形式。这种永磁发电机也是直驱式，一般为 24 极以内。机壳侧有活动铰支座或水平铰支座，当风速超过额定风速时，风轮拖着永磁发电机会绕着塔架水平或垂直转个角度以减少叶片的迎风面积，保持一定转速。这种永磁发电机由前端盖、轴承、机壳、后端盖、轴承、定子、转子及镶嵌在转子上的永磁体等组成。其冷却靠自然对流及辐射散热。较为理想的散热冷却如图 8-5a 所示。

用在微、小型风力发电机上的永磁发电机也是一种特殊的卧式安装形式。

还有其他用途的永磁发电机卧式安装形式。如柴油发电机组用永磁发电机，也是卧式安装。

柴油发电机组用永磁发电机基本上都是2极永磁发电机，同步转速 $n_N = 3000\text{r/min}$，通常冷却方式为自扇风冷。如图8-6所示。

2. 永磁发电机的立式安装及结构形式

图9-4所示是垂直轴风力发电机用永磁发电机立式安装形式。

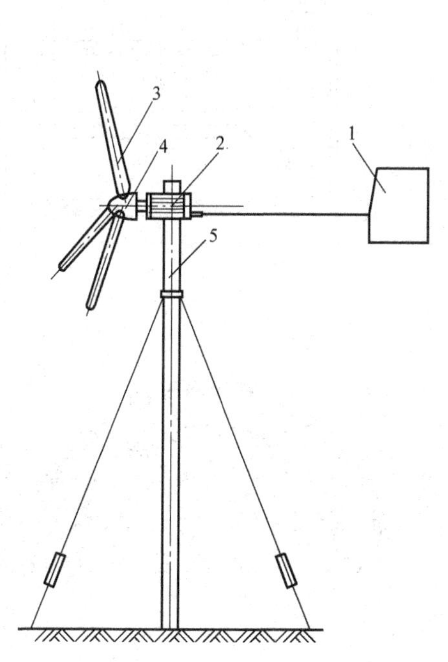

图9-3　微、小型风力发电机用永磁发电机的立式安装

1—尾舵　2—永磁发电机　3—叶片　4—轮毂　5—塔架

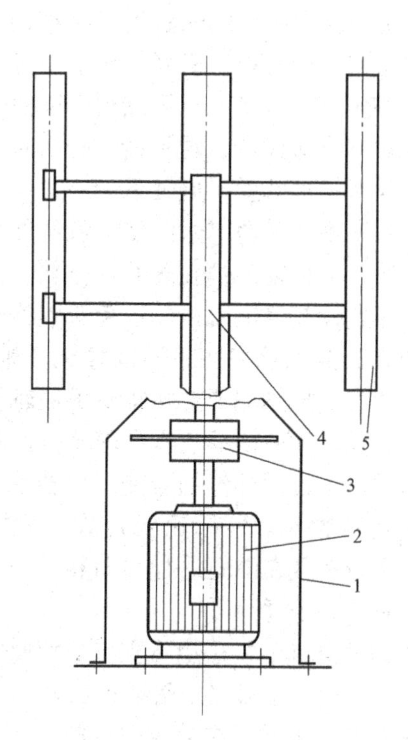

图9-4　垂直轴风力发电机的永磁发电机的立式安装

1—防护罩　2—永磁发电机　3—联轴器　4—塔架　5—叶片

立式安装的永磁发电机的结构包括上端盖、轴承、机壳、定子、转子及镶嵌在转子上的永磁体、下端盖及机座、轴承及推力轴承等。

垂直轴小型风力发电机用永磁发电机往往是24极以内，由风轮直接驱动的直驱式风力发电机组，一般功率不大，采用自然对流及辐射散热。

垂直轴中、大功率风力发电机用功率较大，极数多的永磁发电机也应采取强迫风冷的方式进行冷却。其强迫风冷形式可采取图8-7a或图8-8a所示形式。

第二节　永磁发电机的结构设计

永磁发电机没有励磁系统，因此节省了励磁功率，并且使永磁发电机重量轻、结构简单，简单到只需维护轴承的程度。

永磁发电机主要是转子永磁体磁极的布置不同，冷却方式的不同使永磁发电机结构也随之不同。

永磁发电机转子磁极布置有四种：第一种是径向布置，亦称面极式；第二种是永磁体磁极的切向排列，亦称隐极式；第三种是永磁体磁极的轴向布置；第四种是混合布置。

1. 永磁发电机永磁体磁极径向布置的结构设计

永磁体磁极径向布置的永磁发电机的结构如图9-5a、b所示，图9-5中所示为中、大功率的永磁体径向布置的永磁发电机结构，它是由前端盖、前轴承、机壳、定子与机壳之间的冷却风道、定子、定子绕组、永磁体磁极、永磁体冷却风道、转子毂、转子轴、转子冷却风道、后端盖、后轴承、冷却风机等组成。由于中、大功率永磁发电机往往达到几十吨重，所以前后端盖要有加强筋，并且加强筋不宜设在发电机内腔以免影响冷却空气的流动。前轴承往往采用圆柱滚子轴承，这是因为发电机轴端要连接很重的联轴器及制动器，同时这种轴承还具有随着温度的变化而圆柱滚子自动补偿的功能。后轴承可以采用深沟球轴承。冷却风机可以布置在前端，也可以布置在中间进行轴向和径向混合冷却，如图8-8a所示。

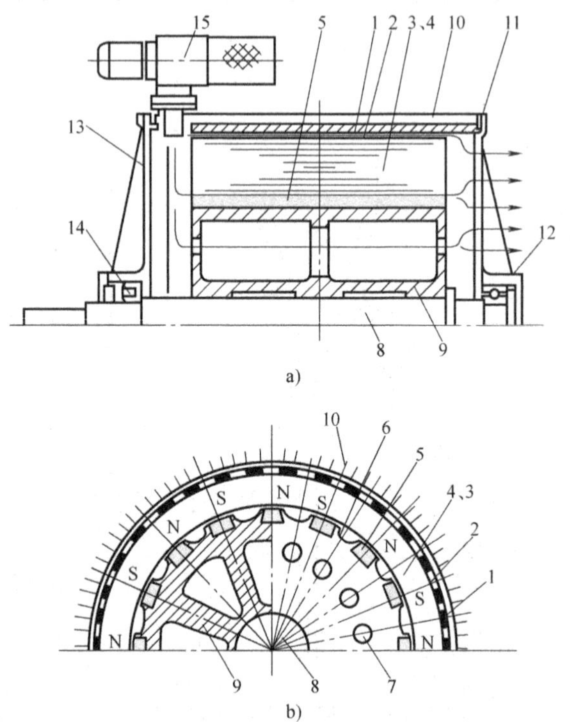

图9-5　径向布置永磁体的永磁发电机的结构

1—机壳　2—定子冷却风道　3—定子　4—定子绕组　5—永磁体　6—永磁体冷却风道　7—转子冷却风道　8—转子轴　9—转子毂　10—散热片　11—后端盖　12—后轴承　13—前端盖　14—前轴承　15—冷却风机

永磁发电机可以采用下支座支撑整机重及固定发电机，也可以采用箱式结构。

永磁发电机转子应铸成中空的，用辐板支撑全部转子重并将转子可靠地固定在转子轴上，或用低碳钢板焊接而成。

机壳通常为圆筒形，外部有散热片，不仅能将永磁发电机发热体产生的部分热量辐射给周围空气，还能加强机壳轴向强度和刚度。

出线盒要根据永磁发电机实际使用方便，可以设置在机壳上部、左侧或右侧，以安装使用方便为宜。

2. 永磁体磁极切向布置的永磁发电机结构设计

图9-6所示是永磁体磁极切向布置的中、大功率的永磁发电机结构。它是由前端盖、前轴承、机壳、机壳与定子之间的冷却风道、定子、定子绕组、极靴、挡板、永磁体、非磁性材料转子毂、转子轴、转子冷却风道、散热片、后端盖、后轴承、冷却风机等组成。由于中、大功率的永磁发电机往往重几十吨，所以前后端盖要设加强筋，加强筋不宜设在发电机内部以免影响冷却空气的流动。由于永磁发电机轴伸出端要连接很重的联轴器及制动器，因此，前轴承宜采用圆柱滚子轴承。这种轴承不仅载荷大而且具有由于温度变化而圆柱滚子能自动补偿。

永磁体磁极切向布置的永磁发电机的转子毂必须是非磁性材料，如铸黄铜、铸铝合金等用以隔磁。永磁体还要用非磁性挡板挡在两极靴之间。极靴可以用燕尾槽镶嵌，也可以用螺钉紧固在非磁性材料的转子毂上。

其他结构形式与径向布置永磁体磁极的发电机相同或相似。

永磁体切向布置一般多为小功率，中、大功率用得不多，并且永磁体安装困难，必须有专用工具，安装时也务必注意安全。

3. 永磁体轴向布置的盘式永磁发电机结构设计

图4-3所示为永磁体磁极轴向布置的盘式永磁发电机结构示意图。它是由左端盖、轴承、机壳、定子绕组、安装在转子上的永磁体磁极的单层或多层绕组及磁极、右端盖、轴承及冷却风扇或风机组成的。

4. 永磁发电机零部件材料的选择

在设计永磁发电机的零部件的时候，应尽量选用新材料、新工艺、新技术，以减小永磁发电机的体积、重量，提高永磁发电机的性能，提高永磁发电机寿命，降低损耗，提高效率，降低永磁发电机的制造成本及用户的使用成本。

（1）永磁体的选择

在设计永磁发电机时应选择磁综合性能最好的永磁体，永磁体磁综合性能越好，则永磁发电机气隙磁感应强度越高，永磁发电机功率越大，发电机的各项指标就越好。

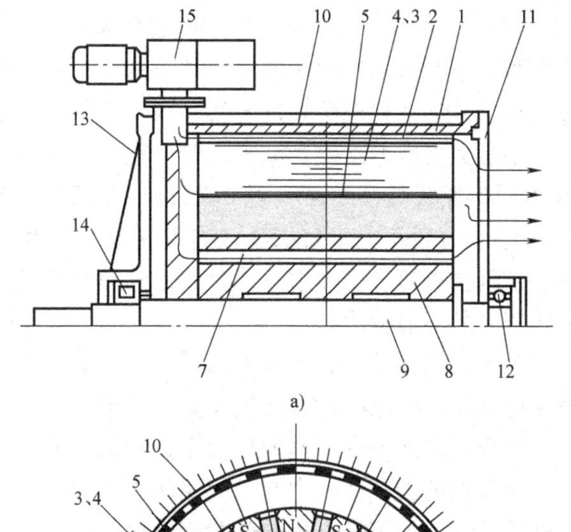

图9-6 永磁体切向布置的永磁发电机结构
1—机壳 2—定子冷却风道 3—定子 4—定子绕组 5—永磁体 6—极靴 7—转子冷却风道 8—非磁性材料转子毂 9—转子轴 10—散热片 11—后端盖 12—后轴承 13—前端盖 14—前轴承 15—冷却风机

目前，市场商品最好的永磁体也只有稀土钕铁硼，其剩磁标定的1.40T，实际上其磁感应强度也只有其剩磁的35%多一点。所以在设计时，应对永磁体磁极采取聚磁形状，以增加磁极的磁感应强度。

只有径向布置永磁体磁极才能采用聚磁形状，而切向布置永磁体磁极则难以采用聚磁形状。

（2）永磁发电机机壳材料的选择

微、小型永磁发电机机壳常采用铸铁材料，铸造成型并铸有散热片，与常规交流电动机机壳相同，更方便的是采用常规交流电动机机壳可以减少制造成本。灰铸铁机壳刚性好，变形小，且有减振功能。

中、大型永磁发电机机壳多采用低碳钢板卷筒焊接而成。并将支座、各部连接法兰、出线口、散热片等焊好，焊后支撑内孔进行热时效处理后方可加工。否则焊接及卷筒应力不消除，加工会导致机壳严重变形而不能使用。

（3）永磁发电机端盖

微小型永磁发电机的前后端盖都是灰铸铁铸造而成。中、大型永磁发电机端盖可采用灰铸铁或球磨铸铁，因为端盖支撑着转子总成的重量，所以要加加强筋，且加强筋不宜加在发电机内腔一侧，以免加强筋会阻碍冷却空气的流动。铸造端盖也应进行消除铸造应力的时效处理。

(4) 永磁发电机的定、转子铁心材料的选择

微、小型永磁发电机的定、转子铁心都应采用硅钢片。中、大型永磁发电机的定子选用硅钢片。硅钢片应选用先进的新材料，目前可按表4-1 选取。

中、大功率的永磁发电机，转子直径很大，不宜采用硅钢片，可以采用08 号低碳钢或Q195 低碳钢板焊接或含 C 量0.06% ~0.12%、含 Mn 量0.25% ~0.5%、含 Si 量0.3% ~0.5%、含 S 量不大于0.05%、含 P 量不大于0.045%的低碳铸钢件。不论是用低碳钢板焊接还是低碳钢铸件都必须进行时效处理消除焊接或铸造应力之后再加工，以免加工中或加工后转子变形不能使用。

对于切向布置永磁体磁极的转子毂，必须采用非磁性材料，如铸黄铜，铸铝合金等。而极靴应采用低碳钢锻件或硅钢片叠加而成。

低碳钢的磁导率与硅钢片相当，导磁性能好，有利于导磁。

低碳钢的转子毂内中空，应用辐板支撑，定子 L_t 较长者，辐板除布置在转子两端外还应在中间设一处辐板以免转子毂变形过大。

(5) 转子轴

转子轴是永磁发电机最重要的零部件之一，可以根据永磁发电机的功率、定子长度 L_t 进行科学合理的选择。由于转子轴在永磁发电机运行时，其在外动力的转矩、转子重量形成的弯曲等多种应力的作用下，永磁发电机长时间运行又易使转子轴产生疲劳裂纹、甚至断裂等破坏，所以转子轴应具有足够的刚度、强度。

转子轴应有足够的强度、刚度和疲劳强度。微、小型永磁发电机的转子轴可以选择45 钢经调质处理获得较好的综合机械性能。中、大型永磁发电机的转子轴可以选用中碳合金钢材料，如35CrMnMo、40CrMnMo、40CrMo、30CrMnTi 等进行调质处理，获得很好的综合机械性能。中、大型永磁发电机的转子轴往往很粗，可以选用上述材料的厚壁管，既能满足设计要求又能减轻转子轴的重量。

对于永磁发电机的转子轴材料、热处理及加工应有如下要求：

1）转子轴要求有足够的强度，使永磁发电机在超负荷运转或输出端突然短路或突然制动时不致断裂；

2）转子轴要有足够的刚度，使永磁发电机的转子在永磁发电机运行中其变形在允许的范围内，不能因转子变形过大而影响永磁发电机的正常运行；

3）转子轴要有很好的疲劳强度，使转子轴不致在疲劳期内发生疲劳裂纹或断裂。在选择转子轴的材料及确定工艺后要进行强度、刚度的计算及几何尺寸的确定。

(6) 轴承的选择

永磁发电机轴承是关系到永磁发电机能否正常运行及寿命的重要部件之一。

永磁发电机的轴承要根据永磁发电机的功率、转速、转子总成的重量、转子轴与驱动力的连接方式等因素综合考虑，同时还要考虑轴承的润滑方式及润滑条件，应选择标定载荷大于计算载荷的1.5 ~3.0 倍的轴承。中、大型永磁发电机的前轴承不仅要承担转子总成一半的重量，还要承担联轴器、制动盘等重量，可能还要承担转子、联轴器不平衡引起的离心力

及振动等，可以采用载荷较高的圆柱滚子轴承。永磁发电机后轴承可以选用深沟球轴承。

永磁发电机轴承选择的原则是，轴承在额定寿命内能保证永磁发电机安全运行，不致损坏而影响永磁发电机的运行。

（7）永磁发电机冷却风机的选择

永磁发电机的冷却风机是根据设计计算要求的冷却空气的流量、压力选择的。轴流式风机效率高一些，体积小一些，便于安装。风机出口应与风力发电机冷空气入口正确安装。离心式风机体积大一点，效率没有轴流式风机高，但压力会比轴流式风机大一些。

（8）中、大功率的永磁发电机的冷却

中、大功率的永磁发电机的冷却也可采用水冷、氢冷，冷却的目的是使永磁发电机工作在铁磁的温度下。也可用定子、转子（包括永磁体）全部水冷的方式或全部氢冷的方式。

（9）永磁发电机绕组的选择

永磁发电机不宜选择开口槽和半开口槽及扁铜线绕组，因开口槽及半开口槽适用于扁铜线，而它们涡流和环流很大且不易端部扭转换位。从电流的趋肤效应来说，永磁发电机宜采用半闭口槽及多根导线并绕的同相双层短节距绕组。这样会使绕组避免或最大程度地减少涡流和环流损失，同时又便于绕组端部扭转换位及同相双层的层间不用绝缘等优点。

第三节　永磁发电机主要零部件的刚度、强度的计算

永磁发电机主要零部件的刚度是保证永磁发电机在正常运行时其零部件的变形在允许的范围内，不致因其刚度不足变形过大造成永磁发电机不能正常运行，甚至发生事故。永磁发电机的主要零部件的强度是保证永磁发电机在长期运行中不致因强度不足而发生断裂或受到破坏使永磁发电机丧失运行能力。因此，对永磁发电机的主要零部件的刚度、强度的计算十分重要。

1. 永磁发电机转子轴的最危险轴径的确定

转子轴承担着外动力的转矩、转子总成的重量及伸出端连接的联轴器、制动器的重量等，所以转子轴是永磁发电机最重要的零件之一。

图9-7所示是永磁发电机转子轴受力分析。P_1 是转子轴上安装的铁心硅钢片或转子毂及永磁体和转子轴自重之和，P_2 是由于加工或安装造成的转子总成的偏心而形成的附加磁拉力。虽然附加磁拉力不一定是在垂直方向，但作垂直方向处理不妨碍计算结果，而且在中、大型永磁发电机中，这个力远远小于转子总成的重量。M_n 是外动力驱动永磁发电机旋转的转矩。由于永磁发电机多为多极低转速，所以振动力等其他力可以忽略不加考虑。

（1）用扭转刚度条件确定转子轴最危险（最细）轴径 D

由于转子轴主要是由外动力驱动其转动做功输出电能，所以外动力驱动转矩是主要的。应以转子轴的刚度来确定转子轴最危险（最细）轴径 D 的大小，之后再进行强度计算。在计算转子轴的转矩时必须考虑到永磁发电机短路或刹车制动的情况，因此，要选择合适的安全系数 K，一般情况下，安全系数 $K=2\sim3$，如果是风电机组用直驱式多极永磁发电机，其转子轴的安全系数应选大一些。

转子轴的许用扭转角为

$$[\theta]°/\mathrm{m} \geqslant \frac{KM_n \times 180}{GJ_p\pi} = \theta_{max} \tag{9-1}$$

式中　$[\theta]$°/m——许用扭转角，单位为（°/m）。永磁发电机转子轴的许用扭转角一般为 0.25～0.75°/m，对于直驱式永磁发电机取小值，对于用增速器的永磁发电机取大值；

θ_{max}——计算得到的最大扭转角，单位为（°/m）；

M_n——驱动永磁发电机外动力转矩，单位为 N · m，在计算时 $M_n = T_n$；

G——转子轴的剪切弹性模量，单位为 N/m^2。当转子轴为 45、40CrMnMo 或 40CrMo 时，$G = 78.4 \times 10^9$N/m^2；

J_p——转子轴的极惯性矩，单位为 m^4，当转子为实心轴时，J_p 为

$$J_p = \frac{\pi D^4}{32} \tag{9-2}$$

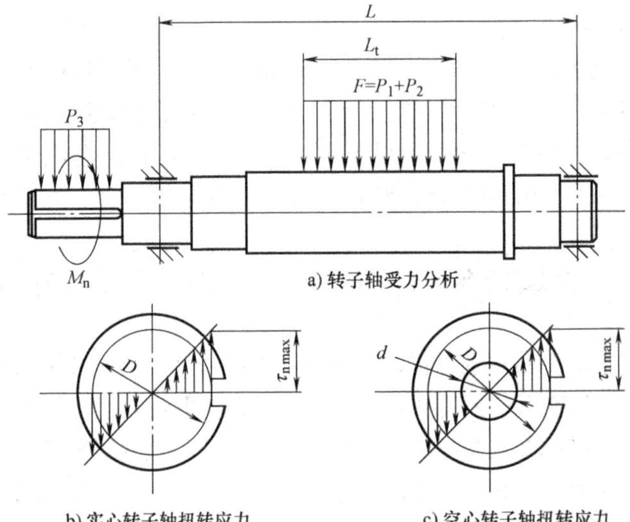

a) 转子轴受力分析

b) 实心转子轴扭转应力　　c) 空心转子轴扭转应力

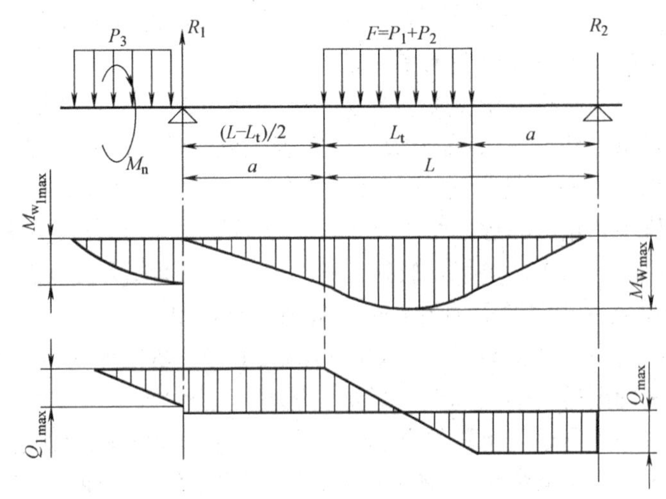

d) 转子轴的弯矩和剪力及轴承的支座反力

图 9-7　转子轴各种受力分析

当转子轴为空心轴时，J_p 为

$$J_p = \frac{\pi D^4}{32}(1-\alpha^4) \tag{9-3}$$

式中　α——空心轴的内外径之比，$\alpha = \dfrac{d}{D}$；

K——过载系数；

T_n 为永磁发电机的额定扭矩，单位为（N·m），T_n 由下式求得：

$$T_n = 9550\frac{P_N}{n_N} \tag{9-4}$$

式中　P_N——永磁发电机的额定功率，单位为 kW；

n_N——永磁发电机的同步转速，单位为 r/min。

当转子轴为实心轴时，其危险轴径即最细轴径 D（m）可由下式给出，当轴伸有键槽时应以键槽底为轴的外径 D，当轴伸没有键槽时，应以轴伸最外径 D 为

$$D \geqslant \sqrt[4]{\frac{32KM_n \times 180}{G\pi^2[\theta]}} \tag{9-5}$$

当转子轴为空心时，最危险轴径即最细轴径 D 为

$$D \geqslant \sqrt[4]{\frac{32KM_n \times 180}{G\pi^2[\theta](1-\alpha^4)}} \tag{9-6}$$

计算时，先假计 $\alpha = d/D$ 的值并计算 D 或 d 值后进行验算，最后确定 D 及 d 值。

当转子轴最危险轴径计算出来之后，要根据转子、轴承结构及安装确定转子轴的其他轴径尺寸及热处理、加工等工艺过程。

（2）用扭转强度确定永磁发电机转子轴最危险轴径 D

$$KM_n = 9550\frac{P_N}{n_N}$$

式中　K——过载系数；

P_N——永磁发电机额定功率，单位为 kW；

n_N——永磁发电机额定转速，单位为 r/min；

M_n——外动力驱动转矩，单位为 N·m。

转子轴的扭转应力 τ_n（N/m^2）由下式计算

$$\tau_n = \frac{M_n K}{W_n} \leqslant [\tau_n] \tag{9-7}$$

式中　W_n——转子轴的抗扭截面模量，单位为 m^3。抗扭截面模量由下式给出：

当转子轴为空心轴时

$$W_n = \frac{\pi D^3}{16}(1-\alpha^4) \tag{9-8}$$

当转子轴为实心轴时

$$W_n = \frac{\pi D^3}{16} \tag{9-9}$$

式中 D——转子轴最危险轴径，当有键槽时，应以槽底直径为 D；

α——空心轴的内外径之比，$\alpha = d/D$；

$[\tau_n]$——许用扭转应力，单位为 N/m^2。许用扭转应力 $[\tau_n]$ 一般对于合金钢材料的轴可取$[\tau_n] = (0.5 \sim 0.6)[\sigma]$。

将式（9-9）及式（9-8）分别代入式（9-7）求实心和空心轴径 D

$$\tau_n = \frac{9550\dfrac{P_N}{n_N}K}{\dfrac{\pi D^3}{16}} \leqslant [\tau_n]$$

$$D \geqslant \sqrt[3]{\frac{152800KP_N}{\pi n_N[\tau_n]}} \tag{9-10}$$

空心转子轴径 D 为

$$\tau_n = \frac{9550\dfrac{P_N}{n_N}K}{\dfrac{\pi D^3}{16}(1-\alpha^4)} \leqslant [\tau_n]$$

$$D \geqslant \sqrt[3]{\frac{152800KP_N}{\pi n_N[\tau_n](1-\alpha^4)}} \tag{9-11}$$

设计时应先设定 α 值，求出 D 后再计算空心轴内径 d。

图9-7b、c所示分别为带有键槽的实心和空心转子轴最危险截面的扭转应力图。

转子轴最危险轴径确定后，其他轴径由转子总成结构及轴承等安装确定转子轴其他轴径的尺寸。

2. 转子轴的强度计算

图9-7d所示是转子轴受力图，可以看到，永磁发电机在运行时受到转子总成的弯曲应力、剪应力、外动力驱动的扭转应力及轴伸联轴器重量的弯曲应力、剪应力等作用。

（1）转子总成形成的弯曲应力及剪应力

转子轴总成形成的弯矩方程为

$$M_x = \frac{q}{2}[L_t x - (x-a)^2] \tag{9-12}$$

式中 $q = \dfrac{F}{L_t}$，单位为 N/m；

$a = (L - L_t)/2$，单位为 m。

当 $x = L_t/2$ 时为转子轴最大弯矩处，此处也是转子轴由转子总成形成的最大弯曲应力处，最大弯矩为 M_{wmax}。

（2）转子总成形成的剪力

转子总成形成剪力方程为

$$Q = \frac{q}{2}[L_t - 2(x-a)] \tag{9-13}$$

式中 $q=\dfrac{F}{L_t}$，单位为 N/m；

$a=(L-L_t)/2$。

当 $x=a=(L-L_t)/2$ 时为转子轴受转子总成的最大剪力。从最大剪力可求出最大剪力处的剪应力为 τ_{max}。

（3）转子轴最大弯曲应力 σ_{wmax}（N/m^2）

$$\sigma_{wmax}=\frac{M_{wmax}}{W_w}\leqslant[\sigma_{0.2}] \tag{9-14}$$

式中 W_w——转子轴最大弯矩处的抗弯截面模量，当转子轴为实心轴时，W_w（m^3）为

$$W_w=\frac{\pi D'^3}{32} \tag{9-15}$$

当转子轴为空心轴时，W_w 为

$$W_w=\frac{\pi D'^3}{32}(1-\alpha^4) \tag{9-16}$$

式中 D'——转子轴最大弯矩处的轴外径，单位为 m；

α——空心轴时的转子轴内外径之比，$\alpha=d/D$。

（4）转子轴的最大剪应力 τ_{max}（N/m^2）

$$\tau_{max}=\frac{4}{3}\frac{Q_{max}}{S}\leqslant[\tau] \tag{9-17}$$

式中 S——转子轴最大剪应力处的轴截面积，单位为 m^2，当转子轴为实心轴时，S 为

$$S=\frac{\pi D_1^2}{4} \tag{9-18}$$

当转子轴为空心轴时，S 为

$$S=\frac{\pi}{4}(D_1^2-d_1^2) \tag{9-19}$$

$[\tau]$——许用剪应力，单位为 N/m^2，许用剪应力 $[\tau]$ 为

$$[\tau]=\frac{\sigma_{0.2}}{\sqrt{3}}=0.577\sigma_{0.2}$$

（5）用简便方法计算转子轴的最大弯矩和最大剪力

把均布载荷看成作用在均布载荷中心的集中载荷，计算结果相等。

$$M_{wmax}=\frac{L}{2}F \tag{9-20}$$

式中 F——转子轴总成重，单位为 N，以及附加磁拉力 P_2 之和。

同理，最大剪力为

$$Q_{max}=\frac{1}{2}F \tag{9-21}$$

于是，最大弯曲应力（N/m^2）在 L_t 中心，大小为

$$\sigma_{max}=\frac{M_{wmax}}{W_w}$$

最大剪应力（N/m^2）为

$$\tau_{max}=\frac{4}{3}\frac{Q_{max}}{S}$$

（6）轴伸端的弯矩和剪力

当轴伸端 P_3 为联轴器和制动器时，由于 P_3 与 F 相比很小，弯矩及剪力没有 F 的弯矩和剪力大，可以不进行计算。但当轴伸端直接连接风轮时，应当计算 P_3 的剪力。P_3 形成的最大剪力 $Q_3=P_3$，如图9-1所示。

（7）附加磁拉力 P_2（N）的计算

$$P_2=\frac{\beta\pi D_{i1}L_{ef}}{\delta}\frac{B_\delta^{\ 2}}{2\mu_0}e_0 \tag{9-22}$$

式中　β——经验系数，$\beta=0.3\sim0.5$，大功率取大值；

D_{i1}——定子内径，单位为m；

L_{ef}——转子有效长度，单位为m；

δ——永磁发电机气隙长度，单位为m；

B_δ——永磁发电机气隙磁感应强度，单位为T；

μ_0——真空绝对磁导率，$\mu_0=4\pi\times10^{-7}H/m$；

e_0——转子偏心，单位为m，一般 $e_0=0.1\delta$。

这种计算结果要比实际大得多，对于永磁发电机附加磁拉力 P_2（N）用下式计算更准确：

$$P_2=\frac{n\,\widehat{b_p}L_{ef}}{\delta}\frac{B_\delta^{\ 2}}{2\mu_0}e_0 \tag{9-23}$$

式中　$\widehat{b_p}$——永磁体磁极磁弧长度，单位为m；

n——永磁发电机永磁体磁极数；

L_{ef}——永磁体磁极有效长度，单位为m；

δ——永磁发电机气隙长度，单位为m；

B_δ——永磁发电机气隙磁感应强度，单位为T；

μ_0——真空绝对磁导率，$\mu_0=4\pi\times10^{-7}H/m$；

e_0——转子偏心，单位为m，通常取 $e_0=0.1\delta$。

（8）转子轴扭转应力的计算

外动力转矩驱动永磁发电机转动做功对外输出电能，其转矩对转子轴的扭转应力 τ_{nmax}（N/m^2）由下式给出：

$$\tau_{nmax}=\frac{KM_n}{W_n} \tag{9-24}$$

式中　W_n——转子轴抗扭截面模量，单位为 m^3，抗扭截面模量为

$$W_n=\frac{\pi D^3}{16} \tag{9-25}$$

式（9-25）为转子轴实心轴，转子轴为空心轴时

$$W_n=\frac{\pi D^3}{16}(1-\alpha^4) \tag{9-26}$$

式中　K——永磁发电机过载系数；

M_n——外动力驱动扭矩，单位为 N · m，计算时 $M_n = T_n$；

D——转子轴最危险截面直径，单位为 m。

（9）用第四强度理论计算转子轴的强度 σ

转子轴在剪应力、弯曲应力和扭转应力三向应力状态下工作，它的强度条件为

$$\sigma = \sqrt{\frac{1}{2}[(\sigma_w - \tau_{nmax})^2 + (\tau_{nmax} - \tau_{max})^2 + (\tau_{max} - \sigma_w)^2]} \leqslant [\sigma] \tag{9-27}$$

式中　σ_w——转子轴受到的最大弯曲应力，单位为 N/m^2；

τ_{nmax}——转子轴受外动力驱动的扭转应力，单位为 N/m^2；

τ_{max}——转子受到的最大剪应力，单位为 N/m^2；

$[\sigma]$——许用应力，单位为 N/m^2。

由于转子轴材料为优质45、40CrMo，40CrMnMo 等中碳钢、中碳合金钢类，且必须经锻造、热处理等工艺过程，许用应力由下式求得：

$$[\sigma] = \frac{\sigma_{0.2}}{KK_jK_b} \tag{9-28}$$

式中　K_j——应力集中系数，常取 $K_j = 1.1$；

K_b——材料不均匀系数，常取 $K_b = 1.1$；

K——安全系数，常取 $K = 1.5$。

永磁发电机的转子轴往往是锻造毛坯，经正火处理后进行粗加工，再经调质后进行精加工。设计转子轴时假设材料是均匀的，实际材料是不均匀的，故采用材料不均匀系数来修正；转子轴变径处的圆根虽然设计和加工成圆弧，减少了应力集中，但还是存在部分应力集中，所以采用应力集中系数进行修正。

3. 转子轴的挠度和临界转速的计算

永磁发电机的转子轴必须有足够的刚度和强度，以保证永磁发电机在吊装、储运及运行时不致因为转子变形过大而影响永磁发电机的正常运行。

转子轴在两轴承之间具有一定的长度，作用在这段长度上的各种力使转子轴产生挠度。挠度又进一步改变气隙的均匀度，这又使单边磁拉力加大，而单边磁拉力加大，又使转子轴的挠度增加。

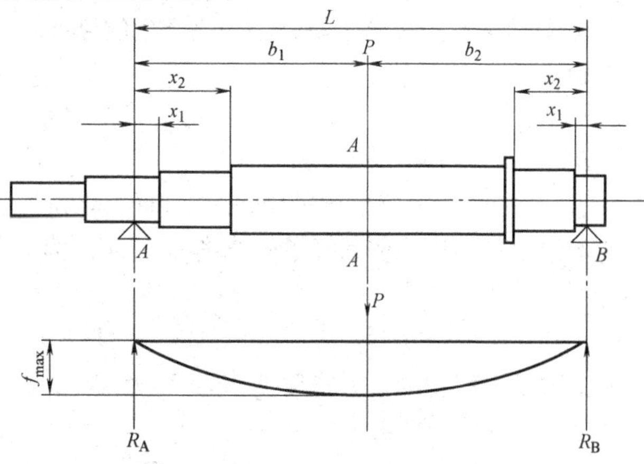

图 9-8　轴伸端无作用力的转子轴挠度

图 9-8 所示是轴伸端无作用力的永磁发电机转子轴挠度计算图。

（1）转子总成形成的挠度

将转子铁心和转子毂及永磁体重量的这段长度的总重量的均布载荷视作集中载荷 P 作用在转子铁心中心处，在 A—A 截面上的假想挠度为

$$f_1 = \frac{Pb_2}{3EL}A_1 \tag{9-29}$$

$$f_2=\frac{Pb_1}{3EL}A_2 \tag{9-30}$$

式中　f_1——b_1 段的挠度，单位为 cm 或 mm；

f_2——b_2 段的挠度，单位为 cm 或 mm；

P——转子铁心（或转子毂）、永磁体及转子轴与铁心长度相等那段长度的重量的总和，单位为 kg；

E——转子轴的弹性模量，单位为 kg/cm^2。常取 $E=2.1\times10^6 kg/cm^2$；

L——转子轴两轴承支点间的距离，单位为 cm。

由 b_1 端开始的 A_1 由下式求得：

$$A_1=\frac{x_1^3}{J_1}+\frac{x_2^3-x_1^3}{J_2}+\cdots+\frac{x_i^3-x_{i-1}^3}{J_i} \tag{9-31}$$

同理可求出由 b_2 端开始的 A_2。

$$A_2=\frac{x_2^3}{J_2}+\frac{x_{21}^3-x_{22}^2}{J_2}+\cdots+\frac{x_{2i}^3-x_{2i-1}^3}{J_i}$$

式中　J_i——在 i 处轴截面的惯性矩，单位为 cm^4，对于实心转子轴 $J_i=\frac{\pi D_i^4}{64}$；对于空心转子轴 $J_i=\frac{\pi D_i^4}{64}(1-\alpha^4)$，其中 $\alpha=\frac{d_i}{D_i}$。

在 A—A 截面处由重量引起的挠度 f_p（cm）为

$$f_p=\frac{P}{3EL^2}(A_1b_2^2+A_2b_1^2) \tag{9-32}$$

当转子左右对称时，$b_1=b_2$，$A_1=A_2$，则转子轴的挠度 f_p（cm）为

$$f_p=f_1=f_2=\frac{PA}{6E} \tag{9-33}$$

（2）单边磁拉力在转子轴铁心中央产生的挠度

单边磁拉力 P_2（N）为

$$P_2=2.94DL_{ef} \tag{9-34}$$

式中　D——转子外径，单位为 cm；

L_{ef}——转子镶嵌永磁体轴向长度，单位为 cm。

与单边磁拉力成比例的转子轴挠度 f_0（cm）为

$$f_0=f_p\frac{P_2}{P} \tag{9-35}$$

单边磁拉力产生的最后挠度 f_m（cm）为

$$f_m=\frac{f_0}{1-m} \tag{9-36}$$

式中　$m=f_0/e_0$。

e_0——转子初次计算偏心，单位为 cm，一般取 $e_0=0.1\delta$。

（3）转子轴总挠度

转子轴铁心中心处的总挠度（cm）由下式给出：

$$f = f_p + f_m \leqslant [f] \tag{9-37}$$

式中　$[f]$ ——许用挠度，单位为 cm。

$$[f] = (8\% \sim 10\%)\delta \tag{9-38}$$

（4）转子的临界转速

永磁发电机转子的临界转速 n_p（r/min）为

$$n_p \doteq 300\sqrt{\frac{1-m}{f_p - f_m}} \geqslant n_N \times 130\% \tag{9-39}$$

式中　$m = f_0/e_0$。

4. 设计举例

36 极、100kW 永磁发电机数据如下，根据表 9-1 中内容，如图 9-9 所示，计算转子轴挠度。

表 9-1　36 极、100kW 永磁发电机转子重量形成的挠度计算

	序号	轴径 D_i /cm	J_i /cm^4	x_i /cm	x_i^3 /cm^3	$x_i^3 - x_{i-1}^3$ /cm^3	$\frac{x_i^3 - x_{i-1}^3}{J_i}$
转子轴的 b_1 段	1	12.0	1017.876	2.0	8.0	8.0	0.0079
	2	13.0	1401.985	12.0	1728.0	1720.0	1.2268
	3	14.8	2355.140	39.0	59319.0	57591.0	24.453
		$A_1 = \Sigma\frac{x_i^3 - x_{i-1}^3}{J_i} = 25.688$					
转子轴的 b_2 段	1	12.0	1017.876	2.0	8.0	8.0	0.0079
	2	13.0	1401.985	10.0	1000.0	992.0	0.7076
	3	14.8	2355.140	39.0	59319.0	58319.0	24.7624
		$A_2 = \Sigma\frac{x_i^3 - x_{i-1}^3}{J_i} = 25.4779$					

1）转子外径 $D_{i1} = 44.5\text{cm}$；

2）P 重 606.56kg；

3）转子铁心长 $L_{ef} = 50\text{cm}$；

4）$E = 2.1 \times 10^6 \text{kg/cm}^2$；

5）转子初定偏心 $e_0 = 0.1\delta$。

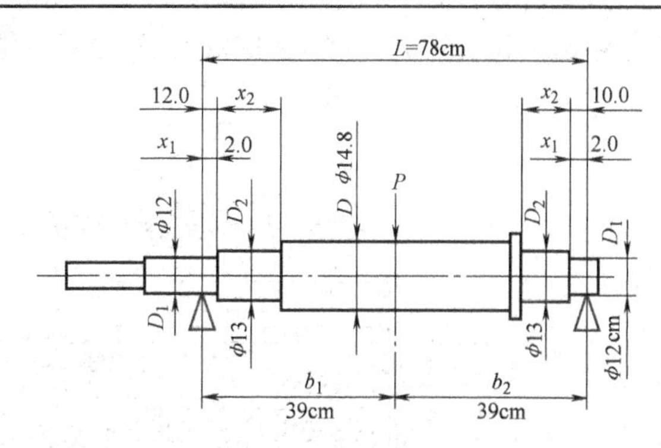

图 9-9　转子轴挠度计算

由转子重形成的挠度 f_p 为

$$f_p = \frac{P}{3EL^2}(A_1 b_2^2 + A_2 b_1^2)$$

$$b_1 = b_2 = L/2 = 39\text{cm}$$

$$f_p = \left[\frac{606.56\text{kg}}{12 \times 2.1 \times 10^6 \text{kg/cm}^2} \times (25.688 + 25.4779)\right]\text{cm} = 0.001232\text{cm}$$

计算由单边磁拉力所引起的挠度

单边磁拉力

$$P_2 = 2.94 D_{i1} L_{ef} = (2.94 \times 44.5 \times 50)\text{N} = 6541.5\text{N}$$

与单边磁拉力成比例的转子轴挠度

$$f_0 = f_p \frac{P_2}{P} = \left(0.001232 \times \frac{667.5}{606.56}\right)\text{cm} = 0.0013558\text{cm}$$

单边磁拉力产生的最后挠度

$$f_m = \frac{f_0}{1-m}$$

$$m = f_0/e_0 = 0.0013558/0.1 \times 0.1 = 0.13558$$

$$f_m = \frac{0.0013558}{1-0.13558}\text{cm} = 0.001568\text{cm}$$

转子轴的总挠度

$$f = f_p + f_m = (0.001232 + 0.001568)\text{cm} = 0.0028\text{cm}$$

许用挠度为

$$[f] = (8\% \sim 10\%)\delta$$

$\delta = 0.1\text{cm}$，取 $[f] = 10\%\delta$，则

$$[f] = 0.01\text{cm}$$

$$f < [f]$$

5. 永磁发电机机座刚度

永磁发电机的机座与机壳是一个整体，但机座却承担永磁发电机的全部重量及外动力等作用的力，机座的刚度对永磁发电机来说是十分重要的。

机座要有足够的刚度和强度，以保证永磁发电机在吊装、储运及工作时，不致因机座的刚度不足而发生过大变形，致使永磁发电机不能正常运行。

机座的刚度不仅与机座受力有关，还与机壳的直径、机壳长度、机壳壁厚、端盖、散热片及其材料等有关。机壳的刚度计算不仅十分复杂，而且计算结果往往与实际有很大差别。下面给出机壳刚度 J_x（m^4）计算的经验公式，供设计者参考，如图9-10所示。

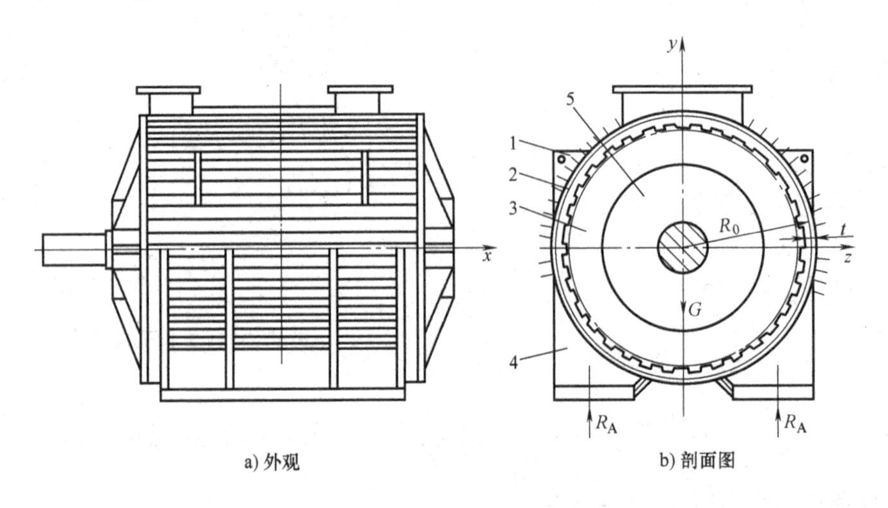

图9-10　永磁发电机结构及机壳刚度

1—散热片　2—机壳筒　3—定子硅钢片铁心及绕组　4—底座　5—转子总成

$$J_x \geqslant K\frac{GR_0{}^2}{2.21}\times 10^{-6} \tag{9-40}$$

式中　K——机座刚性系数，永磁发电机立式安装 $K=1.2\sim1.6$，机壳直径越大，重量越大，K 取值越大，立式安装 $K=1.0$；

G——整个永磁发电机的重力，单位为 N；

R_0——机壳中性层半径，单位为 m。

机座刚度 J_x 应根据机座几何形状进行计算。

6. 计算永磁发电机机壳的壁厚

计算机壳壁厚是在假设机座具有十足的刚性的前提下对机壳进行受力分析，如图 9-10 及图 9-11 所示。作用在机壳上的力如下：P_1 为定子铁心及绕组的重力；P_2 为机壳的重力；P_3 为转子总成及两端端盖和轴承的重力。在进行力的分析时还假设两端端盖具有十足的刚性，在转子总成重力作用下不变形。

图 9-11a 所示是定子铁心和绕组对机壳的重力，其弯矩 M_{Wmax}（N · m）最大为

$$M_{\text{Wmax}}=\frac{LP_1}{24}\left[3-3\frac{L_t}{L}+\left(\frac{L_t}{L}\right)^2\right] \tag{9-41}$$

剪力 $Q^1_{\max}$（N）为

$$Q^1_{\max}=\frac{P_1}{2} \tag{9-42}$$

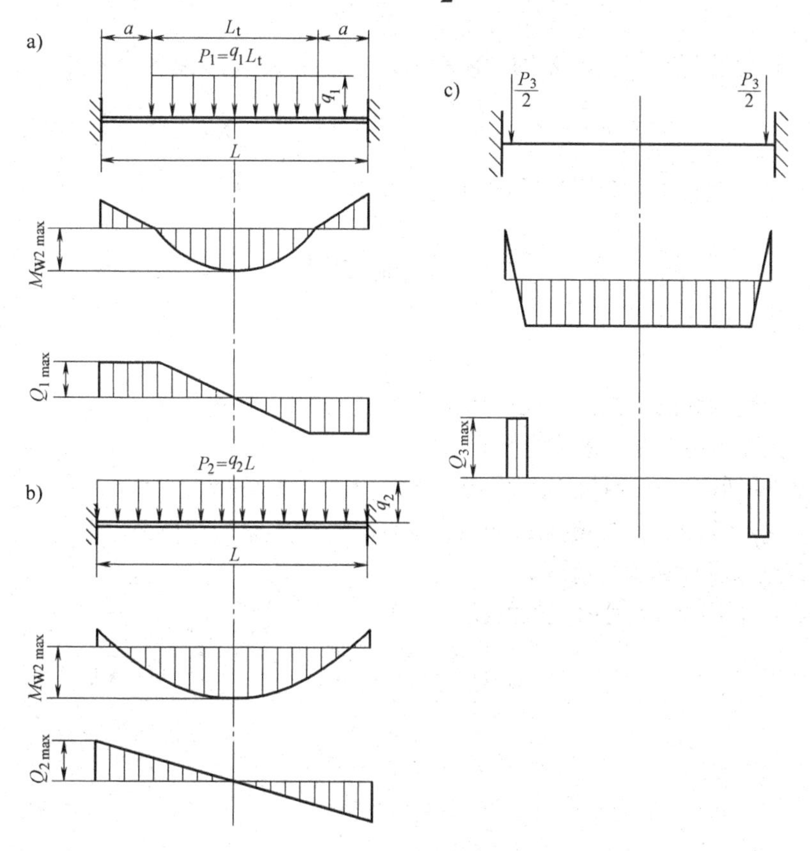

图 9-11　机壳受力图

图9-11b所示为机壳受自身重力作用的弯矩和剪力，分别为

$$M_{\mathrm{Wmax}}=\frac{P_2L}{24} \tag{9-43}$$

$$Q_{\max}^2=\frac{P_2}{2} \tag{9-44}$$

图9-11c所示为转子总成及两端端盖和轴承对机壳施加的重力，其最大弯矩 M_{Wmax}（N · m）和剪力 $Q_{\max}^3$（N）分别为

$$M_{\mathrm{Wmax}}=\frac{P_3a^2}{L} \tag{9-45}$$

$$Q_{\max}^3=\frac{P_3}{2} \tag{9-46}$$

（1）用剪应力来确定机壳壁厚 t

机壳受最大剪力 $Q_{\max}$（N）为

$$Q_{\max}=Q_{\max}^1+Q_{\max}^2+Q_{\max}^3$$

机壳受最大剪应力 $\tau_{\max}$（$\mathrm{N/m^2}$）为

$$\tau_{\max}=\frac{Q_{\max}S^*}{J_zb} \tag{9-47}$$

式中 S^*——机壳圆筒对中性轴 Z 轴的静矩，单位为 m^3。S^* 由下式求得：

$$S^*=\frac{2}{3}\left(R_0+\frac{t}{2}\right)^3-\frac{2}{3}\left(R_0-\frac{t}{2}\right)^3\approx 2R_0^2t \tag{9-48}$$

J_z——机壳圆筒对中性轴 Z 轴的惯性矩，单位为 m^4。J_z 由下式求得：

$$J_z=\frac{\pi}{4}\left(R_0+\frac{t}{2}\right)^4-\frac{\pi}{4}\left(R_0-\frac{t}{2}\right)^4\approx\pi R_0^3t \tag{9-49}$$

b——在中性轴上机壳形成的截面宽度，单位为 m，$b=2t$。

$$\tau_{\max}=\frac{Q_{\max}2R_0^2t}{\pi R_0^3t2t}\leqslant[\tau]$$

$$t\geqslant\frac{Q_{\max}}{\pi R_0[\tau]} \tag{9-50}$$

式中 R_0——机壳圆筒的中性圆半径，单位为 m，见图9-10；

t——机壳圆筒壁厚，单位为 m；

$[\tau]$——许用剪应力。当机壳为低碳钢时，$[\tau]=0.577\sigma_s$；当机壳为中碳钢时，$[\tau]=0.577\sigma_{0.2}$，单位为 $\mathrm{N/m^2}$。

（2）用机座刚度计算机壳壁厚 t

机座的刚度也可以认为是机壳的刚度，于是

$$J_z\geqslant K\frac{GR_0^2}{2.21}\times10^{-6}$$

即

$$\pi R_0^3t\geqslant K\frac{PR_0^2}{2.21}\times10^{-6} \tag{9-51}$$

$$t\geqslant\frac{KP}{2.21R_0\pi}\times10^{-6}$$

式中　K——机壳的刚性系数。永磁发电机卧式安装 $K=1.2\sim1.6$，永磁发电机直径越大、重量越大、K 取值越大，立式安装 $K=1.0$；

P——永磁发电机总重力，单位为 N；

R_0——机壳圆筒中性圆半径，单位为 m；

t——机壳圆筒壁厚，单位为 m。

初步估算时，先假设机壳外径及初估机壳重，进行计算，并与用剪应力计算出的机壳壁厚进行合理确定 t，并重新计算机壳重，再进行计算，最后确定机壳壁厚。

第四节　永磁发电机转子的平衡

永磁发电机的转子总成由转子轴、转子铁心（或转子毂）和永磁体等组成。

当永磁体镶嵌在转子上之后，应对转子外径进行磨削加工，以保证转子外径与转子轴的同轴度，因为不论是硅钢片还是转子毂压装在转子轴上之后，都会因加工等因素使转子外径与转子轴的同轴度有误差。同时，由于结构不完全对称及材料的不均匀性，都会使转子质量分布不均匀，这会造成转子转动的不平衡。转子转动不平衡又会造成永磁发电机的振动。转子一旦发生振动，当其振动频率达到永磁发电机固有频率的倍数时，永磁发电机就会发生共振。永磁发电机转子振动引起永磁发电机共振，会破坏永磁发电机的正常运行。

在转子完成最后加工后，应对转子进行静平衡，对质量多的部位用去重法钻掉，使转子达到静平衡。

对于转子外径大、重量大、转速较高的永磁发电机，不仅要做静平衡，还要做动平衡，进一步将动不平衡的质量去掉。

1. 转子轴总成不平衡种类

转子轴总成不平衡的离心力 F_c(N)为

$$F_c=me\omega^2=me\left(\frac{\pi n_N}{30}\right)^2$$

式中　m——转子轴总成的质量，单位为 kg；

e——转子轴总成的质心对旋转轴线的偏移，即转子轴总成的偏心矩，单位为 m；

n_N——转子的转速，单位为 r/min；

ω——转子总成旋转的角速度，单位为 rad/s。

永磁发电机转子轴总成不平衡的两种情况如下：

（1）静不平衡

转子轴总成的静不平衡指的是转子主惯性轴与轴的旋转轴线不相重合，但相互平行，即转子轴总成的质心不在旋转轴线上，如图 9-12a 所示。当转子转动时会产生不平衡的离心力，这个离心力会使转子发生振动。

（2）动不平衡

转子轴的动不平衡指的是转子总成的主惯性轴与其旋转轴线相交错，且相交于转子轴的质心上，如图 9-12b 所示。这时虽然转子处于静平衡状态，但当转子转动时，将会产生一不平衡力矩，亦称偶不平衡。

在多数情况下，转子总成既存在静不平衡，亦存在动不平衡，这种情况称作静动不平衡。此种情况下，转子总成的主惯性轴线与旋转轴线既不重合，也不平行，而相交于转子总成旋转轴线中非质心的任何一点，如图 9-12c 所示。这种静动不平衡，当转子总成旋转时，将产生不平衡的离心力和力矩。

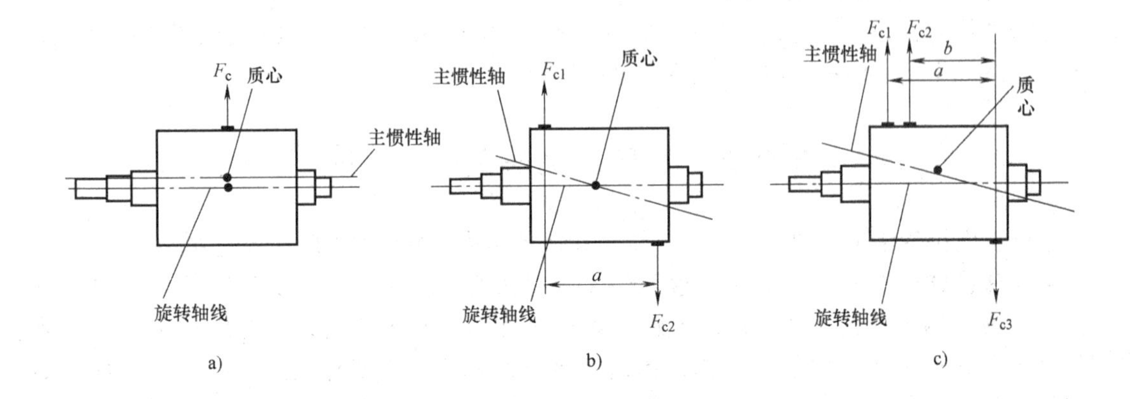

图 9-12 永磁发电机转子平衡

2. 转子轴总成平衡品质的确定

转子总成平衡品质用 G 来表示，共分 11 个等级（GB/T 9239—2006）。

$$G = \frac{e_{per}\omega}{1000}$$

式中 e_{per}——转子许用不平衡度，单位为 μm；

ω——转子最高工作角速度，单位为 rad/s。

根据 JB/ZQ 4165—2006 的规定，推荐中、大功率永磁发电机选取 G6.3 作为其转子总成平衡品质等级。

G6.3 的 $e_{per}\omega$ =6.3mm/s，适用于普通中、大型电机转子。

永磁发电机转子总成平衡品质不宜选得过高，否则会给制造、安装、试验带来很多困难，但也不宜选得过低。

根据 JB/ZQ 4165—2006 的规定，重型机械也可以推荐 G16 平衡品质标准。中、大型永磁发电机在转速较低时可以采用 G16 平衡品质标准。

第十章　永磁发电机设计程序及设计举例

永磁发电机的设计程序是为了保证设计能圆满成功。它不仅需要考虑到技术的先进性、结构的科学性、材料的合理性、制造的成本、市场的需求、产品的性价比，还要考虑到永磁发电机的安全性、可靠性、维护及寿命，用户的使用成本。

第一节　永磁发电机设计程序

永磁发电机设计程序大体分为 6 个阶段，即

1）接受设计任务阶段；

2）设计工作准备阶段；

3）设计及技术文件形成阶段；

4）样机制造阶段；

5）样机试验阶段；

6）设计、制造、试验总结阶段。

1. 第一阶段——接受设计任务阶段

接受永磁发电机设计任务，要给定永磁发电机的用途、市场需求、生产规模、经济效益、投资来源等的设计任务书及在其内给定关于永磁发电机设计必须给定的额定数据和相关参数。

1）永磁发电机的额定功率 P_N(kW)；

2）永磁发电机的额定转速 n_N(r/min)；

3）永磁发电机的额定频率 f(Hz)及允许永磁发电机运行的频率范围；

4）永磁发电机的额定电压 U_N(V)；

5）永磁发电机的功率因数 $\cos\varphi$；

6）永磁发电机的用途及工作形式；

7）永磁发电机的安装形式；

8）永磁发电机的工作条件；

9）永磁发电机允许的冷却方式；

10）其他的要求等。

2. 第二阶段——设计工作准备阶段

永磁发电机设计的第二阶段——设计工作准备阶段主要是为了做好设计前期的准备，大体内容如下：

1）收集与设计永磁发电机相关的信息、资料。由于知识产权及商业保密，很难得到同类产品的关键技术，但能得到诸如额定数据、重量，甚至外形尺寸等资料，作为设计时的参考。

2）考查永磁体供应商的永磁体质量，永磁体材料、制造工艺过程，技术条件及质量保

证的措施、生产条件等。我国生产永磁体的企业很多，生产的永磁体质量各异。应选择有生产设备、检测设备，技术力量强、产品有质量保证的企业作为永磁体的供应商。很明显，如果永磁体质量得不到保证，永磁发电机的额定功率等额定指标就无法达到，永磁发电机设计目标就无法实现。

3）考查样机制造、零部件协作企业的技术力量、制造能力、设备情况、质量保证、管理水平等。

4）调研永磁发电机市场需求量，同类或相近产品国内外的技术水平，市场竞争情况。要设计的永磁发电机与国内外同类产品的比较及市场前景及本设计的产品前景，对其制造成本、使用成本，批量生产的产量、利税及经济效益和风险性等进行初步可行性分析。

3. 第三阶段——设计及技术文件形成阶段

（1）永磁发电机的参数计算及结构设计

永磁发电机的参数计算及确定与结构设计密切相关，可能要进行几次的修改、计算才能完成。

1）对结构刚度、强度的计算；

2）对永磁体磁极布置及磁路计算及起动转矩等计算；

3）绕组设计；

4）冷却方式计算及设计；

5）全面重新计算校对各计算结果；

6）最终确定各参数及结构尺寸并绘制图样；

7）设计制造工艺及编制材料消耗计划；

8）制定检测标准及验收标准；

9）根据国家相关标准制定吊装、储运、标志、包装等标准。

（2）编制相关的技术文件

永磁发电机设计的相关文件，有的在设计前完成，有的在设计中完成，有的要在最后完成。这些技术文件大体内容如下：

1）永磁发电机技术任务书；

2）永磁发电机技术条件；

要参考国家关于永磁发电机的相关的技术条件及国际相关技术条件和IEC的标准自行制定技术条件。

3）标准化报告；

4）试验大纲等。

4. 第四阶段——样机制造阶段

在样机制造阶段应按设计图样、材料、工艺进行样机制造。应对零部件进行100%的质量检测，确保样机的质量。同时应按技术条件对制造、安装、防腐、包装等进行监督和检查。

5. 第五阶段——样机试验阶段

按试验大纲进行试验。

1）测定永磁发电机空载时各转速及其空载电压；

2）测定永磁发电机有载时的电压、功率、频率、电流、功率因数、温升、噪声、电流波形等并记录；

3）测定连续工作时的电压、功率、频率、电流、功率因数、温升、噪声等并记录；

4）永磁发电机效率计算；

5）起动转矩的测定；

6）超载能力的测试并记录；

7）试验大纲中规定的其他需测试的项目；

8）编写试验报告。

6. 第六阶段——设计、制造、试验总结阶段

（1）技术工作总结报告

对设计、样机制造及试验等5个阶段的技术工作进行总结，写出“技术工作总结报告”。“技术工作总结报告”的内容大体如下，但对不同情况有不同的侧重。

1）该设计的永磁发电机的先进性、科学性；

2）工艺的科学性、合理性；

3）新材料使用的效益；

4）整机制造和使用的经济性，产品的性价比等；

5）与国内外同类机型或相近机型的比较；

6）市场现在和未来的需求，市场竞争情况及市场前景；

7）批量生产的经济效益分析；

8）样机在设计、制造和试验中存在的问题及解决这些问题的措施。待解决这些问题后，永磁发电机在性能、可靠性、安全性、制造成本和使用成本中的作用；

9）确定是否需要在样机上对存在的问题进行改进还是重新做样机并写出报告。

（2）编写“经济效益分析”

“经济效益分析”大体内容如下：

1）产品的技术水平；

2）产品的市场；

3）与国内外相同机型或相近产品的比较；

4）拟建生产规模及投资；

5）社会效益及经济效益分析；

6）环境影响评价；

7）风险性分析；

8）对产品的建议或“经济效益分析”的结论。

第二节　永磁发电机设计举例1（三相、60极、900kW）

1. 额定数据

1）永磁发电机额定功率：$P_N = 900kW$。

2）永磁发电机额定转速：$n_N = 100r/min$。

3）永磁发电机额定频率：$f = 50Hz$。

4）永磁发电机额定电压：$U_N = 960V$（AC）。

5）永磁发电机额定功率因数 $\cos\varphi$：阻性负载 $\cos\varphi=1.0$；容性负载 $\cos\varphi\geqslant0.87$；感性负载 $\cos\varphi\geqslant0.87$。

6）相数 $m=3$。

7）永磁发电机磁极为永磁体。

8）磁极布置形式采用径向布置。

2. 永磁发电机主要尺寸的确定

1）确定永磁发电机极数

永磁发电机极数 $2p=\dfrac{120f}{n_N}=60$。

2）确定每极每相槽数 q

$$q=1\frac{1}{60}\text{槽}=\frac{61}{60}\text{槽}$$

3）确定定子槽数 z

$$z=2pqm=\left(60\times\frac{61}{60}\times3\right)\text{槽}=183\ \text{槽}$$

4）初选定子齿宽 t_1

选梨形等齿宽定子槽，$t_1=8\text{mm}$。

5）初步确定定子齿距 t

$$t=t_1+b_1\quad b_1=(0.5\sim0.65)t,\ \text{取}\ b_1=0.63t,\ \text{则}$$

$$\begin{aligned}t&=t_1+0.63t\\&=8+0.63t\\&=21.62\text{mm}\end{aligned}$$

式中　b_1——定子内径的定子槽宽，梨形定子槽的槽宽不等。

6）初步确定定子内径 D_{i1}

$$t=\frac{\pi D_1}{Z}\quad D_{i1}=\frac{Zt}{\pi}$$

$$D_{i1}=\frac{183\times21.62}{\pi}\text{mm}=1259.38\text{mm}$$

初步确定定子内径 $D_{i1}=1250\text{mm}$。

7）初步确定定子外径 D_1

按我国交流电机标准外径，查表5-1，初选机座号17的定子外径为1430mm。初步确定定子内径 $D_{i1}=1250\text{mm}$，则定子槽深和定子轭高之和为

$$h_1+h_j=(D_1-D_{i1})/2=(1430\text{mm}-1250\text{mm})/2=90\text{mm}$$

8）计算永磁发电机额定电流 I_N

$$I_N=\frac{P_N}{\sqrt{3}U_N\cos\varphi}=\frac{900\times10^3}{\sqrt{3}\times960\times0.87}\text{A}=622.14\text{A}$$

9）求永磁发电机的极距 τ（气隙长度 $\delta=1\text{mm}$）

$$\tau=\frac{\pi D_2}{60}=\frac{1.248\pi}{60}\text{m}=0.065345\text{m}$$

10）选择永磁体

选择磁综合性能较好的且耐温 150℃以上的稀土钕铁硼永磁体 N42SH，其剩磁 $B_r=1.35T$。

11）确定永磁体极面 $a_m b_m$（$a_m<b_m$）

磁极极面的极弧长度$\widehat{b_p}$为

$$\widehat{b_p}=(0.50\sim0.75)\tau$$

取$\widehat{b_p}=0.58\tau$ 得

$$\widehat{b_p}=37.9\text{mm},取\widehat{b_p}=38\text{mm}$$

确定永磁体 $a_m=36\text{mm}$，$b_m=40\text{mm}$。

12）确定永磁体两极面距离 h_m

取 $K_m=0.86$，则查表 4-2 得

$$h_m/a_m=0.67$$

$$h_m=K_m a_m=(36\times0.67)\text{mm}=24\text{mm}$$

13）气隙长度 δ 的确定

气隙大，有利于加工，但气隙大会降低功率。气隙小，有利于功率因数的改善，会增加功率，但气隙太小会增大磁噪声及加工难度。初选气隙长度 $\delta=1.0\sim1.5\text{mm}$。

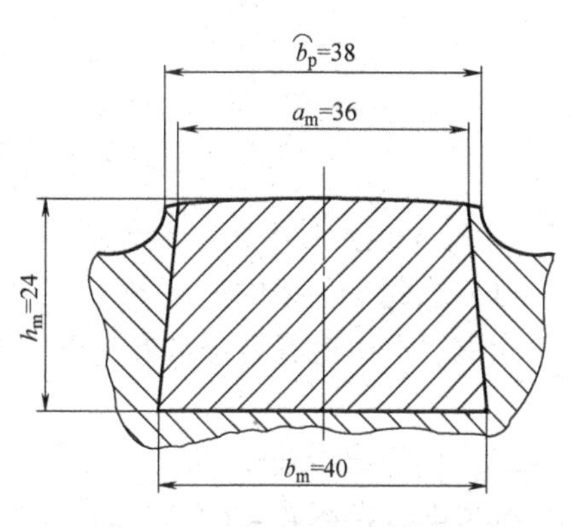

图 10-1　永磁体的气隙磁感应强度径向布置的永磁体磁极的磁弧长度计算

14）计算永磁体的气隙磁感应强度 B_{δ_m}

如图 10-1 所示，永磁体的气隙磁感应强度 B_{δ_m}（T）为

$$B_{\delta_m}=K_m\frac{B_r}{\pi\sigma}\arctan\frac{a_m b_m}{2\delta\sqrt{4\delta^2+a_m^2+b_m^2}}$$

$$=\left(0.86\times\frac{1.35}{180\times1.05}\arctan\frac{36\times50}{2\times1\sqrt{4\times1^2+36^2+50^2}}\right)\text{T}=0.5288\text{T}$$

式中　σ——漏磁系数，取 $\sigma=1.05$；

K_m——永磁体端面系数，按 $h_m/a_m=0.67$，取 $K_m=0.86$。

15）求$\widehat{b_p}$的气隙磁感应强度，$\widehat{b_p}=38\text{mm}$，则

$$B_\delta=(36\times0.5288\div38)\text{T}=0.50\text{T}$$

16）初步确定定子、转子的铁心有效长度 l_{ef}

永磁发电机为 60 极，尺寸比 λ 可取 12，则

$$l_{ef}=\lambda\tau$$

$$l_{ef}=(12\times0.065345)\text{m}=0.78414\text{m}$$

取 $l_{ef}=0.8\text{m}$。

17）求永磁发电机每极磁通 Φ

$$\Phi=B_\delta\alpha_p'\tau l_{ef}=(0.5\times0.637\times0.065345\times0.8)\text{Wb}=0.01665\text{Wb}$$

18）求永磁发电机相电压 E

$$E=\frac{U_N}{\sqrt{3}}=\frac{960}{\sqrt{3}}\text{V}=554\text{V}$$

19）求永磁发电机每相串联导体数 N

$$E = 4K_{\mathrm{Nm}} fNK_{\mathrm{dp}}\varphi$$

$$N = \frac{E}{4K_{\mathrm{Nm}} fK_{\mathrm{dp}}\varphi} = \frac{554}{4\times1.11\times50\times0.98\times0.01665}\text{匝} = 152.94\text{匝}$$

式中　K_{Nm}——气隙磁场波形系数，正弦波时，$K_{\mathrm{Nm}}=1.11$；

K_{dp}——基波绕组系数，初选 $K_{\mathrm{dp}}=0.98$。

20）求永磁发电机每槽导体数 N_{S}

$$N = \frac{N_{\mathrm{S}}Z}{ma}$$

$$N_{\mathrm{S}} = \frac{Nma}{Z} = \frac{153\times3\times3}{180}\text{匝} = 7.65\text{匝}$$

取 $N_{\mathrm{S}}=8$ 匝，由于电流较大，采用并联支路 $a=3$。

21）求每个导体的电流 I'_{N}

永磁发电机电流 $I_{\mathrm{N}}=622.14\mathrm{A}$，则每个支路的电流 I'_{N} 为

$$I'_{\mathrm{N}} = I_{\mathrm{N}}/3 = 207.38\mathrm{A}$$

22）确定绕组线规

选取电流密度 $j_{\mathrm{a}}=4.0\mathrm{A/mm^2}$，选1.5的圆铜漆包线，则每根导线导电面积 S 及电流分别为

$$S = \frac{\pi D^2}{4} = \frac{\pi\times1.5^2}{4}\mathrm{mm^2} = 1.767\mathrm{mm^2}$$

$$I'_{\mathrm{N}} = jaS = (4\times1.767)\mathrm{A} = 7.068\mathrm{A}$$

绕组线规 $n\text{-}\phi$ 为

$I'_{\mathrm{N}} \div I'_{\mathrm{N}} = 207.38\mathrm{A}\div7.068\mathrm{A} = 29.34$ 根，取30根，则

$$n-\phi = 30-\phi1.5$$

23）每槽导体数 N_{S} 占面积 S

$$S = (30\times1.6^2\times8)\mathrm{mm^2} = 614.4\mathrm{mm^2}$$

24）计算定子齿距 t

$$t = \pi D_{\mathrm{i1}}/183 = (\pi\times1250/183)\mathrm{mm} = 21.45897\mathrm{mm}$$

25）计算沿定子内径 D_{i1} 的定子槽宽 b_1

$$b_1 = t - t_1 = 21.45897 - 8.0\mathrm{mm} = 13.45897\mathrm{mm}$$

26）计算定子槽深 h_1

定子槽深 $h_1=(3.5\sim5.5)b_1$，取 $h_1=4.5b_1$，则

$$h_1 = (4.5\times13.45897)\mathrm{mm} = 60.565\mathrm{mm}$$

取定子槽深 $h_1=60\mathrm{mm}$。

27）计算定子槽面积 S_1

定子槽尺寸如图10-2所示。

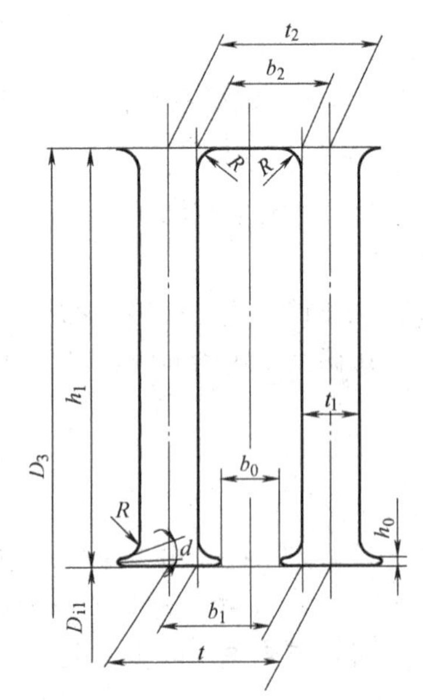

图10-2　等齿宽定子槽结构尺寸计算图

① 计算槽底直径 D_3

$$\begin{aligned} D_3 &= D_{\mathrm{i1}} + 2h_1 \\ &= (1.25+2\times0.06)\mathrm{m} = 1.37\mathrm{m} \end{aligned}$$

② 计算 D_3 上的齿距 t_2

$$t_2=\frac{\pi D_3}{Z}=\frac{\pi\times1370}{183}\text{mm}=23.519\text{mm}$$

③ 计算 D_3 上的槽宽 b_2

$$b_2=t_2-t_1=(23.519-8)\text{mm}=15.519\text{mm}$$

④ 其他关于槽尺寸

$$h_0=1\text{mm}$$
$$\alpha=30°$$
$$R=3\text{mm}$$

⑤ 定子槽面积 S_1

定子槽面积由下式求得：

$$S_1=\frac{b_1+b_2}{2}h_1-\left[(2R)^2-\frac{\pi R^2}{4}\right]-(b_1-b_0)h_0-\left(\frac{b_1-b_0}{2}\tan30°\right)\times2$$

将 b_0、b_1、b_2、h_1、R、α 代入得

$$S_1=849.85\text{mm}^2$$

28）计算绝缘和槽楔面积 S_2

绝缘厚 0.3mm，则绝缘和槽楔面积 S_2 为

$$S_2=[(60\times2+15.519+13.4589)\times0.3+(12+6)/2\times2.5]\text{mm}^2$$
$$=67.19\text{mm}^2$$

29）可容纳绕组导线面积 S

$$S=S_1-S_2=(849.85-67.19)\text{mm}^2=782.66\text{mm}^2$$

30）ϕ1.5mm 圆漆包铜线绕组占面积 S_3

ϕ1.5mm 圆漆包铜线最大外径为 ϕ1.6mm，则

$$S_3=(1.6^2\times30\times8)\text{mm}^2=614.4\text{mm}^2$$

31）求槽满率 S_f

$$S_f=(S_3/S)\times100\%=614.4\div782.66\times100\%=78.5\%$$

32）求电流密度 j_a

$$j_a=I'_N/(1.5^2\pi/4\times30)=[207.38\div(1.767\times30)]\text{A/mm}^2=3.912\text{A/mm}^2$$

33）求每相串联导体数 N

$$N=\frac{N_SZ}{ma}=\frac{8\times180}{3\times3}\text{匝}=160\text{ 匝}$$

34）当串联导体数 $N=160$ 时的相电势

$$E=4\times K_{Nm}fNK_{dp}\varphi=(4\times1.11\times50\times160\times0.98\times0.01665)\text{V}=579.58\text{V}$$

35）当相电势 $E=579.58$V 时，线电压 U_N 为

$$U_N=\sqrt{3}E=\sqrt{3}\times579.58\text{V}=1003.86\text{V}$$

36）定子轭高 h_j

$$h_j=(D_1-D_3)/2=(1430\text{mm}-1370\text{mm})/2=30\text{mm}$$

37）定子厚 h

$$h=(D_1-D_{i1})/2=(1430\text{mm}-1250\text{mm})/2=90\text{mm}$$

3. 定子、转子参数及定子绕组

1）定子外径 $D_1=1430\text{mm}$；

2）定子内径 $D_{i1}=1250\text{mm}$；

3）转子外径 $D_2=1248\text{mm}$；

4）永磁发电机极数 $2p=60$；

5）永磁发电机定子槽数 $z=183$；

6）永磁发电机相数 $m=3$；

7）永磁发电机定子齿距 $t=21.459\text{mm}$；

8）永磁发电机极距 $\tau=65.345\text{mm}$；

9）永磁发电机额定频率 $f=50\text{Hz}$；

10）永磁发电机额定转速 $n_N=100\text{r/min}$；

11）永磁发电机转子线速度 $v_N=\dfrac{\pi D_2 n_N}{60}=\dfrac{\pi\times1.248\times100}{60}\text{m/s}=6.5345\text{m/s}$；

12）定子槽深 $h_1=60\text{mm}$；

13）定子槽口宽 $b_0=6\text{mm}$；

14）定子铁心有效长度 $l_{ef}=800\text{mm}$；

15）每极每相槽数 $q=1\dfrac{1}{60}$；

16）气隙长度 $\delta_{max}=1.5\text{mm}$，$\delta_{min}=1.0\text{mm}$；

17）定子轭高 $h_j=30\text{mm}$；

18）定子齿宽 $t_1=8\text{mm}$；

19）绕组形式为同相双层短节距；

20）绕组节距 $y=3$；

21）绕组节距比 β

β 由下式求得：

$$\beta=\frac{y}{mq}=\frac{3}{3\times61/60}=0.9836$$

22）绕组短距系数 K_p

绕组短节距系数由下式给出：

$$K_p=\sin\frac{\beta\pi}{2}$$

式中　$\beta=\dfrac{y}{mq}$

$$K_p=\sin\frac{0.9836\times\pi}{2}=0.999668$$

23）绕组分布系数 K_d

K_d 由下式计算：

$$K_d=\frac{\sin\dfrac{\pi}{2m}}{q\sin\dfrac{\pi}{2mq}}=\frac{\sin\dfrac{180^\circ}{2\times3}}{\dfrac{61}{60}\sin\dfrac{180^\circ}{2\times3\times\dfrac{61}{60}}}=0.9985$$

24）基波绕组系数 K_{dp}

K_{dp}由下式给出：

$$K_{dp}=K_dK_p=0.9985\times0.999668=0.998$$

25）每相串联导体数 $N=160$ 匝；

26）并联支路数 $a=3$；

27）每槽导体数 N_S

$$N_S=\frac{Nam}{Z}=\frac{160\times3\times3}{180}\text{匝}=8\text{ 匝}$$

28）定子绕组线规为 $n-\phi=(30-\phi1.5)\text{mm}$；

29）定子绕组形式为同相双层链式，每层4匝，端部扭转换位；

30）定子绕组电流密度 $j_a=3.912\text{A/mm}^2$；

31）定子槽面积 $S_1=849.85\text{mm}^2$；

32）绝缘及槽楔面积 $S_2=67.19\text{mm}^2$；

33）漆包线面积 $S_3=614.4\text{mm}^2$；

34）槽满率 $S_f=78.5\%$；

35）定子硅钢片拼片条件是 Nt/p 为偶数或分子为偶数的最简分数

其中，N 为相邻两层扇形片错开1/3时，$N=3$；错开1/2片重叠时，$N=2$；t 为每层叠片的扇形片数；p 为极对数。

36）转子毂采用低碳钢板焊接；

37）永磁发电机线负荷 A

$$A=\frac{mNI_N}{D_{i1}\pi}=\frac{3\times160\times622.14}{125\pi}\text{A/cm}=760.448\text{A/cm}$$

38）发热参数 A_j

$$A_j=Aj_a=(760.448\times3.912)\text{A/cm}\cdot\text{A/mm}^2=2974.87\text{A/cm}\cdot\text{A/mm}^2$$

39）永磁发电机的利用系数 C

$$C=\frac{p'_N}{D_{i1}^2l_{ef}n_N}=\frac{3EI_N\times10^{-3}}{1.25^2\times0.8\times100}=\frac{3\times579.58\times622.14}{125\times10^3}=8.65$$

40）永磁发电机尺寸比 λ

$$\lambda=\frac{l_{ef}}{\tau}=\frac{800}{65.345}=12.2427$$

4. 永磁发电机磁路计算

1）定子有效长度 $l_{ef}=800\text{mm}$；

2）定子齿距 $t=21.4589\text{mm}$；

3）定子齿宽 $t_1=8\text{mm}$；

4）定子轭高 $h_j=30\text{mm}$；

5）气隙磁感应强度 $B_\delta=0.5\text{T}$；

6）计算定子齿密 B_t

$$B_t=\frac{B_\delta\widehat{b_p}}{nt_1}=\frac{0.5\times38}{2\times8}\text{T}=1.1875\text{T}$$

7）计算定子轭磁感应强度 B_j

$$B_j = \frac{B\delta \cdot \widehat{b_p}}{nt_1} = \frac{B_t nt}{h_j} = \frac{0.5 \times 38}{30}\text{T} = 0.633\text{T}$$

8）计算转子轭磁感应强度 B_j'

$$B_{\delta_m} = 0.5288\text{T}$$

$$B_{mb} = \frac{B_{\delta_m} a_m}{c_m} = \frac{0.5288 \times 36}{40}\text{T} = 0.4759\text{T}$$

$$D_2 = 1248\text{mm},\ D_{i2} = 1128\text{mm}$$

$$\begin{aligned} h_j' &= (D_2 - D_{i2})/2 - h_m \\ &= (1248\text{mm} - 1128\text{mm})/2 - 24\text{mm} \\ &= 36\text{mm} \end{aligned}$$

$$\begin{aligned} B_j' &= (B_m b c_m)/h_j' = [(0.4759 \times 40)/36]\text{T} \\ &= 0.5288\text{T} \end{aligned}$$

5. 绕组铜耗、相电阻及内压降

1）定子绕组尺寸（见图10-3）、电阻

① 每匝每根导线长度 L_1 的计算，如图10-4所示

$$L_1 = [2 \times (20 + 800 + 20 + 42 + 42)]\text{mm} = 1.848\text{m}$$

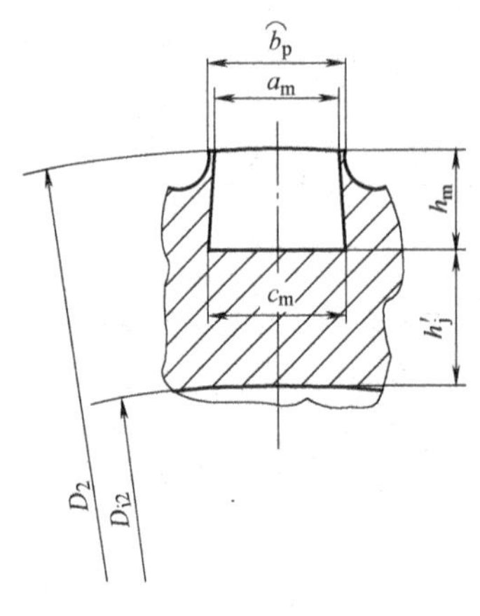

图10-3　径向布置的永磁体磁极的磁弧长度及定子结构尺寸计算图

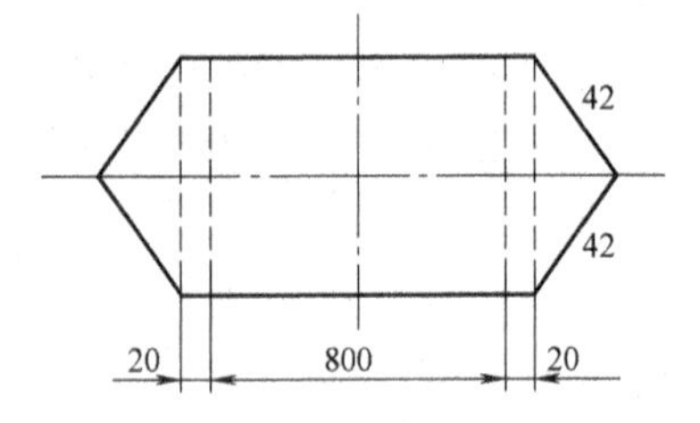

图10-4　每匝每根导体长度计算图

② 每槽8匝绕组分双层，每层4匝，每路20匝，则每路单根漆包线长度 L_2 为

$$L_2 = (1.848 \times 4 \times 20)\text{m} = 147.84\text{m}$$

③ 20℃时绕组电阻 R_{20}

$$R_{20} = (\rho_{20} L_2)/n = [9.93 \times 0.14784/30]\Omega = 0.0489\Omega$$

④ 75℃时绕组电阻 R_{75}

$$R_{75} = (\rho_{75} L_2)/n = [(12.28 \times 0.14784)/30]\Omega = 0.06\Omega$$

2）绕组铜重 G_{Cu}

$$G_{Cu1} = 16\text{kg/km} \times L_2 \times 30 = (16 \times 0.14784 \times 30)\text{kg} \approx 70.96\text{kg}$$

$$G_{Cu}=3G_{Cu1}\times3=(3\times70.96\times3)\text{kg}=638.64\text{kg}$$

3）在20℃时的内压降 E_{20}

$$E_{20}=R_{20}I'_{N}=(0.0489\times207.38)\text{V}=10.14\text{V}$$

4）在75℃时的内压降 E_{75}

$$E_{75}=R_{75}I'_{N}=(0.06\times207.38)\text{V}\approx12.44\text{V}$$

5）有载输出电压 U_N

① 有载相电压 E_U

$$E_U=E-E_{75}=579.58\text{V}-12.44\text{V}=567.14\text{V}$$

② 有载时输出线电压 U'_N

$$U'_N=\sqrt{3}E_U=567.14\text{V}\times\sqrt{3}=982.32\text{V}$$

6）有载时线电压超过给定电压的百分比

$$\Delta=(U'_N-U_N)/U_N\times100\%=(982.32-960)/960\times100\%=2.325\%$$

6. 永磁发电机效率

1）绕组铜损耗 P_{Cu}

① 每路绕组的铜损耗 P_{Cu1}

$$P_{Cu1}=I'^2_{N}R75\times10^{-3}=(207.38^2\times0.06\times10^{-3})\text{kW}=2.58\text{kW}$$

② 三相三路绕组的总铜损耗 P_{Cu}

$$P_{Cu}=3\times3P_{Cu1}=(2.58\times9)\text{kW}=23.22\text{kW}$$

2）定子铁损耗 P_{Fe}

① 定子轭重 G_j

$$G_j=\left[\frac{\pi\times(1.45^2-1.37^2)}{4}\times0.8\times7.8\right]\text{t}=1.1056\text{t}=1105.6\text{kg}$$

② 定子齿重 G_t

$$G_t=Zt_ih_1l_{ef}7.8=(183\times0.008\times0.06\times0.8\times7.8)\text{t}=0.5481\text{t}$$

$$G_t=548.1\text{kg}$$

③ 定子轭铁损系数 p'_{hej}

$$p'_{hej}=(p_{Fe}/50)B_j^2\left(\frac{f}{50}\right)^{1.3}=(0.59\times0.633^2\times1)\text{W/kg}=0.2364\text{W/kg}$$

式中，$p_{Fe}/50$ 查附录 C 中的 DW360-50 铁损曲线表，当 $B_j=0.633\text{T}$ 时所对应的铁损值为0.59W/kg。

④ 定子齿的铁损系数 P'_{het}

$$P'_{het}=p'_{Fe}/50B_t^2\left(\frac{f}{50}\right)^{1.3}=1.78\times1.188^2\times1\text{W/kg}\approx2.512\text{W/kg}$$

式中，$p'_{Fe}/50$ 查附录 C 中的 DW360-50 铁损曲线表，当 $B_t=1.188$ 时所对应的铁损值为1.78W/kg。

⑤ 定子轭铁损耗 P_{Fej}

$$P_{Fej}=K_\alpha p'_{hej}G_j=(1.3\times1105.6\times0.2364)\text{W}\approx339.77\text{W}=0.3398\text{kW}$$

⑥ 定子齿铁损耗 P_{Fet}

$$P_{Fet}=K'_\alpha p'_{het}G_t=(1.7\times2.512\times548.1)\text{W}\approx2340.6\text{W}=2.3406\text{kW}$$

⑦ 定子铁损耗 p_{Fe}

$$P_{Fe}=P_{Fej}+P_{Fet}=0.3398\text{kW}+2.3406\text{kW}=2.6804\text{kW}$$

3）转子轭铁损耗 P_{Fez}

① 转子轭重 G_z

$$G_z=\frac{n(D_2^2-D_{i2}^2)}{4}\times L_{ef}\times 7.8=\left[\frac{\pi(1.248^2-1.128^2)}{4}\times 0.8\times 7.8\right]\text{t}=1.39734\text{t}$$
$$=1397.34\text{kg}$$

② 转子轭铁损系数 p_{hez}

$$p_{hez}=p_{Fe}/50B'^2_j\left(\frac{f}{50}\right)^{1.3}$$

低碳钢转子轂当 $B'_j=0.5288$ 时所对应的铁损曲线表中的铁损值为 0.46W/kg，故 $p_{Fe}/50=0.46$。

$$P_{Fez}=(0.46\times 0.5288\times 1)\text{W/kg}=0.1286\text{W/kg}$$

③ 转子轭铁损耗 P_{Fez}

$$P_{Fez}=K_{\alpha}p_{hez}G_z=(1.7\times 0.1286\times 1397.34)\text{W}\approx 305.49\text{W}=0.30549\text{kW}$$

4）定子、转子铁心的铁损耗 P'_{Fe}

$$P'_{Fe}=P_{Fe}+P_{Fez}=2.6804\text{kW}+0.30549\text{kW}=2.98589\text{kW}$$

5）永磁发电机轴承损耗 P_f

永磁发电机轴承摩擦损耗 P_f(kW)为

$$P_f=0.15\frac{F}{d}v\times 10^{-5}$$

式中　F——轴承载荷，$F=98\text{kN}=98000\text{N}$；

d——轴承滚子中径的轴承直径，$d=0.5\text{m}$；

v——轴承滚子中径的线速度，$v=ndn_N=(0.5\pi\times 100/60)\text{m/s}=2.618\text{m/s}$。

$$P_f=\left(0.15\times\frac{2\times 98000}{0.5}\times 2.618\times 10^{-5}\right)\text{kW}\approx 1.5394\text{kW}$$

6）永磁发电机总损耗 ΣP

$$\Sigma P=P_{Cu}+P'_{Fe}+P_f=23.22\text{kW}+2.9859\text{kW}+1.5394\text{kW}=27.7453\text{kW}$$

7）永磁发电机效率 η_N

永磁发电机效率为

$$\eta_N=\left(1-\frac{\Sigma P}{p_N+\Sigma P}\right)\times 100\%=\left(1-\frac{27.7453}{900+27.7453}\right)\times 100\%=97\%$$

7. 永磁发电机的冷却

1）永磁发电机绝缘耐热等级选 E 级，极限温度 120℃。采用强迫风冷的冷却方式。

计算冷却空气流量 $Q(\text{m}^3/\text{s})$

$$Q=K\frac{\Sigma P}{c\Delta T}$$

进口冷却空气温度为 25℃，出口空气温度 45℃。

式中　K——冷却风道不均匀系数，$K=1.3$；

c——空气比热容，在1atm（101.325kPa）下，50℃时 $c=1.1\text{J/m}^3\cdot℃$；

ΔT——冷却空气进出口温差，$\Delta T=(45-25)℃=20℃$；

ΣP——永磁发电机的总损耗，$\Sigma P=27.7453\text{kW}$。

$$Q=\left(1.3\times\frac{27.7453}{1.1\times20}\right)\text{m}^3/\text{s}=1.6395\text{m}^3/\text{s}$$

2）确定冷却空气进口截面积 S_1

永磁发电机冷却空气进口为 $ab=0.1\text{m}\times0.6\text{m}$，进口截面积 S_1 为

$$S_1=ab=0.1\text{m}\times0.6\text{m}=0.06\text{m}^2$$

3）冷却空气进口流速 v_1

$$v_1=\frac{Q}{S_1}=\frac{1.6395}{0.06}\text{m/s}=27.325\text{m/s}$$

进口冷却空气流速太高，重新选择进口截面积 S_1

$$S_1=a'b=0.15\text{m}\times0.6\text{m}=0.09\text{m}^2$$

再计算进口冷却风速 v_1

$$v_1=\frac{Q}{S_1}=\frac{1.6395}{0.09}\text{m/s}\approx18.217\text{m/s}$$

4）确定永磁发电机冷却空气出口面积 S_3

冷却空气出口选20个 $\phi100\text{mm}$ 孔，其面积为

$$S_3=\frac{20\pi(0.1^2)}{4}\text{m}^2=0.157\text{m}^2$$

5）求冷却空气出口流速 v_3

$$v_3=\frac{Q}{S_3}=\frac{1.6395}{0.157}\text{m/s}\approx10.44\text{m/s}$$

6）选择风机

选择流量 Q 为 $1.7\sim2.0\text{m}^3/\text{s}$ 的轴流式风机，出口风压 $p>0.3\text{MPa}$。

8. 永磁发电机起动转矩计算

1）求永磁发电机转子磁极完全对准其应该对准的定子齿的磁极数 me

$$me=3\times1=3$$

2）三个拼接的永磁体磁极面积 S_m

$$S_\text{m}=3\,\widehat{b}_\text{p}l_\text{ef}=(3\times0.038\times0.8)\text{m}^2=0.0912\text{m}^2$$

3）求三块拼接永磁体的径向引力 F_m

$$F_\text{m}=\frac{B_\delta^2}{2\mu_0}S_\text{m}=\left(\frac{0.5^2}{8\pi\times10^{-7}}\times0.0912\right)\text{N}=9071.83\text{N}\approx9072\text{N}$$

4）永磁发电机的起动转矩 M_T

$$\begin{aligned}M_\text{T}&=\frac{meD_2}{2}\frac{B_\delta^2}{2\mu_0}S_\text{m}\sin\left(\frac{360°}{2p}\right)\times10^{-7}\\&=\left[\frac{3\times1.248}{2}\times\frac{0.5^2}{2\times4\pi\times10^{-7}}\times0.0912\times\sin\left(\frac{360°}{60}\right)\right]\text{N}\cdot\text{m}\end{aligned}$$

$$=1775\text{N}\cdot\text{m}$$

5）永磁发电机外动力转矩 T_n

$$T_n=9550\frac{P_N}{n_N}=\left(9550\frac{900}{100}\right)\text{N}\cdot\text{m}=85950\text{N}\cdot\text{m}$$

6）起动转矩与外动力转矩的百分比

$$\frac{M_T}{T_n}\times100\%=\frac{1775}{85950}\times100\%=2.1\%$$

9. 永磁发电机转子轴最危险轴径的确定和转子轴各部分尺寸确定

本永磁发电机为风电机组设计。额定功率 $P_N=900\text{kW}$，60 极，额定转速 $n_N=100\text{r/min}$，配 1∶5 增速器与风轮连接。

转子轴设计成空心轴，轴的内外径之比 $\alpha=d/D=0.5$。

转子轴材料为钢 45，锻造毛坯，锻后正火处理。粗加工后调质，硬度 HB265 ~ HB285。$\sigma_{0.2}=340\text{N/mm}^2$。过载能力 $K=2.5$，材料不均匀系数 $K_b=1.1$，应力集中系数 $K_j=1.1$。剪切弹性模量 $G=8.0\times10^5\text{kg/cm}^2=78.4\times10^9\text{N/m}^2$；许用剪应力 $[\tau]=162\text{N/mm}^2$；许用应力 $[\sigma]=280\text{N/mm}^2$；许用扭转应力 $[\tau_n]=0.55[\sigma]=154\text{N/mm}^2$。

1）用扭转刚度来确定转子轴最危险轴径

$$\theta=\frac{M_{n\max}}{GJ_\rho}\frac{180}{\pi}(°/\text{m})\leqslant[\theta]$$

$$M_{n\max}=KT_n=(2.5\times85.950)\text{N}\cdot\text{m}=214.875\text{N}\cdot\text{m}$$

$$G=78.4\times10^9\text{N}\cdot\text{m}^2$$

J_ρ 为转子轴最危险截面的极惯性矩

$$J_\rho=\frac{\pi D^4}{32}(1-\alpha^4)$$

$$\alpha=d/D=0.5,\ 1-\alpha^4=0.9375$$

$$\theta=\frac{214875\times180\times32}{78.4\times10^9\times D^4\times\pi^2\times0.9375}\leqslant[\theta]$$

$[\theta]$ 为许用扭转角，取 $[\theta]=0.25°/\text{m}$，则

$$D\geqslant\sqrt[4]{\frac{214875\times180\times32}{78.4\times10^9\times0.25\pi^2\times0.9375}}$$

$D\geqslant0.2874\text{m}$，取 $D=300\text{mm}$。

转子轴最危险轴径 $D=300\text{mm}$，空心轴内径 $d=1/2D=150\text{mm}$。

2）转子轴其他轴径尺寸的确定

转子轴其他轴径尺寸按结构安排如图 10-5 所示。

① 轴承的轴径 320mm 前轴承采用圆柱滚子轴承，后轴承采用深沟球轴承。它们的外径都是 480mm，内径 320mm，宽为 74mm。

② 转子轴安装转子毂的轴径为 340mm。

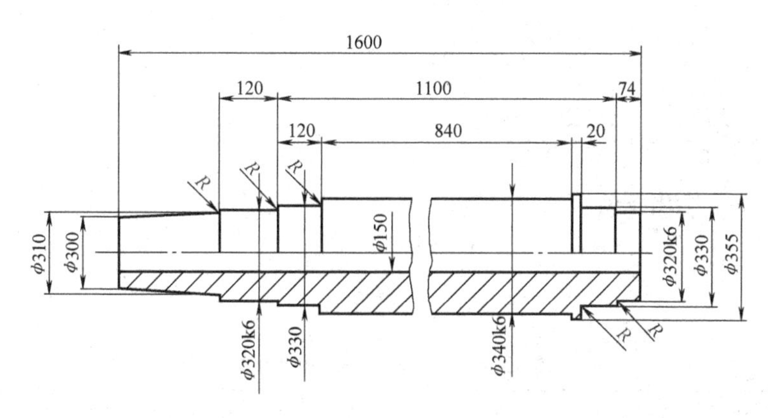

图 10-5　转子轴

10. 用扭转应力对转子轴进行强度验算

计算转子轴的扭转应力

转子轴所承担的最大外力转矩 $M_{\mathrm{n\,max}}=214875000\mathrm{N\cdot mm}$。

$$\tau_{\mathrm{n\,max}}=\frac{M_{\mathrm{n\,max}}}{W_{\mathrm{n}}}$$

式中　W_{n}——抗扭截面模量，单位为 mm^3，转子轴最危险截面的抗扭截面模量 W_{n} 为

$$W_{\mathrm{n}}=\frac{\pi D^3}{16}(1-\alpha^4)=\left(\frac{\pi 300^3}{16}\times 0.9375\right)\mathrm{mm}^3=4970097.8\mathrm{mm}^3$$

$$\tau_{\mathrm{n\,max}}=\frac{214875000}{4970097.8}\mathrm{N/mm^2}=43.23\mathrm{N/mm^2}<154\mathrm{N/mm^2}$$

转子轴最危险轴径的最大扭转应力小于许用扭转应力，安全。

11. 永磁发电机转子轴的挠度

1）转子总成所形成的挠度 f_{p}

转子毂、永磁体及长度为 L_{t} 的转子轴总成重 $p=2875.43\mathrm{kg}$，如图 10-6 所示。

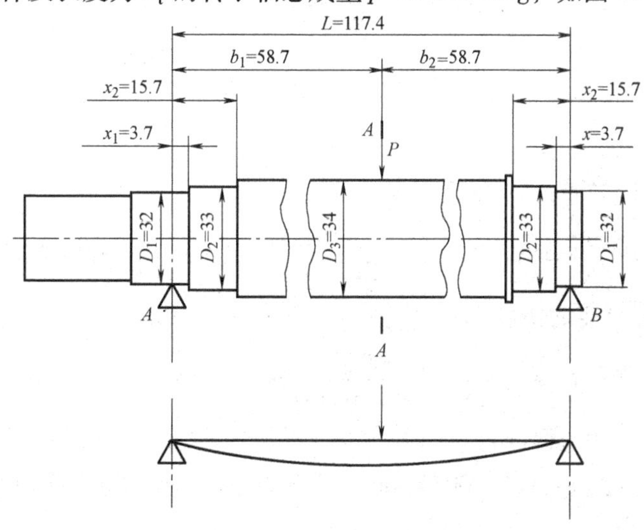

图 10-6　转子轴受力挠度

转子轴在 A—A 截面上由转子总成的重量所形成的挠度 f_{p} 为

$$f_p=\frac{p}{3EL^2}(A_1b_2^2+A_2b_1^2)$$

式中，$A_i=\frac{X_2^3}{J_1}+\frac{X_2^3-X_1^3}{J_2}+\cdots+\frac{X_i^3-X_{i-1}^3}{J_i}$。

A_i 值由表10-1给出各值。

$$A_1=A_2,\ b_1=b_2$$

$$f_p=\frac{pA}{6E}$$

表10-1 转子轴的 A_i 值计算表

	序号	轴径 D_i /cm	J_i /cm^4	X_i /cm	X_i^3 /cm^3	$X_i^3-X_{i-1}^3$ /cm^3	$\frac{X_i^3-X_{i-1}^3}{J_i}$
转子轴的 b_1 段	1	32	48254.86	3.7	50.653	50.653	0.00105
	2	34	54575.4	15.7	3869.893	3819.24	0.06998
	3	34	61497.4	58.7	202262	198392.107	3.226
	$A_1=\Sigma\frac{X_i^3-X_{i-1}^3}{J_i}=3.297$						
转子轴的 b_2 段	1	32	48254.86	3.7	50.653	50.653	0.00105
	2	33	54575.4	15.7	3869.893	3819.24	0.06998
	3	34	61497.4	58.7	202262	198392.107	3.226
	$A_2=\Sigma\frac{X_i^3-X_{i-1}^3}{J_i}=3.297$						

$$f_p=\frac{2875.43\times3.297}{6\times2.1\times10^6}\text{cm}=0.0007524\text{cm}$$

2）单边磁拉力形成的挠度 f_m

单边磁拉力 p_2 为

$$\begin{aligned}p_2&=\frac{n\widehat{b_p}l_{ef}}{\delta}\frac{B_\delta^2}{\alpha\mu_0}e_0\\&=\left(\frac{60\times0.038\times0.8}{0.001}\times\frac{0.5^2}{2\times4\pi\times10^{-7}}\times0.1\times0.001\right)\text{N}\\&=18143.6\text{N}\end{aligned}$$

与单边磁拉力成比例的转子轴挠度 f_0

$$f_0=f_p\frac{p_2}{p_0}=\left(0.0007524\times\frac{18143.6}{2875.43\times9.8}\right)\text{cm}=0.0004844\text{cm}$$

单边磁拉力最后产生的挠度 f_m

$$f_m=\frac{f_0}{1-m}=\frac{0.0004844}{1-0.004844}\text{cm}=0.0004846\text{cm}$$

3）转子轴中心处的总挠度 f

$$f=f_p+f_m=0.0007524\text{cm}+0.0004846\text{cm}=0.001237\text{cm}$$

许用挠度 [f] 为

$$[f]=0.1\delta=(0.1\times0.1)\text{cm}=0.01\text{cm}=0.1\text{mm}$$

$$f<[f]$$

12. 计算永磁发电机机壳壁厚

机壳壁厚的计算

永磁发电机初设计计算重量为7500kg。从结构设计上给定子与机壳之间的冷却风道径向为16mm，定子外径为1430mm，机壳中性直径 $D_0=1500\text{mm}$。求机壳壁厚 t。

$$J_Z \geqslant K\frac{9.8pR_0^2}{2.21}\times 10^{-6}$$

式中　J_Z——机壳对中性轴 Z 轴的惯性矩，单位为 m^4。J_Z 由下式求得：

$$J_Z=\frac{\pi}{4}\left(R_0+\frac{t}{2}\right)^4=\pi R_0^3 t$$

$$\pi R_0^3 t \geqslant K\frac{9.8pR_0^2}{2.21}\times 10^{-6}$$

$$t \geqslant K\frac{9.8pR_0^2\times 10^{-6}}{2.21\pi R_0^3}$$

$$t \geqslant \frac{1.4\times 9.8\times 7500\times 10^{-6}}{2.21\pi\times 0.75}\text{m}$$

$t\geqslant 0.0197\text{m}$，$t\geqslant 2.0\text{cm}$，取 $t=2.4\text{cm}=24\text{mm}$。

对中性圆直径 D_0 及机壳内、外径尺寸调整如下：

D_0 由1500mm调整到1484mm。用 $R_0=0.742\text{m}$ 重新计算 t。

$$\pi R_0^3 t \geqslant K\frac{9.8pR_0^2}{2.21}\times 10^{-6}$$

$$t \geqslant K\frac{9.8pR_0^2}{\pi R_0^3\times 2.21}\times 10^{-6}$$

$$t \geqslant \frac{1.4\times 9.8\times 7500}{\pi\times 0.742\times 2.21}\times 10^{-6},\ t\geqslant 0.0200\text{m}$$

取机壳壁厚 $t=24\text{mm}$，如图10-7所示。

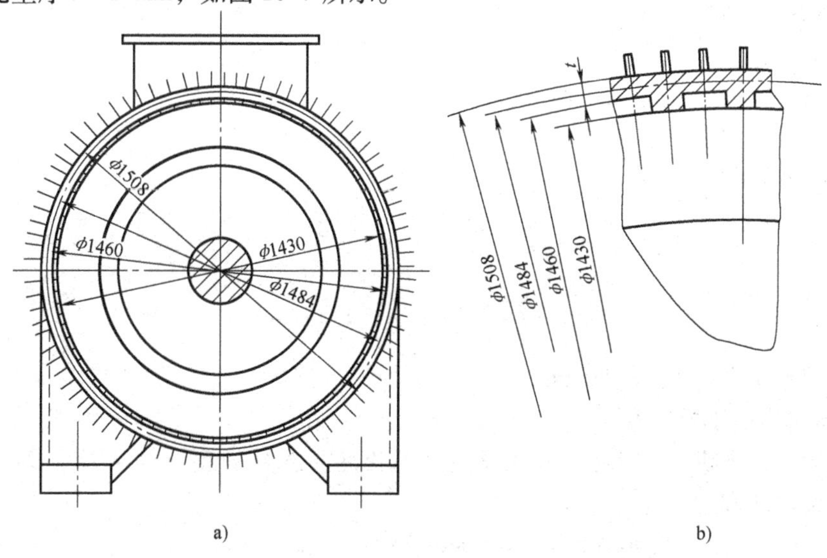

图10-7　永磁发电机机壳结构及机壳壁厚计算图

第三节　永磁发电机设计举例2（三相、18极、1000W）

1. 额定数据

1）永磁发电机额定功率 $P_N = 1000W$；

2）永磁发电机额定转速 $n_N = 333r/min$；

3）永磁发电机额定频率 $f = 50Hz$；

4）永磁发电机额定电压 $U_N = 30V$；

5）永磁发电机额定功率因数 $\cos\varphi$：阻性负载时 $\cos\varphi = 1.0$；感性及容性负载 $\cos\varphi \geqslant 0.87$；

6）永磁发电机相数 $m = 3$；

7）永磁发电机磁极为永磁体；

8）磁极布置形式采用切向布置。

2. 永磁发电机主要尺寸的确定

1）确定永磁发电机的极数 $2p$

$$2p = \frac{120f}{n_N} = 18$$

2）确定每极每项槽数 q

$$q = 1\frac{1}{18} = \frac{19}{18}$$

3）确定定子槽数 Z

$$Z = 2pqm = 18 \times \frac{19}{18} \times 3 = 57$$

4）初选定子齿宽 t_1

初选梨形等齿宽定子槽，$t_1 = 3.5mm$。

5）初步确定定子齿距 t

定子齿距 $t = t_1 + b_1$

$b_1 = (0.5 \sim 0.65)t$，取 $b_1 = 0.65t$，则

$$t = t_1 + 0.65t = 10mm$$

6）确定定子内径 D_{i1}

$$t = \frac{nD_{i1}}{2} \qquad D_{i1} = \frac{Zt}{\pi}$$

$$D_{i1} = \frac{57 \times 10}{\pi}mm = 181.437mm$$

初步确定定子内径 $D_{i1} = 180mm$。

7）初步选定定子外径 D_1

根据我国交流电机标准外径，查表5-1初选机座号6号的定子外径 $D_1 = 248mm$。定子槽深和定子轭高之和为

$$h_1 + h_j = (248mm - 180mm)/2 = 34mm$$

8）计算永磁体电流 I_N

$$I_N = \frac{P_N \times 10^3}{\sqrt{3} U_N \cos\varphi}$$

$$I_N = \frac{1000}{\sqrt{3} \times 30 \times 0.87} \text{A} = 22.12\text{A}$$

9）求永磁发电机的极距 τ

$$\tau = \frac{\pi D_2}{18}$$

气隙初选 0.8，$\delta = 0.8\text{mm}$，则

$$\tau = \frac{\pi \times (180 - 2 \times 0.8)}{18} \text{mm} = 31.1367\text{mm} = 0.03114\text{m}$$

10）求极弧长度

$$\widehat{b_p} = (0.5 \sim 0.75)\tau, 取\widehat{b_p} = 0.6\tau$$

$$\widehat{b_p} = (0.6 \times 31.1367)\text{mm} = 18.68\text{mm}, 取\widehat{b_p} = 18\text{mm}$$

11）确定永磁体尺寸及选择永磁体

① 确定永磁体尺寸

$$\tau - \widehat{b_p} = 31\text{mm} - 18\text{mm} = 13\text{mm}$$

永磁体选 $a_m b_m h_m = 12\text{mm} \times 50\text{mm} \times 12\text{mm}$。

② 选择 N33H 钕铁硼永磁体，剩磁 $B_r = 11.4\text{kG} = 1.14\text{T}$

12）初步选取定子有效长度 l_{ef}

$l_{ef} = \lambda\tau$，初选 $\lambda = 2$

$l_{ef} = (2 \times 31.14)\text{mm} = 62.28\text{mm}$，选 $l_{ef} = 60\text{mm}$

13）计算切向永磁体的磁感应强度 B_m

切向布置永磁体，由两个同性磁极形成一个 $a_m b_m$ 的磁感应强度。

$$B_m = \frac{2K_m}{\sigma} \frac{B_r}{\pi} \arctan \frac{a_m b_m}{2\delta \sqrt{4\delta^2 + a_m^2 + b_m^2}}$$

式中　K_m——永磁体端面系数，$K_m = 1$；

B_r——永磁体剩磁，$B_r = 1.14\text{T}$；

σ——漏磁系数，取 $\sigma = 1.4$。

则

$$B_m = \frac{2 \times 1 \times 1.14}{1.4 \times 180} \arctan \frac{12 \times 60}{2 \times 0.8 \sqrt{4 \times 0.8^2 + 12^2 + 60^2}} \text{T} = 0.75\text{T}$$

14）对永磁体尺寸进行修改

由于 $l_{ef} = 60\text{mm}$，永磁体磁面 $a_m b_m = 12\text{mm} \times 50\text{mm}$ 改为 $a_m b_m = 12\text{mm} \times 60\text{mm}$。

15）求每极磁极的气隙磁感应强度 B_δ

$$B_\delta = (12 \times 0.75 \div 18)\text{T} = 0.5\text{T}$$

16）修正磁极的极弧长度 $\widehat{b_p}$

取 $\widehat{b_p} = 0.52\tau = 31.14\text{mm} \times 0.52 = 16.1928\text{mm}$，取 $\widehat{b_p} = 16\text{mm}$。

其目的是采取聚磁形状，让磁极的气隙磁感应强度增大。

17）计算修改$\widehat{b}_p$后的气隙磁感应强度 B_δ

$$B_\delta = (12 \times 0.75/16)\mathrm{T} = 0.5625\mathrm{T}$$

18）求每极磁通 Φ

$$\Phi = B_\delta \alpha_p' \tau l_{ef} = (0.5625 \times 0.637 \times 0.03114 \times 0.06)\mathrm{Wb} = 0.00066947\mathrm{Wb}$$

19）求每相串联导体数

① 先求出相电压 E

$$E = \frac{U_N}{\sqrt{3}} = \frac{30}{\sqrt{3}}\mathrm{V} = 17.32\mathrm{V}$$

② 求串联导体数 N

$$E = 4 \times k_{Nm} fNK_{dp}\Phi$$

$$N = \frac{E}{4K_{Nm} fK_{dp}\Phi}$$

$N = \dfrac{17.32}{4 \times 1.11 \times 50 \times 0.98 \times 0.00066947}$匝 = 118.9152948 匝，取 $N = 120$ 匝。

20）求每槽导体数 N_S

$$N = \frac{N_S Z}{am}$$

并联导体数 $a = 1$，则

$$N_S = \frac{amN}{Z} = \frac{3 \times 120}{54}匝 = 6.66匝，取 N_S = 7匝$$

21）初选漆包线

① 初选电流密度 $j_a = 3\mathrm{A/mm^2}$

$$I_N \div j_a = S_i'$$

$$S_1' = (22.12 \div 3)\mathrm{mm^2} = 7.37\mathrm{mm^2}$$

② 选 1.35 漆包圆铜线，需并绕根数

每根面积 $S_2' = (\pi 1.35^2/4)\mathrm{mm^2} = 1.43\mathrm{mm^2}$

$n = S_1'/S_2' = (7.37/1.43)$根 = 5.15 根，取 $n = 5$ 根。

22）求导线所占面积

ϕ1.35 圆漆包铜线最大外径为 1.46mm

$$S_3 = (1.46^2 \times 5 \times 7)\mathrm{mm^2} = 74.6\mathrm{mm^2}$$

23）初步确定定子槽及计算槽面积

初步设计定子槽、磁极、轮毂如图 10-8 所示。在图中 $R = 4.1\mathrm{mm}$；定子齿宽 $t_1 = 3.5\mathrm{mm}$，齿距 $t = 9.92\mathrm{mm}$，$b_1 = 6.42\mathrm{mm}$；$b_0 = 3.0\mathrm{mm}$；$t_2 = 12.36\mathrm{mm}$；$b_2 = 8.8459\mathrm{mm}$；$h_0 = 1$；$\alpha = 30°$；$h_1 = 22\mathrm{mm}$。

定子槽面积 S_1 为

$$S_1 = \frac{1}{2}(\pi R^2) + \frac{1}{2}(2R + b_1)(h_1 - R) - b_1 h_0 - (b_1 - b_0)/2 \cdot \tan\alpha \cdot (b_1 - b_0)/2$$

$$= \Big[\frac{1}{2}(\pi \times 4.1^2) + \frac{1}{2}(2 \times 4.1 + 6.42)(22 - 4.1) - 6.42 \times 1 - (6.42 - 3)/2 \times$$

$$\tan 30° \times (6.42-3)/2 \Big] mm^2 = 149mm^2$$

24）计算绝缘面积 S_2

$$S_2 = [\pi R/2 + (h_1 - R) \times 2] \times 0.3 \times \frac{1}{2}(b_1 + b_0) \times 3 + b_0 \times 1$$

$$S_2 = 38.61mm^2$$

25）槽可利用面积 S 及槽满率 S_f

① 槽可利用面积 S 为

$$S = S_1 - S_2 = 149mm^2 - 38.61mm^2 = 110mm^2$$

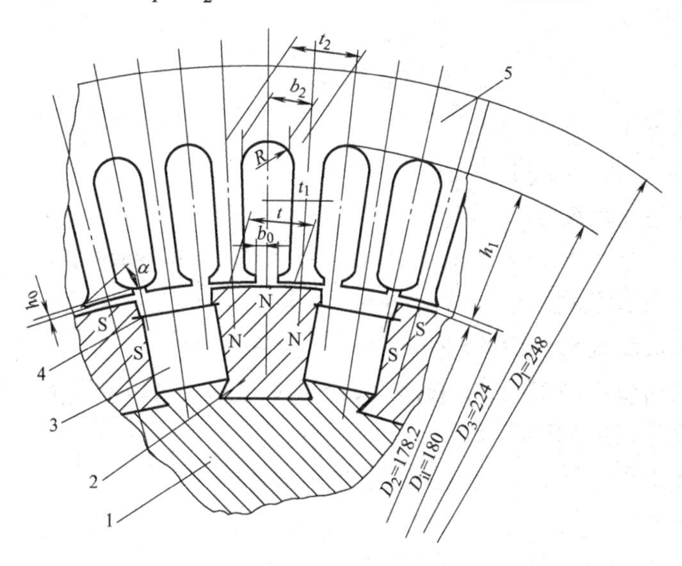

图 10-8 永磁发电机转子永磁体磁极切向布置的结构及尺寸

1—轮毂 2—极靴 3—永磁体 4—挡板 5—定子

② 槽满率 S_f 为

$$S_f = S_3/S = 74.6 \div 110 = 67.8\%$$

3. 定子参数及绕组

1）定子外径 $D_1 = 248mm$；

2）定子内径 $D_{i1} = 180mm$；

3）转子外径 $D_2 = 178.4mm$；

4）气隙长度 $\delta = 0.8mm$；

5）定子硅钢片有效长度 $l_{ef} = 60mm$；

6）定子齿距 $t = 9.92mm$；

7）定子齿宽：定子槽形为梨形等齿宽，$t_1 = 3.5mm$；

8）永磁发电机极数 $2p = 18$；

9）定子槽数 $Z = 57$；

10）每极每相槽数 $q = 1\frac{1}{18}$；

11）极距 $\tau = \pi D_2/2p = (\pi \times 178.4/18)\mathrm{mm} = 31.14\mathrm{mm}$；

12）永磁发电机相数 $m = 3$；

13）永磁发电机转速 $n_N = 333\mathrm{r/min}$；

14）转子线速度 $v = \pi p_2 n_N/60 = 0.1784\pi \times 333/60 = 3.11\mathrm{m/s}$；

15）永磁体采用 N33H，$B_{r\,min} = 1.14\mathrm{T}$；

16）永磁体尺寸为 $a_m b_m h_m = 12\mathrm{mm} \times 60\mathrm{mm} \times 12\mathrm{mm}$；

17）每相串联导体数 $N = \dfrac{N_S Z}{am} = \dfrac{7 \times 54}{1 \times 3} = 126$；

18）每槽导体数为

$$N_S = \frac{Nm}{Z} = \frac{126 \times 3}{54} = 7$$

19）并联支路数 $a = 1$；

20）定子线规 $n - \phi = 5 - \phi 1.35\mathrm{mm}$；

21）绕组形式为同相双层短节距；

22）每匝导线导电面积 $S_1 = (5 \times 1.35^2 \times \pi/4)\mathrm{mm}^2 = 7.1569\mathrm{mm}^2$；

23）$\phi 1.35\mathrm{mm}$ 圆漆包铜线最大外径 $\phi_2 = 1.46\mathrm{mm}$；

24）每槽导线占面积 $S_3 = (7 \times 5 \times 1.46^2)\mathrm{mm}^2 = 74.6\mathrm{mm}^2$；

25）槽可利用面积 $S = 105\mathrm{mm}^2$；槽满率 $S_f = S_3/S = 74.6/110 = 67.8\%$；

26）定子硅钢片采用 DW360-50；

27）转子极靴采用低碳钢；

28）绕组节距 $y = 3$；

29）绕组节距比为

$$\beta = \frac{y}{mq} = \frac{3}{3 \times \frac{19}{18}} = 0.9474$$

30）绕组短节距系数为

$$K_p = \sin\frac{\beta\pi}{2} = \sin\frac{\frac{18}{19}\pi}{2} = 0.99658$$

31）绕组分布系数为

$$K_d = \frac{\sin(\pi/2m)}{q\sin(\pi/2mq)} = \frac{\sin 30°}{\frac{19}{18}\sin 28.42°} = 0.99524$$

32）基波绕组系数为

$$K_{dp} = K_d K_p = 0.99524 \times 0.99658 = 0.9918$$

33）永磁发电机线负荷 A 为

$$A = \frac{mNI_N}{D_2\pi} = \frac{3 \times 126 \times 22.12}{17.84\pi}\mathrm{A/cm} = 149.18\mathrm{A/cm}$$

34）永磁发电机的发热系数 A_j

$A_j = A\,ja = (149.18 \times 22.12 \div 7.1569)\mathrm{A/cm} \cdot \mathrm{A/mm^2} = 461.1\mathrm{A/cm} \cdot \mathrm{A/mm^2}$

35）永磁发电机的利用系数 c 为

$$c=\frac{S_t}{D_2^2 l_{ef} n_N}=\frac{1.149}{0.1784^2\times0.06\times333}=1.8$$

36）永磁发电机的尺寸比 λ

$$\lambda=\frac{l_{ef}}{\tau}=\frac{60}{31.14}=1.9268$$

4. 永磁发电机的磁路计算

1）极靴的极弧长度 $\widehat{b_p}$

$$\widehat{b_p}=0.52\tau=0.52\times31.14\text{mm}=16\text{mm}$$

2）定子齿宽 $t_1=3.5\text{mm}$

3）定子轭高 h_j

$$h_j=(D_1-D_{i1})/2-h_1=(248\text{mm}-180\text{mm})/2-22\text{mm}=12\text{mm}$$

4）两块同极永磁体形成磁感应强度 B_m

$$B_m=\frac{2K_m}{\sigma}\frac{B_r}{\pi}\arctan\frac{a_m b_m}{2\delta\sqrt{4\delta^2+a_m^2+b_m^2}}$$

$$=\left(\frac{2\times1}{1.4}\times\frac{1.14}{180}\arctan\frac{12\times60}{2\times0.8\sqrt{4\times0.8^2+12^2+60^2}}\right)\text{T}$$

$$=0.75\text{T}$$

5）气隙磁感应强度 B_δ

$$B_\delta=B_m a_m/\widehat{b_p}=(0.75\times12/16)\text{T}=0.5625\text{T}$$

6）计算定子齿磁感应强度 B_t

$$B_t 2t=B_\delta\widehat{b_p}$$

$$B_t=\frac{B_\delta\widehat{b_p}}{2t}=\frac{0.5625\times16}{2\times3.5}\text{T}=1.2857\text{T}$$

7）计算定子轭磁感应强度 B_j

$$B_j h_j=B_t 2t$$

$$B_j=\frac{B_t 2t}{hj}=\frac{1.2857\times3.5\times2}{12}\text{T}=0.75\text{T}$$

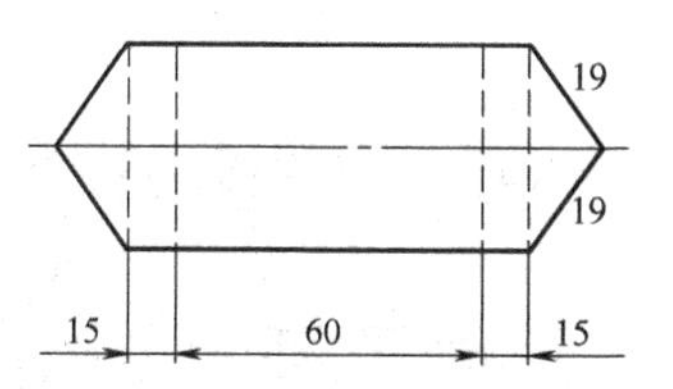

图 10-9　定子绕组每匝每根导体长度计算图

5. 绕组耗铜、电阻和永磁发电机内压降

1）定子绕组一圈长度 L_1 及每相导体长度 L_2，定子绕组每匝每根导体长度如图 10-9 所示。

每圈长度 $L_1=2$（15+60+15+19+19）mm

$$L_1=256\text{mm}=0.256\text{m}$$

每一相一根导线长度 L_2

$$L_2=9\times7\times L_1=(9\times7\times0.256)\text{m}=16.128\text{m}$$

2）每相导体 75℃时电阻 R_{75}

$$R_{75}=(17.68\Omega/\text{km}\times75℃\times0.016128)/5=0.057\Omega$$

3）铜导线重 G_{Cu}（即耗铜）

$$G_{Cu}=13\text{kg/km}\times 0.016128\times 5\times 3=3.14496\text{kg}\approx 3.15\text{kg}$$

4）永磁发电机内压降 U'_N

$$U'_N=R_{75}I_N=0.057\Omega\times 22.12\text{A}=1.26\text{V}$$

6. 永磁发电机电压、功率

1）永磁发电机线电压 U_N

① 计算相电势 E

$$E=4K_{Nm}fNK_{dp}\Phi(\text{V})=(4\times 1.11\times 50\times 126\times 0.99\times 0.00066947)\text{V}\approx 18.539\text{V}$$

② 线电压 U_N

$$U_N=\sqrt{3}(E-U'_N)=\sqrt{3}(18.539\text{V}-1.26\text{V})\approx 29.93\text{V}\approx 30\text{V}$$

2）求视在功率 S_t

$$S_t=3EI_N=3\times 18.539\text{V}\times 22.12\text{A}=1230.248\text{VA}$$

3）永磁发电机的输出功率 P_N

$$P_N=\sqrt{3}U_NI_N\cos\varphi=\sqrt{3}\times 29.93\text{A}\times 22.12\text{A}\times 0.87=997.635\text{W}$$

7. 永磁发电机的效率 η_N

1）永磁发电机的铜损耗 P_{Cu}

每相绕组在75℃时的电阻 $R=0.057\Omega$，则绕组的铜损耗 P_{Cu} 为

$$P_{Cu}=3RI_N^2=(3\times 0.057\times 22.12^2)\text{W}\approx 83.67\text{W}$$

2）计算永磁发电机的定子铁损耗 P_{Fe}

① 定子轭重 G_j

$$\begin{aligned}G_j&=\frac{\pi(D_1^2-D_3^2)}{4}l_{ef}\times 7.8\times 10^3\\&=\left[\frac{\pi(0.248^2-0.224^2)}{4}\times 0.06\times 7.8\times 10^3\right]\text{kg}=4.16\text{kg}\end{aligned}$$

② 定子轭铁损系数 p'_{Fej}

$$p'_{Fej}=p_{Fe}/50\times B_j^2\times\left(\frac{f}{50}\right)^{1.3}$$

当 $B_j=0.75\text{T}$ 时，$p_{Fe}/50=0.8\text{W/kg}$

$$p'_{Fej}=(0.8\times 0.75^2\times 1)\text{W/kg}=0.45\text{W/kg}$$

③ 定子轭铁损耗 P_{Fej}

$$P_{Fej}=K_\alpha p'_{hej}G_j=(1.5\times 0.45\times 4.16)\text{W}=2.808\text{W}$$

④ 计算定子齿重 G_t

$$\begin{aligned}G_t&=\frac{1}{2}\cdot\frac{n(D_3^2-D_{i1}^2)}{4}\times 0.06\times 7.8\times 10^{-3}\\&=\left[\frac{1}{2}\left(\frac{\pi(0.224^2-0.18^2)}{4}\right)\times 0.06\times 7.8\times 10^{-3}\right]\text{kg}\approx 3.27\text{kg}\end{aligned}$$

⑤ 求定子齿铁损系数 p'_{het}

$$p'_{het}=p'_{Fe}/50\cdot B_t^2\cdot\left(\frac{f}{50}\right)^{1.3}=(2.135\times 1.2857^2\times 1)\text{W/kg}=3.529\text{W/kg}$$

⑥ 计算定子齿铁损耗 P_{Fet}

$$P_{Fet}=K'_{\alpha}p'_{het}G_t=(2\times3.529\times3.27)\text{W}\approx23.08\text{W}$$

当 $B_t=1.2857\text{T}$ 时 DW360-50 铁损曲线表所对应的铁损为 2.135W/kg。

⑦ 计算定子铁心的铁损耗 P_{Fe}

$$P_{Fe}=P_{Fej}+P_{Fet}=2.808\text{W}+23.08\text{W}=25.888\text{W}\approx25.89\text{W}$$

3）求轴承的机械损耗 P_f

$$P_f=0.15\frac{F}{d}v\times10^{-5}=\left(0.15\times\frac{157\times2}{0.085}\times1.482\times10^{-5}\right)\text{kW}=8.2\times10^{-3}\text{kW}=8.2\text{W}$$

式中　F——轴承载荷，单位为 N，$F=157\text{N}$；

d——轴承滚子中径的转动直径，单位为 m，$d=0.085\text{m}$；

v——轴承滚子中径的线速度，单位为 m/s，$v=\pi dn_N/60=(\pi\times0.085\times333/60)\text{m/s}=1.482\text{m/s}$。

4）求永磁发电机效率 η_N

① 永磁发电机的总损耗 $\sum P$

$$\sum P=P_{Cu}+P_{Fe}+P_f=83.67\text{W}+25.89\text{W}+8.2\text{W}=117.76\text{W}$$

② 永磁发电机效率 η_N

$$\eta_N=\left(1-\frac{\sum P}{P_N+\sum P}\right)\times100\%=\left(1-\frac{117.76}{997.635+117.76}\right)\times100\%=89.44\%$$

8. 永磁发电机的起动转矩 M_T

1）极靴的磁引力 F_m

$$F_m=\frac{B_\delta^2}{2\mu_0}S_m$$

式中　B_δ——极靴的气隙磁感应强度，单位为 T，$B_\delta=0.5625\text{T}$；

μ_0——真空绝对磁导率，$\mu_0=4\pi\times10^{-7}\text{H/m}$；

S_m——极靴面向气隙的面积，单位为 m^2，$S_m=0.016\times0.06\text{m}^2$。

$$F_m=\left[\frac{0.5625^2}{2\times4\pi\times10^{-7}}\times(0.016\times0.06)\right]\text{N}=120.86\text{N}$$

2）永磁发电机的起动转矩 M_T

$$M_T=\frac{meD_2}{2}\frac{B_\delta^2}{2\mu_0\times10^{-7}}S_m\sin\left(\frac{360°}{2p}\right)$$
$$=\left[\frac{3\times1\times0.18}{2}\times120.86\times\sin\left(\frac{360°}{18}\right)\right]\text{N}\cdot\text{m}=11.16\text{N}\cdot\text{m}$$

式中　m——相数，$m=3$；

e——每相磁极完全对准其应该对准的定子齿的数，$e=1$；

D_2——永磁发电机转子外径，$D_2=0.18\text{m}$。

3）永磁发电机的驱动转矩 M_M

$$M_M=9550\frac{P_N}{n_N}=9550\times\frac{0.997635}{333}\text{N}\cdot\text{m}=28.61\text{N}\cdot\text{m}$$

4）起动转矩占驱动转矩的百分比

$$M_T/M_M \times 100\% = 11.16/28.61 \times 100\% = 39\%$$

9. 永磁发电机的冷却

永磁发电机的冷却采取外部自然辐射，内部自然空气对流散热。发电机内部空气对流散热的过程是：发电机运行时，其内部空气被加热，从前端盖的出气孔流走，从塔架内流入冷空气。冷空气不断进入，不断被加热并从出气孔流出，如图10-10所示。

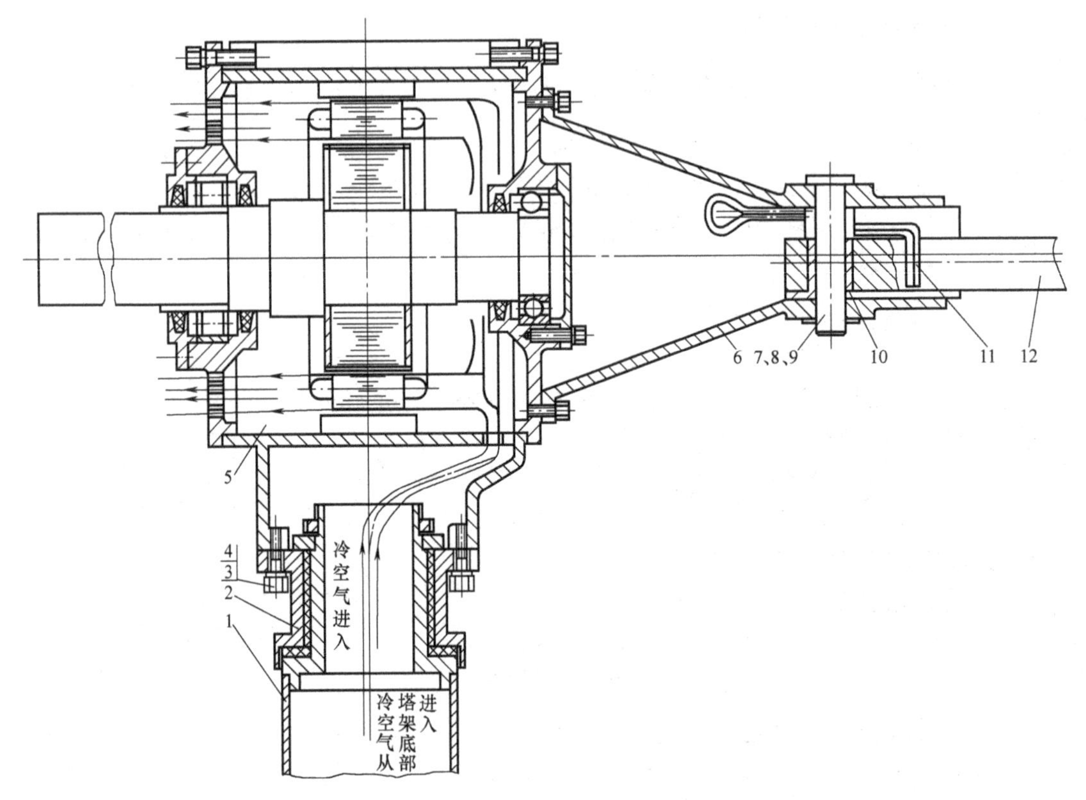

图10-10　800W用微型永磁发电机的结构及冷却

1—塔架　2—转盘　3—螺栓　4—垫圈　5—高效永磁发电机　6—尾舵座　7—尾舵转动轴　8—垫圈　9—开哨　10—尾舵轴套　11—调向弹簧　12—尾舵梁

第十一章　永磁发电机在风力发电机组中的应用

风能是无污染、可再生、不分国界、不用花钱就可以得到的清洁能源。进入21世纪，风电以每年30%左右的增容速度发展着。风电已不再是可有可无的补充能源，它已成为具有巨大商业价值和强大的潜在发展能力的主要电能源之一。

中国幅员辽阔，风能资源丰富。中国风电的发展速度很快，到2010年，新增装机容量16000MW，累计装机容量41827MW。到2011年，中国风电累计装机容量达62000MW。据中国资源综合利用协会再生能源专业委员会和国际环保绿色和平组织预测。到2020年，中国风电规模可达到2.3亿kW，相当于13个三峡电站，总发电量可达到4649亿kWh。按中国2002年电结构和电力耗煤388g/kW计算，到2020年，中国风电发电量4649亿kWh，相当于年少耗煤1.919亿t，年少排放$CO_2$1.096亿t，年少排放SO_2 287.67万t。发展风电意义重大。

国内外风力发电机组分水平轴并网风力发电机组和垂直轴并网风力发电机组两种形式。水平轴并网风力发电机组可分为传统式、混合式和直驱式三类。

第一节　永磁发电机在并网风力发电机组中的应用

1. 传统式水平轴并网风力发电机组用发电机

所谓传统式水平轴并网风力发电机组是自风力发电机诞生以来一直沿用到现在的风力发电机组的结构形式。

传统式水平轴并网风力发电机组基本上采用4～6极交流励磁异步发电机。这种4～6极交流励磁异步发电机的转速为1000～1800r/min，而风力发电机的风轮转速通常为15～25r/min，为了使风轮的转速与交流励磁异步发电机的转速相匹配，不得不采用增速比$i=1:(50\sim125)$的大增比的增速器（齿轮箱）。这种大增速比的增速器不仅要损失一部分功率，而且制造困难，造价昂贵，寿命短。据德国风力机研究所首席教授克林格（Prof·Klinger）统计，风力发电机在15～20年的使用寿命中齿轮箱（增速器）更换3次是十分普遍的。因而传统式水平轴并网风力发电机组的制造成本和用户的使用成本高，从而又使风电成本高。

欲使传统式水平轴并网风力发电机组增速器的增速比降下来，以减小风力发电机的制造成本、用户的使用成本及风电成本，就必须将交流励磁异步发电机的转速降下来，即增加异步发电机的极数。将交流励磁异步发电机做成多极是十分困难的，甚至是不可能的。于是风力发电机组制造商开始采用多极永磁发电机。

2. 直驱式风力发电机组用多极永磁发电机

所谓直驱式风力发电机组就是风轮直接驱动多极永磁发电机的风力发电机组。直驱式风力发电机组有水平轴并网直驱式风力发电机组、垂直轴直驱式风力发电机组和离网直驱式风力发电机组三种形式。

直驱式风力发电机组有如下特点：

（1）制造成本、用户的使用成本及风电成本低

直驱式并网水平轴风力发电机组是风轮直接驱动多极永磁发电机，省去了造价昂贵且寿命只有4~6年的大增速比的增速器，也省去了造价不菲的风轮轴。保证了直驱式并网风力发电机组20年的使用寿命，也大幅度降低了风力发电机组的制造成本、用户的使用成本及风电成本。

（2）直驱式风力发电机组中的永磁发电机往往处于低频运行状态

由于风力发电机组的风轮转速很低，特别是直驱式水平轴并网风力发电机组的风轮转速通常只有15~25r/min，要求多极永磁发电机的转速与风轮转速同步是不可能的。比如要永磁发电机的转速与风轮15r/min转速同步，从式 $n_N=50f/P$ 可以得到，当 $n_N=15$r/min时 $p=200$，$2p=400$。这就是说，需要400极的永磁发电机才能达到风轮15r/min的同步转速要求，制造这样的用于风力发电机组的永磁发电机是不可能的。因此，直驱式并网水平轴风力发电机组用永磁发电机基本上都运行在低于50Hz的低频状态。比如直驱式并网水平轴风力发电机组用60极永磁发电机，当在额定频率50Hz运行时的额定转速是100r/min，当风轮转速25r/min时，永磁发电机的电流频率只有12.5Hz。

（3）频率低于50Hz的低频运行的永磁发电机达不到50Hz运行时的功率

从式 $E=4K_{\mathrm{Nm}}fNK_{\mathrm{dp}}\phi$ 可以看到，相电势 E 是频率 f 的一次线性函数。当一台永磁发电机运行在50Hz和运行在12.5Hz时，它们的相电势 E 分别为

$$E_{50}=4K_{\mathrm{Nm}}f_{50}NK_{\mathrm{dp}}\phi \tag{11-1}$$

$$E_{12.5}=4K_{\mathrm{Nm}}f_{12.5}NK_{\mathrm{dp}}\phi \tag{11-2}$$

由于是同一台永磁发电机，除运行频率不同之外，其余参数均相同。用式（11-1）去除式（11-2），得

$$\frac{E_{12.5}}{E_{50}}=\frac{4K_{\mathrm{Nm}}f_{12.5}NK_{\mathrm{dp}}\phi}{4K_{\mathrm{Nm}}f_{50}NK_{\mathrm{dp}}\phi}=\frac{12.5}{50}=\frac{1}{4} \tag{11-3}$$

从式（11-3）可以看到，同一台永磁发电机运行在12.5Hz时输出功率是运行在50Hz时输出功率的1/4。

以上分析可以看到，永磁发电机运行在频率低于50Hz的低频时，其输出功率要比其运行在50Hz时小，其减少程度可以描述为50Hz时的转数是其低频运行的转数的倍数。

（4）保证和提高直驱式风力发电机组用永磁发电机功率的途径

1）采用混合式驱动方式是保证和提高直驱式风力发电机组用永磁发电机功率的最佳方案

所谓混合式驱动方式的风力发电机组就是采用低增速比的增速器，达到风轮转速与多极永磁发电机转速相匹配的一种风力发电机的驱动方式。这种驱动方式使永磁发电机运行在额定频率，如50Hz或60Hz范围内，使永磁发电机输出额定功率。

比如直驱式并网水平轴风力发电机组用60极永磁发电机额定频率50Hz时的转数为100r/min，风轮转速25r/min，配备低增速比 $i=1:4$ 的增速器，就会使永磁发电机运行在额定频率50Hz时转速为100r/min，使永磁发电机输出额定功率。而低增速比 $i=1:4$ 的增速器可以用两级圆柱齿轮或一级行星齿轮传动就可以达到，这种增速比 $i=1:4$ 的增速器的造价低廉，仅是大增速比 $i=1:(50\sim125)$ 的增速器的1/10或更低的造价。这种低增速比的增速器的使用寿命长，可以达到20年以上，既保证了永磁发电机的输出额定功率，又降低了风力发电机制造成本、用户的使用成本及风电成本。

混合式是水平轴并网风力发电机组采用多极永磁发电机而使永磁发电机达到额定功率输出的最佳方案。

2）这种混合式的风电机组的驱动形式适于传统式风力发电机组的改造

传统式并网水平轴风力发电机组是风轮轴驱动大增速 $i=1:(50\sim125)$ 的增速器，增速器再驱动4~6极交流励磁的异步发电机。当对传统式并网水平轴风力发电机组采用多极永磁发电机取代交流励磁异步发电机的改造时，只要将大增速比的增速器去掉，安装低增速比的增速器，将交流励磁的异步发电机去掉，换上多极永磁发电机，就可以使传统式并网水平轴风力发电机组变成混合式并网水平轴风力发电机组。改造后的风力发电机组寿命达20年，大幅度降低了风力发电机的制造成本、用户的使用成本及风电成本。

由于多极永磁发电机的使用，大增速比用交流励磁异步发电机的传统式并网水平轴风力发电机组将逐渐淡出风电市场，取而代之的是采用低增速比配以多极永磁发电机的混合式风力发电机组。

比如美国的Liberty2500kW并网水平轴风力发电机组就是通过低增速比的增速器将4台每台660kW的多极永磁发电机并联在增速器上，达到2500kW的总输出功率。

3）将永磁发电机设计成高频永磁发电机

直驱式并网水平轴风力发电机组往往运行在频率低于50Hz的低频，不能发挥永磁发电机的额定能力。为了使永磁发电机在频率低于50Hz的低频运行中发挥永磁发电机的额定能力，也可以将永磁发电机设计成高频发电机，当它运行在低转速时尽量接近50Hz的频率，使其尽可能地输出额定功率。

为了使多极永磁发电机的转速能接近直驱时风轮转速的频率，可以在设计的定子绕组极数不变的前提下，增加转子的永磁体磁极数以提高永磁发电机的电流频率。比如定子绕组布置成60极，而将转子永磁体磁极布置成90极，这种结构适合外转子型永磁发电机。外转子型永磁发电机的外转子空间大，易于布置更多的磁极。

这种结构的永磁发电机是高频永磁发电机。

第二节　永磁发电机在垂直轴和离网水平轴风力发电机组中的应用

现代垂直轴风力发电机组和离网水平轴风力发电机基本上都使用多极永磁发电机。

1. 永磁发电机在垂直轴风力发电机组中的应用

垂直轴风力发电机组不用调向，不论哪个方向的风都会使风轮转动，且发电机可置于地面上，结构简单，维护方便，深受人们喜爱。但垂直轴风力发电机效率低，不能自行起动，因而发展缓慢。

进入21世纪，国内外很多人都热衷于研究垂直轴风力发电机。为了使垂直轴风力发电机能自行起动，在垂直轴风力发电机的风轮轴上安装了索旺尼斯叶片，使垂直轴风力发电机组实现了自行起动。

垂直轴风力发电机几乎全部采用永磁发电机。已经有几千瓦、几十千瓦、几百千瓦使用多极永磁发电机的垂直轴风力发电机组投入运行。由于垂直轴直驱式风力发电机组的风轮转速较高，虽然风轮轴的转速不能完全匹配多极永磁发电机的转速，但永磁发电机不会在很低的频率上运行。

为了使垂直轴直驱式风力发电机的多极永磁发电机能发挥其额定能力，最好的措施是在多极永磁发电机的定子绕组极数不变的情况下增加转子极数，使永磁发电机成为大于50Hz的高频发电机而运行在额定频率50Hz附近，这更适合外转子多极永磁发电机。

2. 永磁发电机在离网风力发电机组中的应用

离网直驱式水平轴风力发电机组用途广泛，其可以为风能丰富区和风能可利用区的电网尚未达到的地域的农牧民生产和生活提供电力；可以为海岛的渔民和驻岛部队提供生产生活用电；可以为农民温室大棚冬季生产提供电力；可以为渔船日常生活提供电力等。离网水平轴直驱式风力发电机几乎全部都用多极永磁发电机。离网水平轴直驱式风力发电机组的风轮转速较高，设计得当会接近多极永磁发电机的额定转速。为了使离网水平轴直驱式永磁发电机用多极永磁发电机运行在50Hz左右达到永磁发电机额定输出功率，可以采用定子绕组极数不变而增加转子永磁体磁极数，使永磁发电机成为高频发电机，让高频发电机运行在50Hz左右，能输出额定功率。

1）永磁发电机在离网垂直轴风电机组的应用

北京的梁北岳工程师对垂直轴永磁发电机风电机组情有独钟，致力于垂直轴永磁发电机风电机组的研究。他利用混合式结构方式使永磁发电机在额定风速时发出额定功率。为了充分利用风能，他在风电机组中安装了两台功率分别为3kW和10kW的永磁发电机，在低风速时驱动3kW永磁发电机发电，在高风速时驱动10kW永磁发电机发电。在张北风场试验得到满意的结果。

吉林省延吉市的金工和朴工研制的垂直轴直驱式永磁发电机风电机组，将永磁发电机的定子和转子分别由转向相反的上部和下部两组垂直轴叶片驱动，提高了永磁发电机的转速，使永磁发电机发出额定功率。他们已经研制成功了3kW、10kW等几种机型，在试验中都获得了满意的成果。金工和朴工研制的垂直轴直驱式永磁发电机风电机组的特点是：①利用上下两组叶片，一组正转驱动转子；另一组反转驱动定子，提高了永磁发电机的转速，从而省去了低增速比的增速器，使风电机组结构简单，降低了风电机组的制造成本。②他们巧妙地设计了变桨距系统，提高了垂直轴叶片的风能利用率，增加了风电机组的功率。

2）永磁发电机在海流和涌浪领域的应用

东北师大的张雪明教授（博导）率领他的博士生学生已经完成海流永磁发电机组的研究项目，该项目成功地利用海流的动能驱动叶轮转动拖动永磁发电机发电为海上浮标供电，目前项目已经验收。图11-1为海流永磁发电机组样机。

图11-1　海流永磁发电机组样机

目前，张教授正带领他的博士生学生研究利用浮标浮筒内的上下起伏涌浪的动能驱动叶轮转动拖动永磁发电机发电为海上浮标供电的项目，在试验室已获得成功，下一步将到海上试验。

第三节　风力发电机组用永磁发电机的防雷

水平轴并网风力发电机组塔架高达60余米，风力发电机的叶片长30余米，总高约百余米，这么高的叶片尖端极易受到雷击。虽然现代并网水平轴风力发电机组的叶尖在叶片制造时都安装了接闪器，接闪器与预埋在叶片里的金属导线相连接。金属导线从叶尖的接闪器到叶根并通过电刷连接在机舱底座上。而机舱底座又通过电刷连接到塔架上，塔架底部通过导线可靠接地。但雷电的高电压大电流会通过机舱底座或通过风轮轴传给永磁发电机，会使永磁发电机定子绕组烧毁，轴承会烧出麻坑，永磁体会退磁，甚至使整个永磁发电机会烧毁。因此，水平轴直驱式或混合式并网风力发电机组中多极永磁发电机及机舱内的其他设备和装置都必须进行防雷电的绝缘保护。图11-2是雷电袭击并网水平轴风力发电机组的示意图。图11-3是并网水平轴风力发电机组中永磁发电机防雷绝缘处理的示意图。

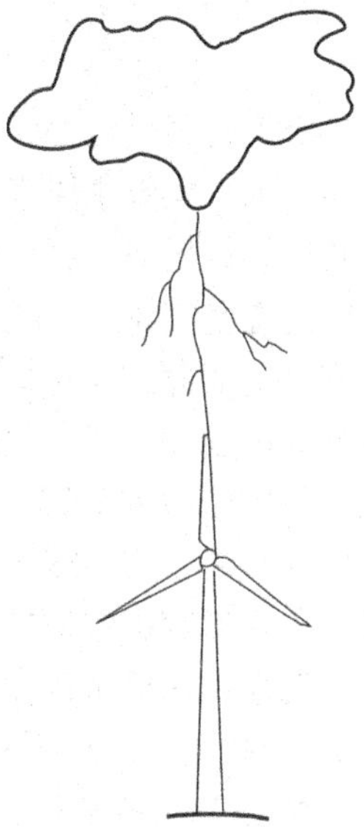

在并网水平轴风力发电机组的机舱内安装的所有设备或装置，其中包括永磁发电机与机舱底座之间都有防雷电的绝缘，防止闪电对机舱内安装的设备包括永磁发电机的破坏。

对于垂直轴和离网水平轴直驱式风力发电机组用永磁发电机也应进行防雷击的防护。

风力发电机组应安装在远离落雷区。在垂直轴风力发电机组和离网水平轴直驱式风力发电机组上安装避雷装置以免风力发电机遭到雷击时造成永磁发电机烧毁。

图11-2　并网水平轴风力发电机组遭雷击示意图

垂直轴直驱式和水平轴直驱式离网风力发电机组的永磁发电机防雷击的另一项措施是在风电机组的旁边不影响叶片转动的地方安装避雷针。在有雷电发生前应停车并切断永磁发电机输出线。

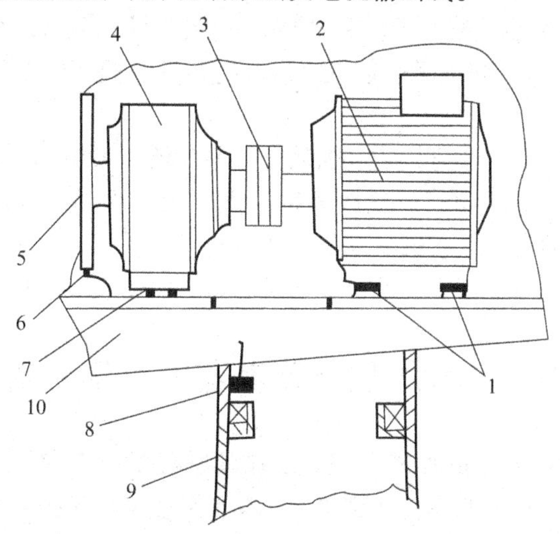

图11-3　并网水平轴风力发电机组用永磁发电机的防雷保护

1—永磁发电机绝缘垫　2—永磁发电机　3—联轴器　4—低增速比增速器
5—风轮轴　6—风轮轴连接机舱底座的电刷　7—增速器绝缘垫
8—机舱底座连接塔架的电刷　9—塔架　10—机舱底座

第十二章　永磁发电机的未来

电能是国民经济发展及民生的最重要的能源。但电能不是第一能源，它是由其他能源转换而来的。电能主要来源于火电、水电和核电。在我国，火电占供电总量的70%以上。火电是以燃烧煤炭、石油等化石类能源为动力。化石类能源在燃烧时放出大量的CO_2和SO_2。CO_2是温室气体，会改变地球的局部气候，造成各种自然灾害；SO_2会形成酸雨，对农作物和森林造成危害及对材料造成腐蚀浪费。同时，化石类能源是不可再生能源，储量有限，不可能无限制地开采。我国水利资源有限，再度开发利用水利资源发电也十分有限。我国核电约占供电能力的1.3%。核能不是可再生无污染的能源，核能废料很难处理，核电不仅成本高，而且易于产生核污染和核灾难。苏联切尔诺贝利核电站和日本福岛核电站灾难，让全世界核电国家都引起对核电造成的核灾难的防范。

随着国民经济的发展和人民生活水平的日益提高，对电能的需求量日渐增加。自20世纪80年代之后，世界各国都在开发无污染可再生的清洁能源——诸如风能、太阳能等。利用风能和太阳能发电，减少CO_2和SO_2排放，改善和恢复地球环境。

自20世纪90年代之后，风力发电技术逐渐成熟，风电发展迅速，以每年30%以上的增容速度发展着，成为诸多能源中发展最快的能源。

在21世纪的前10年，风电发展十分迅速。世界上一些工业发达国家风电已达到其供电能力的12%。我国风电起步较晚，但发展很快。我国原计划到2020年风电装机容量达到3000万千瓦，但至2010年，我国风电装机容量已远远地超过了3000万千瓦，达到4000万千瓦以上。

由于永磁发电机效率高、节能、功率因数大、温升低、噪声小、重量轻、结构简单、维护容易，且可以做到多极低转速，广泛地为风电机组所采用。风电机组广泛采用永磁发电机，促进了永磁发电机的发展。永磁发电机为风电机组所采用，使风电机组的制造成本大幅度下降，也使风电成本大幅度下降，从而又促进了风电机组及风电的发展。

第一节　永磁发电机的特点及其与常规励磁发电机的比较

发电机已经有了200余年的发展历程。现在的励磁发电机单机容量早已超过600MW，甚至机壳外径达到25m，转子线速度达到了45m/s。目前世界各国不论是火电、水电还是核电用的发电机基本都是励磁发电机。常规励磁发电机技术成熟，理论完善，实践经验丰富，技术条件齐全。

永磁发电机虽然诞生较早，但发展很慢。直到20世纪中期，由于较理想的磁综合性能的永磁体研发成功并商品化生产之后，才有了小型永磁发电机的发展。小功率永磁发电机用作小型拖拉机的照明用发电机、摩托车点火的磁电机、手摇电话的振铃用永磁发电机等。1973年，世界发生了石油危机，能源短缺，工业发达国家开始利用风能发电。这些功率不大的风电机组基本上都采用了永磁发电机。与此同时，磁综合性能较好的永磁体，诸如稀土钴、钕铁硼等永磁体先后问世，才使永磁发电机得到了快速发展。永磁发电机之所以得以快速发展的另一个原因，是它被风电机组广泛应用，永磁发电机有了被应用的市场。尤其进入21世纪，甚至出现了风轮直接驱动多机永磁发电机的称作直驱式风电机组的尝试。

常规励磁发电机的磁极是由励磁绕组通以励磁电流形成的，它可以通过改变励磁电流来改变磁极的磁感应强度。而永磁发电机的磁极是永磁体，它的磁极的磁感应强度基本上是不变的，它不会像改变励磁电流而改变气隙磁感应强度那样改变其气隙磁感应强度。而且目前永磁体磁极的磁感应强度也只有0.5T左右，比常规励磁发电机的磁极的磁感应强度低。这也是永磁发电机目前达不到几十兆瓦、几百兆瓦功率的主要原因。

常规励磁发电机可以通过改变励磁电流来改变气隙磁感应强度而改变发电机的输出功率，而永磁发电机则办不到。因为永磁发电机的永磁体磁极的磁感应强度基本上是不变的，是不可以调整的，在这方面，永磁发电机尚不如常规励磁发电机。

就发电机的功率而言，常规的励磁发电机大功率单机容量达到600MW的已问世多年，而永磁发电机单机容量达到3MW的却不多见。就发电机大功率而言，目前，永磁发电机尚不如常规励磁发电机。

但是，永磁发电机具有其独到的常规励磁发电机所不具有的特点，因而自21世纪以来，永磁发电机得到了广泛的应用和快速发展。

永磁发电机与常规励磁发电机相比有如下优点：

1. 永磁发电机节能，其效率和功率因数比常规励磁发电机高

常规励磁发电机的磁极是由励磁绕组通过励磁电流形成的，这不仅要消耗励磁功率，还会在转子中由于励磁电流产生铜损耗和铁损耗，而永磁发电机则没有这些损耗。因而，永磁发电机效率和功率因数比常规励磁发电机高2%~8%和0.02~0.05。

2. 永磁发电机比常规励磁发电机重量轻、结构简单、故障率低

常规励磁发电机不仅有励磁绕组，往往主发电机同轴还拖动一个励磁发电机，重量也大，结构复杂，故障率相对较高。而永磁发电机既没有励磁绕组也没有励磁发电机，重量比常规励磁发电机轻40%以上。同时，永磁发电机结构简单，简单到只需维护轴承的程度，故障率比常规励磁发电机低，并且维修方便、容易。

3. 永磁发电机比常规励磁发电机温升低、噪声小

由于永磁发电机没有常规励磁发电机所必须有的励磁绕组所造成的铜损耗和铁损耗，因而永磁发电机比常规励磁发电机温升低2~10℃，并且噪声低2~10dB。

4. 永磁发电机可以做到多极低转速，尤其适合风电机组用发电机

励磁发电机由于有励磁绕组，转子内难以容纳多极绕组，因而常规励磁发电机做不到多极低转速。而永磁发电机可以做到多极低转速，可以做到60极、72极甚至84极，这是常规励磁发电机所做不到的。

5. 多极永磁发电机用在风电机组上会大大提高风电机组的寿命并大幅度降低风电成本

多极永磁发电机用在风电机组上，会大幅度降低增速器的增速比，从而大幅度降低增速器的制造成本。比如风电机组风轮转速20r/min，用1500r/min的常规励磁发电机，它的增速器的增速比为1:75。用60极永磁发电机，它的增速比为1:5。用60极永磁发电机的增速器是常规1500r/min励磁发电机增速器寿命的15倍，不仅提高了风电机组增速器的寿命，而且大幅度降低了风电机组制造成本和用户的使用成本，即大幅度降低了风电成本。风电成本的降低又会进一步促进风电的发展。

第二节　永磁发电机的应用及其未来发展

自20世纪80年代至21世纪，永磁发电机被广泛地应用在离网风电机中，并进行了大、中功率永磁发电机应用在并网风电机组上的尝试。

在这些年中，人们追求用计算机控制风轮转速以达到发电机并网的频率和电压，这是一个极其困难而艰巨的工作。这是因为风能——这个无污染可再生的清洁能源的变化是随机性的，很难用计算机控制风轮转速去满足发电机并网的频率和电压。

进入21世纪，随着科学的发展和技术的进步，人们研发出IGBT大功率模块组成交-直-交逆变器，并采用PWM技术，使之成为将风电机组永磁发电机的在一定范围内的变频交流电逆变成符合并网频率和电压的交流电，进行软并网。这种逆变器实际上是变流器。变流器是功率变换器，它确保风电机组并网的频率和电压而改变电流以满足风电机组输出功率的变化。自从有了IGBT大功率模块而构成的变流器之后，才使人们从依靠计算机控制风轮转速以满足风电并网的频率和电压的技术瓶颈中走出来。

现代的风电机组已经广泛应用变流器，它使计算机控制的风轮转速放宽到一定转速范围内，就可以实现风电的安全并网。变流器的使用，使中、大功率的永磁发电机在风电机组上得到更广泛的应用。

图12-1所示是当代由IGBT模块组成的采用多重化PWM技术及采用双DSP及CPLD

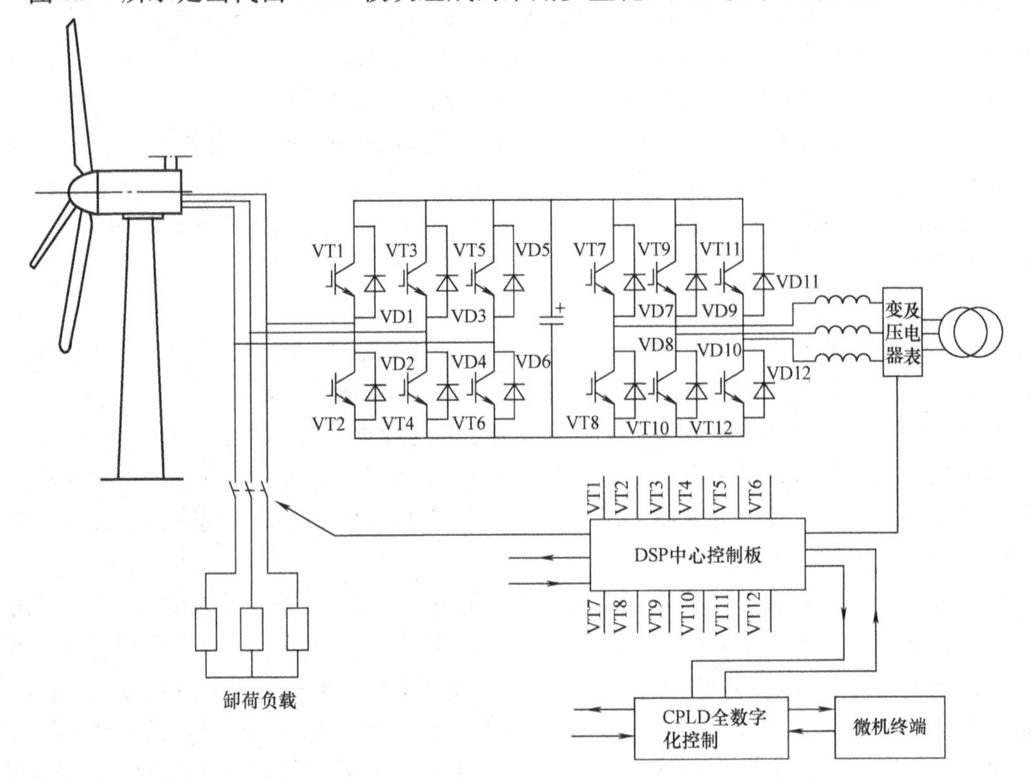

图12-1　风力发电机用永磁发电机软并网变流器电路原理图

（大规模门阵列）的全数字化控制。这种变流器实现了永磁发电机风电机组电力软并网及软解列的无人值守。

进入21世纪，世界各国都在开发无污染可再生能源并节能减排，以改善地球环境，共同保护全人类的共同家园——地球。

风能是无污染、可再生、零成本、不分国界的清洁能源，利用风能发电已为全世界所共识。由于永磁发电机的特点特别适合风电机组用发电机，才得以随着风电的快速发展而被广泛采用。可以说，风电为永磁发电机找到了发挥其价值的空间，永磁发电机有了被大量使用的市场。风电，这个每年以30%以上增容速度发展的清洁能源，为永磁发电机提供了巨大市场的同时，又促进了永磁发电机的发展。

可以预见，已经投入运行的风电机组当更换增速器时将换上永磁发电机，同时也可以看到，正在生产及未来制造的风电机组也必将采用永磁发电机。

可以想象，当全世界很多国家的风电达到其供电能力的12%，甚至达到其供电能力的20%、30%的时候，对永磁发电机的需求量有多大。永磁发电机不仅用在风电机组上，还广泛地应用在海流发电、浪涌发电（亦称潮汐发电）等无污染可再生能源发电上。工业发达国家甚至尝试在商店门前及商店人流密集的地面下安装永磁发电机，经变流器为商店照明提供电力。

永磁发电机被广泛使用，势必促进永磁体的研发。当磁综合性能更好的永磁体磁极的磁感应强度达到0.7T、0.8T，甚至达到1.0T的永磁体问世时，永磁发电机功率可以达到30MW、600MW甚至更大，到那时，不论火电、水电还是核电都会采用永磁发电机。到那时，永磁发电机取代励磁发电机将成为必然。这正像内燃机取代蒸汽机一样的不可逆转，这是科学技术发展的必然。这犹如我的著作《风力发电机设计及运行维护》在2003年出版时，很多人还认为风电是可有可无的补充能源，之后随着风电的发展，风电再也不是可有可无的补充能源，而成为具有巨大商业价值和巨大潜力的重要能源之一一样，永磁发电机将再也不是可用可不用的发电机，而将成为具有巨大商业价值和节能效益的不可缺的发电机。

附　　录

附录 A　厚绝缘聚酯漆包扁铜线

表 A-1　QZ-2、QZL-2 厚绝缘聚酯漆包扁铜线

b / S / a	1. 00	1. 12	1. 25	1. 40	1. 50	1. 60	1. 70	1. 80	1. 90	2. 00	2. 12	2. 24	2. 50	2. 80	3. 00	3. 15	3. 35	3. 55	4. 00	4. 50	5. 00	5. 60
3. 35	3. 335	3. 761	4. 223	4. 755	5. 110	5. 465	5. 672	6. 027	6. 382	6. 737	7. 163	7. 589	8. 326									
4. 00	3. 785	4. 265	4. 785	5. 385	5. 785	6. 185	6. 437	6. 837	7. 237	7. 637	8. 117	8. 597	9. 451	10. 65								
4. 50	4. 285	4. 825	5. 410	6. 085	6. 535	6. 985	7. 287	7. 737	8. 137	8. 637	9. 117	9. 717	10. 70	12. 05	12. 95	13. 63						
4. 75	4. 535	5. 105	5. 723	6. 435		7. 385		8. 187		9. 137		10. 28	11. 33	12. 75		14. 41						
5. 00	4. 785	5. 385	6. 035	6. 785	7. 285	7. 785	8. 137	8. 637	9. 137	9. 637	10. 24	10. 84	11. 95	13. 45	14. 45	15. 20	16. 20	17. 20				
5. 30	5. 085	5. 721	6. 410	7. 215		8. 265		9. 177		10. 24		11. 51	12. 70	14. 29		16. 15		18. 27				
5. 60	5. 385	6. 057	6. 785	7. 625	8. 185	8. 745	9. 157	9. 717	10. 28	10. 84	11. 51	12. 18	13. 45	15. 13	16. 25	17. 09	18. 21	19. 33	21. 54			
6. 00	5. 785	6. 525	7. 285	8. 185		9. 385		10. 44		11. 64		13. 08	14. 45	16. 25		18. 35		20. 75	23. 14			
6. 30	6. 086	6. 841	7. 660	8. 605	9. 235	9. 865	10. 35	10. 98	11. 61	12. 24	12. 99	13. 75	15. 20	17. 09	18. 35	19. 30	20. 65	21. 82	24. 34	27. 49		
6. 70	6. 485	7. 285	8. 160	9. 165		10. 51		11. 70		13. 04		14. 65	16. 20	18. 21		20. 65		23. 24	25. 94	29. 29		
7. 10	6. 885	7. 737	8. 660	9. 725	10. 44	11. 15	11. 71	12. 42	13. 13	13. 84	14. 69	15. 54	17. 20	19. 33	20. 75	21. 82	23. 40	24. 66	27. 45	31. 09	34. 64	
7. 50	7. 285	8. 185	9. 160	10. 29		11. 79		13. 14		14. 64		16. 44	18. 20	20. 45		23. 08		26. 08	29. 14	32. 89	36. 64	
8. 00	7. 785	8. 745	9. 785	10. 99	11. 79	12. 59	13. 24	14. 04	14. 84	15. 64	16. 60	17. 56	19. 45	21. 85	23. 45	24. 65	26. 25	27. 85	31. 14	35. 14	39. 14	43. 94
8. 50		9. 305	10. 41	11. 69		13. 39		14. 94		16. 64		18. 68	20. 70	23. 25		26. 23		29. 63	33. 14	37. 39	41. 64	46. 74
9. 00		9. 865	11. 04	12. 39	13. 29	14. 19	14. 94	15. 84	16. 74	17. 64	18. 72	19. 80	21. 95	24. 65	26. 45	27. 80	29. 60	31. 40	35. 14	39. 64	44. 14	49. 54
9. 50			11. 66	13. 09		14. 99		16. 74		18. 64		20. 92	23. 20	26. 05		29. 38		33. 18	37. 14	41. 89	46. 64	52. 34
10. 0			12. 29	13. 79	14. 79	15. 79	16. 64	17. 64	18. 64	19. 64	20. 84	22. 04	24. 45	27. 45	29. 45	30. 95	32. 95	34. 95	39. 14	44. 14	49. 14	55. 14
10. 60				14. 63		16. 75		18. 72		20. 84		23. 38	25. 95	29. 13		32. 84		37. 08	41. 54	46. 84	52. 14	58. 50
11. 20				15. 47	16. 59	17. 71	18. 68	19. 80	20. 92	22. 04	23. 38	24. 73	27. 45	30. 81	33. 05	34. 73	36. 97	39. 21	43. 94	49. 54	55. 14	61. 86
11. 80						18. 67		20. 88		23. 24		26. 07	28. 95	32. 49		36. 62		41. 34	46. 34	52. 24	58. 14	65. 22

注：裸线面积 S，单位为 mm^2；a 为长边，单位为 mm；b 为短边，单位为 mm。

附录B　磁导体硅钢片的主要性能（国产硅钢片）

表B-1　电工用热轧硅钢薄板强磁场条件下磁感应强度及最大铁损（根据GB/T 5212—1985）

项目/数值/牌号	厚度/mm	最小磁感应强度/T			最大铁损/(W/kg)		理论密度/(g/cm³)	
		B_{25}	B_{50}	B_{100}	$p_{10/50}$	$p_{15/50}$	酸洗钢板	未酸洗钢板
DR510-50	0.50	1.54	1.64	1.76	2.10	5.10	7.75	7.70
DR490-50	0.50	1.56	1.66	1.77	2.00	4.90	7.75	7.70
DR450-50	0.50	1.54	1.64	1.76	1.85	4.50	7.75	7.70
DR420-50	0.50	1.54	1.64	1.76	1.80	4.20	7.75	7.70
DR400-50	0.50	1.54	1.64	1.76	1.65	4.00	7.75	7.70
DR440-50	0.50	1.46	1.57	1.71	2.00	4.40	7.65	—
DR405-50	0.50	1.50	1.61	1.74	1.80	4.05	7.65	—
DR360-50	0.50	1.45	1.56	1.68	1.60	3.60	7.55	—
DR315-50	0.50	1.45	1.56	1.68	1.35	3.15	7.55	—
DR290-50	0.50	1.44	1.55	1.67	1.20	2.90	7.55	—
DR265-50	0.50	1.44	1.55	1.67	1.10	2.65	7.55	—
DR360-35	0.35	1.46	1.57	1.71	1.60	3.60	7.65	—
DR325-35	0.35	1.50	1.61	1.74	1.40	3.25	7.65	—
DR320-35	0.35	1.45	1.56	1.68	1.35	3.20	7.55	—
DR280-35	0.35	1.45	1.56	1.68	1.15	2.80	7.55	—
DR255-35	0.35	1.44	1.54	1.66	1.05	2.55	7.55	—
DR225-35	0.35	1.44	1.54	1.66	0.90	2.25	7.55	—

注：1. $p_{10/50}$、$p_{15/50}$表示用50Hz反复磁化和按正弦波形变化的磁感应强度最大值为1.0T和1.5T时的总单位铁损（W/kg）。

2. B_{25}、B_{50}、B_{100}分别表示磁场强度为25A/cm、50A/cm和100A/cm时的磁感应强度的值。

3. 型号说明：

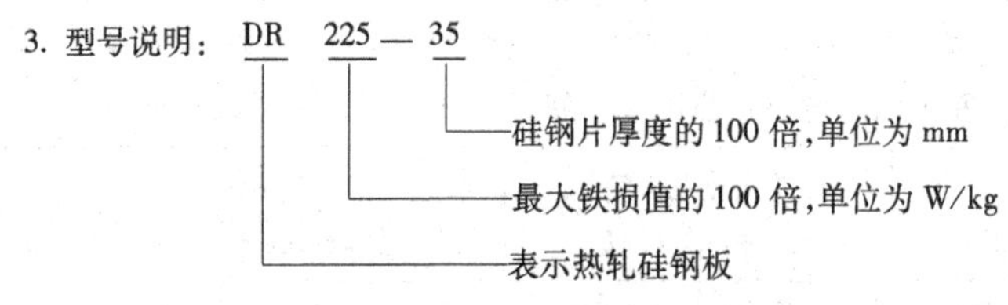

表B-2　电工用热轧硅钢板的牌号及公称尺寸（根据GB/T 5212—1985）

分类	检验条件	牌　号	厚度/mm	钢片宽度/mm×钢片长度/mm
低硅钢	强磁场	DR510-50	0.5	600×1200　860×1720 670×1340　900×1800 750×1500　1000×2000 810×1620
		DR490-50		
		DR450-50		
		DR420-50		
		DR400-50		

（续）

分类	检验条件	牌　号	厚度/mm	钢片宽度/mm×钢片长度/mm
高硅钢	强磁场	DR440-50	0.5	600×1200　860×1720 670×1340　900×1800 750×1500　1000×2000 810×1620 说明：含硅量≤2.8%的硅钢称为低硅钢；含硅量>2.8%的硅钢称为高硅钢
		DR405-50		
		DR360-50		
		DR315-50		
		DR290-50		
		DR265-50		
		DR365-35	0.35	
		DR325-35		
		DR320-35		
		DR280-35		
		DR255-35		
		DR225-35		
高硅钢	高频率	DR1750G-35	0.35	宽与长由用户和钢厂协商确定
		DR1250G-20	0.20	
		DR1100G-10	0.10	

注：在设计永磁发电机时，功率大，定子外径大。大外径时应根据硅钢板的宽和长进行扇形拼接。为便于设计，提供DR系列硅钢板的规格，供设计者参考利用。

表B-3　电磁纯铁薄板电磁性能（根据GB/T 6983—2008）

磁性等级	牌号	矫顽力 H_c /(A/m) ≤	矫顽力时效增值 ΔH_c/(A/m) ≤	最大磁导率 μ_m /(H/m) ≥	磁感应强度/T						
					B_{200}	B_{300}	B_{500}	B_{1000}	B_{2500}	B_{5000}	B_{10000}
普通级	DT4	96.0	9.6	0.0075	≥1.20	≥1.30	≥1.40	≥1.50	≥1.62	≥1.71	≥1.80
高级	DT4A	72.0	7.2	0.0088							
特级	DT4E	48.0	4.8	0.0113							
超级	DT4C	32.0	4.0	0.0151							

注：B_{200}、B_{300}、B_{500}…、B_{10000}分别表示磁场强度为200A/m、300A/m、500A/m…10000A/m时的磁感应强度。

表B-4　普通级取向电工钢带（片）的磁特性和工艺特性（根据GB/T 2521—2008）

牌号	公称厚度/mm	最大比总损耗/(W/kg)$p1.5$		最大比总损耗/(W/kg)$p1.7$		最小磁极化强度/T $H=800$A/m	最小叠装系数
		50Hz	60Hz	50Hz	60Hz	50Hz	
23Q110	0.23	0.73	0.96	1.10	1.45	1.78	0.950
23Q120	0.23	0.77	1.01	1.20	1.57	1.78	0.950
23Q130	0.23	0.80	1.06	1.30	1.65	1.75	0.950
27Q110	0.27	0.73	0.97	1.10	1.45	1.78	0.950
27Q120	0.27	0.80	1.07	1.20	1.58	1.78	0.950
27Q130	0.27	0.85	1.12	1.30	1.68	1.78	0.950
27Q140	0.27	0.89	1.17	1.40	1.85	1.75	0.950

（续）

牌号	公称厚度/mm	最大比总损耗/(W/kg)p1.5		最大比总损耗/(W/kg)p1.7		最小磁极化强度/T H=800A/m	最小叠装系数
		50Hz	60Hz	50Hz	60Hz	50Hz	
30Q120	0.30	0.79	1.06	1.20	1.58	1.78	0.960
30Q130	0.30	0.85	1.15	1.30	1.71	1.78	0.960
30Q140	0.30	0.92	1.21	1.40	1.83	1.78	0.960
30Q150	0.30	0.97	1.28	1.50	1.98	1.75	0.960
35Q135	0.35	1.00	1.32	1.35	1.80	1.78	0.960
35Q145	0.35	1.03	1.36	1.45	1.91	1.78	0.960
35Q155	0.35	1.07	1.41	1.55	2.04	1.78	0.960

注：1. 多年来习惯上用磁感应强度，实际上爱泼斯坦方圆测量的是磁极化强度。定义为：$J=B-\mu_0H$，式中 J 为磁极化强度；B 为磁感应强度；μ_0 为真空磁导率；$\mu_0=4\pi\times10^{-7}H\times m^{-1}$；$H$ 为磁场强度。

2. p1.5T 表示磁感应强度为 1.5T，频率为 50Hz 和 60Hz 时硅钢片的最大铁损值；p1.7T 表示磁感应强度为 1.7T 时，频率为 50Hz 和 60Hz 时的最大铁损值；H=800A/m 表示磁场强度为 800A/m，频率为 50Hz 时硅钢片的最小磁极化强度。

表 B-5　高磁导率级取向电工钢带（片）的磁特性和工艺特性

（根据 GB/T 2521—2008）

牌　　号	公称厚度/mm	最大比总损耗/(W/kg)p1.7		最小磁极化强度/T H=800A/m	最小叠装系数
		50Hz	60Hz	50Hz	
23QG085[a]	0.23	0.85	1.12	1.85	0.95
23QG090[a]	0.23	0.90	1.19	1.85	
23QG095	0.23	0.95	1.25	1.85	
23QG100	0.23	1.00	1.32	1.85	
27QG090[a]	0.27	0.90	1.19	1.85	
27QG095[a]	0.27	0.95	1.25	1.85	
27QG100	0.27	1.00	1.32	1.88	
27QG105	0.27	1.05	1.36	1.88	
27QG110	0.27	1.10	1.45	1.88	
30QG105	0.30	1.05	1.38	1.88	0.96
30QG110	0.30	1.10	1.46	1.88	
30QG120	0.30	1.20	1.58	1.85	
35QG115	0.35	1.15	1.51	1.88	
35QG125	0.35	1.25	1.64	1.88	
35QG135	0.35	1.35	1.77	1.88	

注：1. 多年来习惯上采用磁感应强度，实际上爱泼斯坦方圆测量的是磁极化强度。定义为：$J=B-\mu_0H$。式中 J 为磁极化强度；B 为磁感应强度；μ_0 为真空磁导率，$\mu_0=4\pi\times10^{-7}H\times m^{-1}$；$H$ 为磁场强度。

2. 在 800A/m 的磁场下，B 和 J 之间的差值达到 0.001T。

3. p1.5 和 p1.7 作为参考值，不作为交货依据。

4. a 该级别的钢可以磁畴化状态交货。

5. p1.7 是磁极化强度 1.7T 时，频率为 50Hz 和 60Hz 时的最大比总耗（W/kg）。

表 B-6　无取向电工钢带（片）的磁特性和工艺特性（根据 GB/T 2521—2008）

牌号	公称厚度 /mm	理论密度 /(kg/dm³)	最大比总损耗 /(W/kg)p1.5		最小磁极化强度 /T			最少弯曲次数	最小叠装系数
					50Hz				
			50Hz	60Hz	$H=2500$A/m	$H=5000$A/m	$H=10000$A/m		
35W230	0.50	7.60	2.30	2.90	1.49	1.60	1.70	2	0.95
35W250			2.50	3.14	1.49	1.60	1.70		
35W270	0.35	7.65	2.70	3.36	1.49	1.60	1.70		
35W300			3.00	3.74	1.49	1.60	1.70	3	
35W330			3.30	4.12	1.50	1.61	1.71		
35W360			3.60	4.55	1.51	1.62	1.72	5	
35W400			4.00	5.10	1.53	1.64	1.74		
35W440		7.70	4.40	5.60	1.53	1.64	1.74		
50W230	0.50	7.60	2.30	3.00	1.49	1.60	1.70	2	0.97
50W250			2.50	3.21	1.49	1.60	1.70		
50W270			2.70	3.47	1.49	1.60	1.70		
50W290			2.90	3.71	1.49	1.60	1.70		
50W310		7.65	3.10	3.95	1.49	1.60	1.70	3	
50W330			3.30	4.20	1.49	1.60	1.70		
50W350			3.50	4.45	1.50	1.60	1.70	5	
50W400		7.70	4.00	5.10	1.53	1.63	1.73	5	
50W470			4.70	5.90	1.54	1.64	1.74	10	
50W530			5.30	6.60	1.56	1.65	1.75	10	
50W600		7.75	6.00	7.75	1.57	1.66	1.76		
50W700		7.80	7.00	8.80	1.60	1.69	1.77		
50W800			8.00	10.10	1.60	1.70	1.78		
50W1000		7.85	10.00	12.60	1.62	1.72	1.81		
50W1300			13.00	16.40	1.62	1.74	1.81		
65W600	0.65	7.75	6.00	7.71	1.56	1.66	1.76	10	0.97
65W700			7.00	8.98	1.57	1.67	1.76		
65W800		7.80	8.00	10.26	1.60	1.70	1.78		
65W1000			10.00	12.77	1.61	1.71	1.80		
65W1300		7.85	13.00	16.60	1.61	1.71	1.80		
65W1600			16.00	20.00	1.61	1.71	1.80		

注：1. 多年来习惯上用磁感应强度，实际上爱泼斯坦方圆测量的是磁极化强度。定义为：$J=B-\mu_0 H$。式中 J 为磁极化强度；B 为磁感应强度；μ_0 为真空磁导率，$\mu_0=4\pi\times10^{-7}\times\mathrm{m}^{-1}$；$H$ 为磁场强度。

2. 比总损耗是指当磁极化强度随时间按正弦规律变化，其峰值为某一定值，变化频率为某一标准频率时，单位质量的铁心所消耗的功率称作比总损耗，单位为瓦特/千克（W/kg）。

表 B-7　无取向电工钢带（片）力学性能（根据 GB/T 2521—2008）

牌　号	抗拉强度/R_m (N/mm^2) ≥	伸长率/A(%) ≥
35W230 35W250	450 440	10
35W270 35W300	430 420	11
35W330 35W360	410 400	14
35W400 35W440	390 380	16
50W230 50W250 50W270 50W290	450 450 450 440	10
50W310 50W330 50W350	430 425 420	11
50W400	400	14
50W470 50W530	380 360	16
50W600	340	21
50W700 50W800 50W1000 50W1300	320 300 290 290	22
65W600 65W700 65W800 65W1000 65W1300 65W1600	340 320 300 290 290 290	

附录 C　部分导磁材料的磁化曲线及铁损曲线表

表 C-1　DR510-50 硅钢片磁化曲线表　　（单位：A/cm）

(1)	B_{25} = 1.54T								硅钢片密度 g = 7.70g/cm^3	
B/T	0.00	0.01	0.02	0.03	0.04	0.05	0.06	0.07	0.08	0.09
0.4	1.38	1.40	1.42	1.44	1.46	1.48	1.50	1.52	1.54	1.56
0.5	1.58	1.60	1.62	1.64	1.66	1.69	1.71	1.74	1.76	1.78
0.6	1.81	1.84	1.86	1.89	1.91	1.94	1.97	2.00	2.03	2.06
0.7	2.10	2.13	2.16	2.20	2.24	2.28	2.32	2.36	2.40	2.45
0.8	2.50	2.55	2.60	2.65	2.70	2.76	2.81	2.87	2.93	2.99
0.9	3.06	3.13	3.19	3.26	3.33	3.41	3.49	3.57	3.65	3.74
1.0	3.83	3.92	4.01	4.11	4.22	4.33	4.44	4.56	4.67	4.80
1.1	4.93	5.07	5.21	5.36	5.52	5.68	5.84	6.00	6.16	6.33
1.2	6.52	6.72	6.94	7.16	7.38	7.62	7.86	8.10	8.36	8.62

（续）

(1)	$B_{25}=1.54T$								硅钢片密度 $g=7.70g/cm^3$
B/T	0.00	0.01	0.02	0.03	0.04	0.05	0.06	0.07	0.08	0.09
1.3	8.90	9.20	9.50	9.80	10.10	10.50	10.90	11.30	11.70	12.10
1.4	12.60	13.10	13.60	14.20	14.80	15.50	16.30	17.10	18.10	19.10
1.5	20.10	21.20	22.40	23.70	25.00	26.70	28.50	30.40	32.60	35.10
1.6	37.80	40.70	43.70	46.80	50.00	53.40	56.30	60.40	64.00	67.30
(2)	$B_{25}=1.57T$									
B/T	0.00	0.01	0.02	0.03	0.04	0.05	0.06	0.07	0.08	0.09
0.4	1.37	1.38	1.40	1.42	1.44	1.46	1.48	1.50	1.52	1.54
0.5	1.56	1.58	1.60	1.62	1.64	1.66	1.68	1.70	1.72	1.75
0.6	1.77	1.79	1.81	1.84	1.87	1.89	1.92	1.94	1.97	2.00
0.7	2.03	2.06	2.09	2.12	2.16	2.20	2.23	2.27	2.31	2.35
0.8	2.39	2.43	2.48	2.52	2.57	2.62	2.67	2.73	2.79	2.85
0.9	2.91	2.97	3.03	3.10	3.17	3.24	3.31	3.39	3.47	3.55
1.0	3.63	3.71	3.79	3.88	3.97	4.06	4.16	4.26	4.37	4.48
1.1	4.60	4.72	4.86	5.00	5.14	5.29	5.44	5.60	5.76	5.92
1.2	6.10	6.28	6.46	6.65	6.68	7.05	7.25	7.46	7.68	7.90
1.3	8.14	8.40	8.68	8.96	9.26	9.58	9.86	10.20	10.60	11.00
1.4	11.40	11.80	12.30	12.80	13.30	13.80	14.40	15.00	15.70	16.40
1.5	17.20	18.00	18.90	19.90	20.90	22.10	23.50	25.00	26.80	28.60
1.6	30.70	33.00	35.60	38.2	41.10	44.00	47.00	50.00	53.50	57.50
1.7	61.50	66.00	70.50	75.00	79.70	84.50	89.50	94.70	100.00	105.00
1.8	110.00	116.00	122.00	128.00	134.00	141.00	148.00	155.00	162.00	170.00

注：B_{25}表示当磁场强度为25A/cm时产生的磁感应强度值。

表 C-2 DR510-50 硅钢片铁损曲线表 （单位：$\times 10^{-1}W/cm^3$）

(1)	$p_{10/50}=2.5W/kg$									
B/T	0.00	0.01	0.02	0.03	0.04	0.05	0.06	0.07	0.08	0.09
0.5	6.28	6.50	6.74	7.00	7.22	7.47	7.70	7.94	8.18	8.42
0.6	8.66	8.90	9.14	9.40	9.64	9.90	10.10	10.40	10.60	10.90
0.7	11.10	11.40	11.60	11.90	12.10	12.40	12.70	12.90	13.20	13.40
0.8	13.60	14.00	14.20	14.40	14.70	15.00	15.20	15.50	15.80	16.00
0.9	16.30	16.60	16.90	17.20	17.50	17.80	18.10	18.50	18.80	19.10
1.0	19.50	19.90	20.20	20.60	21.00	21.40	21.80	22.30	22.70	23.20
1.1	23.70	24.20	24.70	25.20	25.70	26.30	26.80	27.30	27.90	28.50
1.2	29.00	29.60	30.10	30.70	31.30	31.90	32.50	33.10	33.70	34.30
1.3	34.90	35.50	36.00	36.70	37.30	37.90	38.50	39.10	39.70	40.30
1.4	40.90	41.50	42.10	42.70	43.30	44.00	44.60	45.20	45.80	46.40
1.5	47.10	47.70	48.30	48.90	49.60	50.20	50.80	51.40	51.90	52.60
1.6	53.10	53.70	54.30	54.90	55.50	56.10	56.70	57.30	57.90	58.50
1.7	59.10	59.70	60.30	60.90	61.60	62.30	62.90	63.60	64.40	65.00
1.8	65.80	66.60	67.40	68.20	69.00	69.90	70.80	71.70	72.60	73.50

（续）

(2)	$p_{10/50}$ = 2. 1W/kg									
B/T	0. 00	0. 01	0. 02	0. 03	0. 04	0. 05	0. 06	0. 07	0. 08	0. 09
0. 5	5. 15	5. 35	5. 55	5. 75	5. 98	6. 17	6. 38	6. 57	6. 78	7. 00
0. 6	7. 22	7. 42	7. 62	7. 84	8. 05	8. 26	8. 48	8. 70	8. 90	9. 12
0. 7	9. 35	9. 55	9. 76	9. 98	10. 20	10. 40	10. 60	10. 80	11. 00	11. 30
0. 8	11. 50	11. 70	12. 00	12. 20	12. 40	12. 60	12. 80	13. 10	13. 30	13. 50
0. 9	13. 80	14. 00	14. 30	14. 50	14. 80	15. 10	15. 30	15. 60	15. 90	16. 20
1. 0	16. 50	16. 80	17. 10	17. 40	17. 80	18. 10	18. 40	18. 80	19. 20	19. 60
1. 1	20. 00	20. 40	20. 80	21. 20	21. 70	22. 10	22. 60	23. 00	23. 50	24. 00
1. 2	24. 50	25. 00	25. 40	26. 00	26. 40	27. 00	27. 50	28. 00	28. 50	29. 00
1. 3	29. 50	30. 00	30. 50	31. 00	31. 60	32. 10	32. 60	33. 10	33. 60	34. 20
1. 4	34. 70	35. 20	35. 70	36. 20	36. 70	37. 20	37. 80	38. 30	38. 80	39. 40
1. 5	39. 80	40. 40	40. 90	41. 40	41. 90	42. 40	42. 90	43. 50	44. 00	44. 50
1. 6	45. 00	45. 60	46. 10	46. 60	47. 10	47. 70	48. 20	48. 70	49. 20	49. 70
1. 7	50. 20	50. 70	51. 30	51. 80	52. 30	52. 90	53. 50	54. 10	54. 70	55. 40
1. 8	56. 10	56. 80	57. 40	58. 10	58. 90	59. 60	60. 30	61. 00	61. 80	62. 60

注：$p_{10/50}$表示频率50Hz时，磁感应强度为1T时铁损耗，单位为W/kg。

表C-3　DW540-50硅钢片直流磁化曲线表　（单位：$\times 10^{-1}$A/cm）

硅钢片密度 g = 7. 75g/cm³										
B/T	0. 00	0. 01	0. 02	0. 03	0. 04	0. 05	0. 06	0. 07	0. 08	0. 09
0. 1	3. 503	3. 615	3. 774	3. 901	4. 061	4. 220	4. 299	4. 427	4. 538	4. 618
0. 2	4. 697	4. 777	4. 936	5. 016	5. 096	5. 255	5. 295	5. 414	5. 494	5. 573
0. 3	5. 732	5. 818	5. 892	5. 971	6. 051	6. 210	6. 290	6. 369	6. 449	6. 529
0. 4	6. 608	6. 688	6. 768	6. 847	6. 927	7. 006	7. 086	7. 166	7. 245	7. 325
0. 5	7. 404	7. 484	7. 564	7. 613	7. 723	7. 803	7. 882	7. 962	8. 041	8. 121
0. 6	8. 201	8. 280	8. 439	8. 599	8. 678	8. 758	8. 838	8. 917	8. 997	9. 076
0. 7	9. 156	9. 237	9. 315	9. 395	9. 564	9. 713	9. 873	10. 03	10. 19	10. 27
0. 8	10. 35	10. 43	10. 59	10. 83	10. 99	11. 07	11. 15	11. 31	11. 62	11. 70
0. 9	11. 78	11. 86	12. 10	12. 26	12. 42	12. 58	12. 66	12. 90	13. 22	13. 54
1. 0	13. 62	13. 69	13. 93	14. 17	14. 49	14. 81	15. 13	15. 29	15. 61	15. 92
1. 1	16. 08	16. 24	16. 72	17. 12	17. 36	17. 91	18. 55	18. 79	19. 11	19. 90
1. 2	20. 30	20. 70	21. 50	22. 30	23. 09	23. 89	24. 84	25. 80	26. 75	27. 71
1. 3	28. 66	29. 50	30. 26	31. 85	33. 44	35. 03	36. 62	39. 81	41. 40	43. 00
1. 4	46. 18	47. 77	51. 75	54. 94	58. 92	63. 69	70. 06	74. 84	79. 62	87. 58
1. 5	95. 54	103. 5	111. 5	119. 4	143. 3	151. 3	167. 2	191. 1	207. 0	230. 9

表 C-4　DW540-50 硅钢片铁损曲线表　　（单位：W/kg）

B/T	0.00	0.01	0.02	0.03	0.04	0.05	0.06	0.07	0.08	0.09
0.5	0.560	0.580	0.600	0.620	0.640	0.660	0.690	0.715	0.740	0.755
0.6	0.770	0.800	0.825	0.850	0.875	0.900	0.918	0.933	0.950	0.980
0.7	1.000	1.030	1.060	1.100	1.130	1.170	1.200	1.220	1.250	1.280
0.8	1.300	1.330	1.350	1.370	1.385	1.400	1.430	1.450	1.480	1.510
0.9	1.550	1.580	1.610	1.630	1.660	1.700	1.730	1.760	1.800	1.850
1.0	1.900	1.930	1.950	1.980	2.010	2.050	2.100	2.150	2.180	2.250
1.1	2.300	2.330	2.360	2.400	2.450	2.500	2.530	2.570	2.600	2.630
1.2	2.650	2.720	2.790	2.850	2.870	2.900	2.960	3.020	3.080	3.110
1.3	3.150	3.200	3.250	3.300	3.350	3.400	3.460	3.530	3.600	3.680
1.4	3.750	3.800	3.850	3.900	3.950	4.000	4.070	4.140	4.200	4.280
1.5	4.350	4.430	4.500	4.600	4.650	4.700	4.800	4.900	5.000	5.050
1.6	5.100	5.160	5.230	5.300	5.370	5.440	5.510	5.580	5.650	5.720

注：为50Hz时铁损值。

表 C-5　DW465-50 硅钢片直流磁化曲线表　　（单位：$\times 10^{-1}$A/cm）

B/T	0.00	0.01	0.02	0.03	0.04	0.05	0.06	0.07	0.08	0.09
0.1	3.185	3.344	3.503	3.662	3.806	3.901	3.981	4.140	4.220	4.379
0.2	4.538	4.618	4.697	4.777	4.857	5.016	5.096	5.255	5.414	5.494
0.3	5.573	5.653	5.732	5.812	5.892	5.971	6.051	6.210	6.290	6.369
0.4	6.449	6.529	6.608	6.688	6.768	6.847	6.927	7.006	7.086	7.166
0.5	7.245	7.325	7.365	7.404	7.444	7.484	7.524	7.564	7.604	7.643
0.6	7.683	7.723	7.763	7.803	7.842	7.882	7.898	7.914	7.930	7.946
0.7	7.962	8.041	8.121	8.201	8.280	8.360	8.439	8.519	8.599	8.678
0.8	8.758	8.917	9.076	9.236	9.395	9.634	9.793	9.952	10.111	10.271
0.9	10.430	10.589	10.748	10.908	11.067	11.226	11.385	11.545	11.704	11.863
1.0	12.102	12.341	12.580	12.978	13.137	13.376	13.535	13.694	14.013	14.172
1.1	14.331	14.650	14.968	15.287	16.083	16.720	17.197	17.675	18.153	18.471
1.2	18.949	19.586	20.223	20.860	21.338	22.293	23.089	23.885	24.682	25.478
1.3	26.274	27.229	28.662	30.255	31.051	31.847	33.439	36.226	38.217	39.809
1.4	42.994	44.586	47.771	52.548	58.121	66.879	74.045	76.433	83.599	91.561
1.5	99.522	111.465	127.389	135.350	151.274	169.230	183.121	199.045	214.968	230.892
1.6	254.777	286.424	302.548	318.471	350.318	374.204	390.127	421.975	445.860	477.707

表 C-6　DW465-50 硅钢片在 50Hz 时铁损曲线表　（单位：W/kg）

硅钢片密度 $g=7.70\mathrm{g/cm^3}$

B/T	0.00	0.01	0.02	0.03	0.04	0.05	0.06	0.07	0.08	0.09
0.5	0.560	0.580	0.600	0.6200	0.640	0.660	0.680	0.710	0.740	0.760
0.6	0.780	0.800	0.825	0.850	0.875	0.900	0.925	0.950	0.975	1.000
0.7	1.030	1.050	1.070	1.100	1.130	1.150	1.180	1.200	1.220	1.260
0.8	1.300	1.320	1.340	1.360	1.380	1.400	1.430	1.460	1.490	1.520
0.9	1.540	1.560	1.580	1.600	1.630	1.650	1.700	1.750	1.800	1.820
1.0	1.840	1.850	1.860	1.880	1.920	1.970	2.000	2.050	2.100	2.140
1.1	2.180	2.200	2.220	2.250	2.280	2.320	2.360	2.420	2.475	2.530
1.2	2.550	2.580	2.615	2.650	2.700	2.750	2.800	2.850	2.900	2.950
1.3	3.000	3.050	3.100	3.150	3.200	3.250	3.300	3.350	3.400	3.450
1.4	3.500	3.550	3.600	3.650	3.700	3.750	3.800	3.850	3.900	3.950
1.5	4.000	4.050	4.100	4.150	4.175	4.200	4.235	4.270	4.335	4.400
1.6	4.500	4.570	4.640	4.700	4.750	4.800	4.850	4.900	4.950	4.980
1.7	5.000	5.050	5.100	5.200	5.250	5.300	5.400	5.500	5.600	5.700

表 C-7　DW360-50 直流磁化曲线表　（单位：$\times10^{-1}\mathrm{A/cm}$）

硅钢片密度 $g_{\mathrm{Fe}}=7.65\mathrm{g/cm^3}$

B/T	0.00	0.01	0.02	0.03	0.04	0.05	0.06	0.07	0.08	0.09
0.1	2.866	3.185	3.344	3.503	3.662	3.822	3.901	3.981	4.140	4.299
0.2	4.459	4.618	4.697	4.777	4.817	4.857	4.936	5.096	5.255	5.414
0.3	5.494	5.573	5.653	5.717	5.812	5.892	5.971	6.051	6.290	6.369
0.4	6.449	6.489	6.529	6.568	6.608	6.648	6.689	6.728	6.768	6.847
0.5	6.927	6.967	70.06	7.046	7.086	7.166	7.205	7.245	7.325	7.365
0.6	7.404	7.484	7.564	7.643	7.723	7.803	7.862	7.882	7.922	7.964
0.7	8.201	8.280	8.360	8.439	8.519	8.599	8.758	9.156	9.236	3.395
0.8	9.554	9.873	10.032	10.191	10.271	10.350	10.510	10.669	10.828	10.987
0.9	11.146	11.306	11.465	11.624	11.783	11.943	12.102	12.261	12.420	12.580
1.0	12.739	13.057	13.376	13.684	14.013	14.331	14.649	14.968	15.287	15.605
1.1	15.925	16.561	17.179	17.843	18.471	19.108	19.745	20.382	21.219	21.651
1.2	21.895	22.134	22.373	22.452	22.532	25.478	26.274	27.866	28.662	30.255
1.3	31.449	32.634	34.236	36.624	38.217	40.605	43.790	45.382	49.363	52.548
1.4	55.732	60.510	63.600	71.656	79.618	85.399	91.561	99.522	111.465	119.427
1.5	135.350	151.274	167.169	191.083	207.006	230.892	254.778	286.624	302.548	334.395
1.6	364.242	390.127	414.013	445.857	477.707	525.478	565.278	613.057	636.943	684.713

表 C-8　DW360-50 硅钢片在 50Hz 时的铁损表　　（单位：W/kg）

B/T	0.00	0.01	0.02	0.03	0.04	0.05	0.06	0.07	0.08	0.09
0.5	0.420	0.433	0.448	0.460	0.470	0.480	0.495	0.505	0.520	0.540
0.6	0.560	0.570	0.580	0.590	0.610	0.630	0.645	0.660	0.680	0.690
0.7	0.700	0.715	0.735	0.750	0.780	0.800	0.815	0.830	0.840	0.860
0.8	0.880	0.900	0.920	0.940	0.955	0.970	0.990	1.020	1.040	1.060
0.9	1.090	1.120	1.150	1.170	1.200	1.240	1.260	1.280	1.300	1.320
1.0	1.340	1.360	1.380	1.400	1.425	1.450	1.470	1.500	1.540	1.560
1.1	1.580	1.600	1.620	1.640	1.680	1.700	1.730	1.750	1.780	1.820
1.2	1.850	1.880	1.910	1.930	1.950	1.980	2.000	2.050	2.135	2.180
1.3	2.200	2.230	2.250	2.270	2.310	2.350	2.400	2.450	2.500	2.550
1.4	2.600	2.630	2.650	2.680	2.740	2.800	2.830	2.860	2.900	2.950
1.5	3.000	3.020	3.045	3.070	3.100	3.200	3.260	3.320	3.400	3.450
1.6	3.500	3.550	3.600	3.650	3.700	3.750	3.820	3.880	3.950	3.980

表 C-9　DW315-50 硅钢片直流磁化曲线　　（单位：$\times 10^{-1}$A/cm）

B/T	0.00	0.01	0.02	0.03	0.04	0.05	0.06	0.07	0.08	0.09
0.1	2.389	2.468	2.612	2.707	2.787	2.866	3.010	3.169	3.185	3.248
0.2	3.344	3.408	3.503	3.583	3.662	3.821	3.862	3.947	3.981	4.180
0.3	4.220	4.283	4.299	4.459	4.558	4.602	4.642	4.729	4.761	4.777
0.4	4.920	4.936	4.976	5.016	5.096	5.175	5.255	5.279	5.311	5.334
0.5	5.533	5.557	5.573	5.613	5.637	5.733	5.772	5.812	5.852	5.892
0.6	6.051	6.131	6.210	6.290	6.354	6.449	6.529	6.608	6.688	6.768
0.7	6.847	6.927	7.006	7.086	7.166	7.325	7.405	7.484	7.564	7.803
0.8	7.882	7.962	8.121	8.280	8.360	8.440	8.599	8.758	9.076	9.237
0.9	9.475	9.554	9.873	9.952	10.032	10.271	10.350	10.669	10.828	11.147
1.0	11.473	11.481	11.505	11.943	12.102	12.420	12.739	13.137	13.455	13.933
1.1	14.172	14.490	14.968	15.048	15.526	16.322	16.561	17.198	17.914	18.556
1.2	19.268	19.905	20.701	21.497	22.293	23.487	24.363	25.682	27.070	28.503
1.3	29.857	31.051	32.643	34.236	36.624	38.013	39.809	42.914	46.019	48.567
1.4	51.752	55.733	59.713	63.694	74.045	79.618	85.987	95.541	103.503	111.465
1.5	123.380	135.450	147.293	159.236	179.140	199.045	214.968	238.854	262.739	286.624
1.6	302.548	318.471	350.319	382.166	406.051	429.936	461.783	493.635	541.401	562.587

表 C-10　DW315-50 硅钢片在 50Hz 时的铁损曲线　（单位：W/kg）

硅钢片密度 g_{Fe} = 7.60g/cm^3

B/T	0.00	0.01	0.02	0.03	0.04	0.05	0.06	0.07	0.08	0.09
0.5	0.410	0.420	0.430	0.440	0.450	0.460	0.470	0.480	0.490	0.500
0.6	0.515	0.530	0.545	0.560	0.570	0.580	0.590	0.610	0.620	0.635
0.7	0.650	0.665	0.680	0.700	0.715	0.730	0.748	0.761	0.780	0.795
0.8	0.820	0.840	0.860	0.880	0.900	0.920	0.940	0.960	0.980	0.990
0.9	1.000	1.030	1.060	1.080	1.100	1.120	1.130	1.150	1.180	1.200
1.0	1.220	1.250	1.285	1.300	1.330	1.350	1.375	1.395	1.420	1.440
1.1	1.450	1.470	1.500	1.520	1.550	1.580	1.600	1.630	1.650	1.680
1.2	1.700	1.750	1.800	1.830	1.850	1.870	1.900	1.920	1.950	1.970
1.3	1.980	2.000	2.040	2.080	2.120	2.150	2.170	2.190	2.200	2.250
1.4	2.300	2.350	2.400	2.440	2.470	2.500	2.550	2.600	2.650	2.720
1.5	2.800	2.830	2.860	2.880	2.910	2.950	2.980	3.040	3.100	3.150
1.6	3.200	3.250	3.300	3.350	3.400	3.450	3.500	3.550	3.600	3.700

参 考 文 献

[1] 宋后定，陈培林．永磁材料及其应用［M］．北京：机械工业出版社，1984.

[2] 苏绍禹．风力发电机设计及运行维护［M］．北京：中国电力出版社，2003.

[3] 赵明生，等．电气工程师手册［M］．北京：机械工业出版社，2000.

[4] 上海电器科学研究所．中小型电机设计手册［M］．北京：机械工业出版社，1995.

[5] 陈世坤．电机设计［M］．北京：机械工业出版社，1990.

[6] 大连理工大学电工学教研室．电工学［M］．北京：人民教育出版社，1980.

[7] 沈维道，郑佩芝，蒋淡安．工程热力学［M］．北京：人民教育出版社，1965.

[8] 赵凯华，陈熙谋．电磁学［M］．北京：人民教育出版社，1978.

[9] 俞佐平．传热学［M］．北京：人民教育出版社，1979.

[10] 南京工学院，等．物理学［M］．北京：人民教育出版社，1977.

[11] 虞莲莲，曾正明．实用钢铁材料手册［M］．北京：机械工业出版社，2007.

[12] 成大先．机械设计手册［M］．北京：化学工业出版社，2002.

[13] 赵进平．发展海洋监测技术的思考与实践［M］．北京：海洋出版社，2005.

[14] 哈里德，瑞克斯尼克．物理学［M］．李仲卿，等译．北京：高等教育出版社，1965.

[15] WHITE M W，WEBE R L，MANNING K V. General Phisics for university students of sicence and Engineering［M］. New York：John Wiley & Sons，1972.

[16] 李俊峰．风力12在中国［M］．北京：化学工业出版社，2005.

[17] 苏绍禹，苏刚．风力发电机设计、制造及风电场设计、施工［M］．北京：机械工业出版社，2013.